この1冊で合格！

土木系YouTuber雅の

2級土木施工管理技術検定

2024年版 【第1次・第2次】

テキスト&問題集

雅@スライドで学ぶ建設工学
著

床並英亮
監修

KADOKAWA

はじめに

　こんにちは！　YouTube チャンネル「スライドで学ぶ建設工学」で「土木施工管理技術検定」の講義動画などを配信している雅（みやび）です。

　これまで動画を通して、多くの方の合格の手助けをしてきました。**「わかりやすくて助かった！」「おかげで合格できました！」**。そんなうれしい声をたくさんいただいています。また、現役の土木エンジニアとして研修なども担当してきました。本書は、そうした経験でつちかってきたノウハウを、情熱を込めて詰め込んだ１冊です。

　検定の過去問を分析すると、**出題範囲や出題傾向がはっきり見えてきます**。合格のために確実な成果をあげるためには、的を絞り込み、効率的に学習に取り組む必要があります。

　本書は、過去問を徹底的に分析してから執筆に取りかかりました。具体的には、**過去 10 回の試験問題の選択肢 2400 以上を「出る順」にグループ分け**し、２回以上登場する選択肢の知識を中心に、**重要知識として赤字で表示**しています（付属の**暗記用赤シート**を使うと効率よく覚えられます）。また、テキストの解説中に登場する**「知識チェック」**コーナーでは、頻出の選択肢をピックアップして「１問１答」形式にし、知識の定着をはかれるようにしています。さらに、**「模擬テスト」は、出題頻度が高い選択肢の過去問に加え、新形式の問題を厳選**して本番形式にまとめた、超濃密な構成になっています。

　検定試験に出やすいところを中心に、イラストや表を多く取り入れてわかりやすく解説していますので、「土木学科出身ではない」という方でも楽しく勉強していただけると思います。

　末筆ではございますが、数多くの書籍の中から本書を選んでいただき、ありがとうございます。１人でも多くの方が、本書を通じて２級土木施工管理技術検定に合格され、活躍されることを祈ります。

　　　　　　　　　　　　　　　　　　雅 @ スライドで学ぶ建設工学

本書の特長＆使い方

土木系人気YouTuberが最短合格をナビゲート！

この1冊で
1次も2次も
1回で合格しよう！

　本書は「2級土木施工管理技術検定」などの講義動画で延べ210万回超の再生回数を誇るYouTubeチャンネル「スライドで学ぶ建設工学」の雅講師が執筆しています。これまで数多くの受検者を合格に導き、好評を得てきた"合格法"を1冊にぎゅっと詰め込みました。合格レベルの知識が、初学者でも独学者でも楽しく着実に身につきます！

 ## 本書の4つの特長！

1 過去問を徹底分析！「出るポイント」を大公開

　本検定は、似た問題が繰り返し出されるのが特徴の1つです。そこで過去10回の全試験を徹底分析。合格に直結する「必修ポイント」を抽出し、とことんわかりやすく解説していきます。

2 暗記用赤シート＋別冊「重要まとめノート」付

　重要な語句や数値、ポイントを付属の赤シートで隠しながら覚えられます。別冊の「重要まとめノート」も、赤シート対応。持ち運べるのでスキマ時間や試験直前の学習に大活躍してくれます。

3 フルカラー＋豊富な図解＆イラスト

　わかりやすく丁寧な解説に加え、理解を助ける図解やイラストを多数収録。ビジュアルで学べるから、すーっと頭に入り、記憶にしっかり残ります。

4 豊富な問題演習＋模擬テストで得点力アップ

　テーマごとに「知識チェック」で1問1答に挑戦、さらに過去問による「実践問題」で着実に力をつけていく構成になっています。最後は「模擬テスト」で総仕上げ！

【PART 1】第1次検定対策

ステップ1

基礎からやさしく解説していきます。テーマごとに① 図やイラストも見ながら解説を読む → ②「知識チェック」（1問1答）にチャレンジ → ③ 重要過去問を集めた「実践問題」を解くという3ステップで進みます。

▶ **出題傾向とポイント**
どこを重点的に学ぶか、どう対策するかが、ひと目でわかります

▶ **暗記したいポイント**
付属の赤シートで隠しながら、しっかり覚えられます

▶ **知識チェック**
重要過去問を「1問1答」式にアレンジ。（ ）内はその過去問の出題年や形式などです

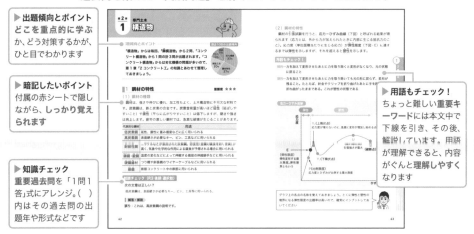

▶ **用語もチェック！**
ちょっと難しい重要キーワードには本文中で下線を引き、その後、解説しています。用語が理解できると、内容がぐんと理解しやすくなります

【PART 2】第2次検定対策

ステップ2

2章構成になっており、第1章では**合格する「経験記述」論文の書き方**を解説、第2章では**「分野別問題」**を解くために大切な知識を習得していきます。

▶ **出題傾向とポイント**
学習効率が上がるように、まずは出題傾向と対策のポイントをつかみます

▶ **ステップ by ステップで説明**
実際にどのようにして書いていくか、手順を分解して、わかりやすく解説していきます

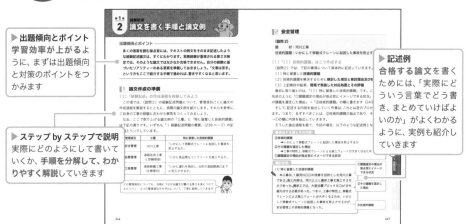

▶ **記述例**
合格する論文を書くためには、「実際にどういう言葉でどう書き、まとめていけばよいのか」がよくわかるように、実例も紹介していきます

（紙面は第1章）

模擬テスト

ステップ3

過去10回の**過去問から最重要問題や新形式の問題を厳選して本番形式に**まとめました。ただし一部はより頻度の高い選択肢に差し替えています。どの問題もまるごと暗記してもよいくらい濃密な内容です。ぜひしっかり活用してください（「実践問題」と重複している問題もありますが、それはとくに重要なものです！）。

試験の概要

まずは「試験内容」や「合格基準」「申込み方法」などを押さえよう！

① 2級土木施工管理技術検定とは？

本検定は一般財団法人 全国建設研修センターが実施する**国家試験**で、第1次検定と第2次検定があります。

令和6年度より、第2次検定の受検資格が変更されます。**第1次検定は**従来通りで変更なく、「受検年度中における年齢が**17歳以上の者」なら誰でも受検**できます。第2次検定に必要な**実務経験年数は「1次検定合格後」**に変更され（従来は「卒業後」）、**受検チャンスが拡大**しました。

なお、令和6年度から10年度までの間は「経過措置期間」となり、第2次検定は「旧受検資格」と「新受検資格」との選択が可能です。どちらかの受検資格に該当すればよいので、その意味でも受検チャンスが広がります。

●第2次検定の受検資格

（改正前）

学歴	第2次検定
大学（指定学科）	卒業後、実務経験1年以上
短大・高専（指定学科）	卒業後、実務経験2年以上
高等学校（指定学科）	卒業後、実務経験3年以上
大学（指定学科以外）	卒業後、実務経験1.5年以上
短大・工専（指定学科以外）	卒業後、実務経験3年以上
高等学校（指定学科以外）	卒業後、実務経験4.5年以上
上記以外	実務経験8年以上

※主な受検資格のみ記載

（改正後）

第2次検定※
・2級第1次検定合格後、 実務経験3年以上 ・1級第1次検定合格後、 実務経験1年以上

※その他の受検資格等については、（一財）全国建設研修センターのホームページを参照。令和10年度までの間は改正前の受検資格でも受検可能

●検定科目の範囲

検定区分	検定科目	検定基準
第1次検定	土木工学等	①土木一式工事の施工の管理を適確に行うために必要な土木工学、電気工学、電気通信工学、機械工学および建築学に関する**概略の知識**を有すること ②土木一式工事の施工の管理を適確に行うために必要な設計図書を正確に読みとるための知識を有すること
	施工管理法	①土木一式工事の施工の管理を適確に行うために必要な施工計画の作成方法及び工程管理、品質管理、安全管理等工事の施工の管理方法に関する**基礎的な知識**を有すること ②土木一式工事の施工の管理を適確に行うために必要な**基礎的な能力**を有すること
	法規	建設工事の施工の管理を適確に行うために必要な法令に関する**概略の知識**を有すること

第2次検定	施工管理法	①主任技術者として、土木一式工事の施工の管理を適確に行うために**必要な知識を有すること** ②主任技術者として、土質試験及び土木材料の強度等の試験を正確に行うことができ、かつ、その試験の結果に基づいて工事の目的物に所要の強度を得る等のために必要な措置を行うことができる**応用能力を有すること** ③主任技術者として、設計図書に基づいて工事現場における施工計画を適切に作成すること、又は施工計画を実施することができる**応用能力を有すること**

②合格すると得られる資格は？

第1次検定に合格すると**2級土木施工管理技士補**に、第1次・第2次検定の両方に合格すると**2級土木施工管理技士**になれます。2級土木施工管理技士は、**主任技術者**という工事の責任者になることができる資格です。

③試験スケジュールは？

試験は年に2回（前期、後期）あり、前期は第1次検定のみ、後期は第1次・第2次検定が実施されます。第1次検定が年に2回あるため、受検パターンは4つに分かれます。自分はどのパターンでいくのかを確かめておきましょう。

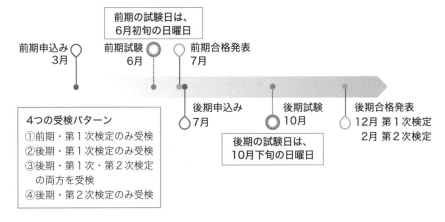

なお、試験は全国の主要都市などで行われ、申込み時に場所を指定できます。最新情報は、（一財）全国建設研修センターのホームページ（https://www.jctc.jp/）や同センターが発行する『受検の手引』を参考にしてください。上記の情報は2024年1月時点のものです。

④出題範囲と問題数は？

●第１次検定

出題数は 61 問、そのうち 40 問に答えます。

解答方法は、4 つの選択肢から正解を 1 つ選ぶ**四肢択一のマークシート方式**で、機械で自動採点されます。

また、下表の通り、前半に選択問題がありますので、**解答数を 40 問にピッタリ一致させる**ことを試験本番では意識しましょう。

出題形式	分野	出題数	必要解答数	合格基準
選択問題	土木一般	11	9	60%以上の 得点
	専門土木	20	6	
	法規	11	6	
必須問題	施工管理等	11	11	
	基礎的な能力	8	8	
合計		61	40	

●第２次検定

出題数は 9 問、そのうち 7 問に答えます。

第 1 次検定との大きな違いは、解答方法が**記述方式**であり、採点は人が行うという点です。できるだけ丁寧に読みやすい文字で書くようにしましょう。

また、経験記述の問題では、論文を作成しなければなりません。準備に時間がかかりますので、早めに着手しましょう。次ページの勉強法とタイムスケジュールも参考にしてください。

出題形式	分野	出題数	必要解答数	合格基準
必須問題	経験記述	1	1	60%以上の 得点
	分野別問題	4	4	
選択問題	分野別問題	4	2	
合計		9	7	

おすすめの勉強法&タイムスケジュール

「1回で合格」するために 最速で力がつく勉強法を押さえよう

①本書を使ったおすすめの勉強法

(1) 本書の構成と特長

　本書では、試験で出題される項目の順番に従って構成し、解説をしています。まんべんなく学べるので、得意・不得意な項目を把握しやすく、かつ勉強スケジュールを立てやすい構成になっています。

　2級土木施工管理技術検定では、**似た問題が繰り返し出題**されていますので、**過去問の攻略が大事**です。本書は、過去10回の試験問題から合格に必要な知識を厳選して丁寧に解説していますので、その意味でも最適な学習教材といえます。

(2) PART 1「第1次検定対策」

　PART 1「第1次検定対策」では、とくに**第1章「土木一般」、第3章「法規」、第4章「施工管理等」を優先して勉強する**ことをおすすめします。この3分野は配点が大きく、第2次検定でも必要な知識になるからです。また、第2次検定も視野に入れて第1次検定の受検勉強をする場合は、勉強の順序も工夫すると効率よく勉強できるでしょう。

　第1次検定対策の勉強がひととおり終わったら、「模擬テスト」(293ページ〜) で自分の実力を確認してみましょう。解き終えたら、「解答・解説」と照らし合わせて自己採点し、どの問題を間違えたのかをしっかり分析してください。解答用紙もダウンロードできますから、ぜひ活用してください (293、319ページ)。第1次検定は機械による自動採点ですから、マークシートをきれいに塗りつぶしておかないと読み取れない可能性もあります。本番で早くきれいに、しっかり塗れるように今から慣れておきましょう。

　最後に、別冊の「重要まとめノート」で、全科目の復習を繰り返しましょう。

(3) PART 2「第2次検定対策」

　第2次検定対策は、経験記述の準備に時間がかかるので、早めに着手する

ことが大切です。本書では、**初めてでも経験記述論文が書けるように、順を追って書き方を説明**しています（第1章）。実際にその手順に従って、書く練習をしてみてください。第2章「分野別問題」は、第1次検定対策と同じ要領で勉強します。

②おすすめの勉強スケジュール

(1) 勉強スケジュールの立て方

　勉強スケジュールは基本的に、緻密（ちみつ）なものにしすぎず、余裕をもって**調整しやすいもの**にしましょう。人は計画を立てるとき、作業にかかる時間を短く見積もってしまう傾向があるので、注意しましょう。毎日の目標を決めるよりも、**週ごとや月ごとの目標を決めて、柔軟に調整**できるようにしておくとよいでしょう。

(2) 勉強スケジュール案

　勉強は、申込み直後あたりからスタートするのがベストです。前期、後期ともそれぞれ、**試験約1ヵ月前にゴールデンウィークやシルバーウィーク**があります。そこでまた気を引き締めて勉強を頑張り、ラストスパートをかけていきましょう。

　また、一気に合格レベルを目指せる「**重要まとめノート**」（別冊）も、試験直前の学習に大いに利用してください。

●第1次検定の勉強スケジュール（前期の例）

	3月	4月	5月	6月
基本スケジュール	● 申込み受付			● 試験
ゆったり型	土木一般	法規	施工管理等	専門土木
短期集中型		重要まとめノートと模擬テスト（本編は辞書代わりに使用）		

●第2次検定の勉強スケジュール

	7月	8月	9月	10月
基本スケジュール	● 申込み受付			試験 ●
ゆったり型	経験記述		分野別問題	
短期集中型		経験記述		模擬テスト（本編は辞書代わりに使用）

③学習効率を上げる５つのコツ

(1) インプットは"複数"の方法で行おう

「読む」「見る」「聞く」というように、**複数の方法でインプットすると、脳が活性化**するといわれています。本書を「読む」、YouTube チャンネル「スライドで学ぶ建設工学」の動画を「見る」「聞く」ことで、効率のよい勉強ができます。また、人は無音よりも環境音（雑音や雨音など）があるほうが集中しやすいともいわれています。自宅で集中して行う一方、通勤電車の中で「重要まとめノート」を開いたり、仕事帰りや休日にカフェで勉強したりといったこともおすすめです。

(2) "覚える"より"思い出す"

復習によって同じ情報を脳に送り続けることで、**記憶を長期保存しやすくなる**といいます。また、**インプットだけよりもアウトプットする**（思い出す、声に出す、書く、教える等）ほうが記憶を定着させやすいものです。積極的にアウトプットしていきましょう。

(3) 時間帯によって勉強内容を変えてみる

脳の活動の最初のピークは午前中にやってくるといわれています。**新しい分野や苦手科目の勉強は、午前中に集中**して取り組むのがおすすめです。

一方、深部体温は起床から 10 〜 11 時間後にもっとも高くなり、元気になるといいます。**夕方は練習問題をどんどん解く**とよいでしょう。

就寝 1 〜 2 時間前は、暗記学習に最適な時間帯です。なかなか覚えられない内容があったら、就寝前に勉強してみましょう。

(4) "寸止め学習"が効果的

達成感を得ると、脳は満足してスローダウンしてしまうといわれています。**8 割ほど続けたら、あえてやめる"寸止め学習"**が効果的です。

(5) おやつも工夫しよう

血糖値の急激な変化は集中力低下につながります。勉強前にチョコレート等を飲食することは控えましょう。糖分補給には、**黒砂糖やハチミツ**がおすすめです（水分補給も忘れずに）。

目 次

PART 1 第1次検定対策

第1章 土木一般

第2章 専門土木

第3章 法規

第4章 施工管理等

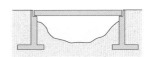

PART 2 第2次検定対策

第1章 経験記述

第2章 分野別問題

別冊

試験までにこれだけは覚えよう！
重要まとめノート

本文デザイン・DTP・図版 ／ 次葉

イラスト ／ 大塚たかみつ

編集協力 ／ 前嶋裕紀子

校正 ／ 鈴木健一郎

PART

1

第1次検定対策

土木一般

「土木一般」の出題は 11 問。
そこから 9 問を選択して答えます！

「土木一般」では「土工」「コンクリート工」「基礎工」といった、土木の基礎技術から出題されます。本番で選択した 9 問を全問正解できるように学習しておきましょう！

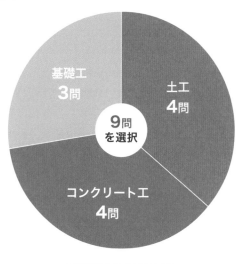

各分野の出題数

出題傾向とポイント

「土工」からは、毎回4問が出題されています。とくに
「建設機械」と「盛土の施工」は、第2章「専門土木」
や第4章「施工管理等」の他分野でも出題されること
があります。しっかり勉強して得点源にしましょう。

【過去10回の出題傾向】

1　土質試験　　　　　　　　重要度 ★★☆

　土質試験では、現場（屋外）で調査する**原位置試験**と、現場の土からサン
プル（試料）を取って室内で分析する**室内試験**の2タイプがあります。

（1）原位置試験

　原位置試験は、現場に**自然の状態**である土を調べます。その場で結果がわ
かります。

① 標準貫入試験

　代表的な原位置試験です。**支持層**（固い地盤）の位置の判定、**支持力**や砂質
地盤の**内部摩擦角**（砂質地盤の強さを表すもの）の推定に利用されます。重
さ63.5kgのハンマーを、76cmの高さから落下させ、ロッド先端のサンプ
ラーを地中に30cm貫入させます。貫入に要した打撃回数をN値と呼び、柱
状図に併記します（下図）。

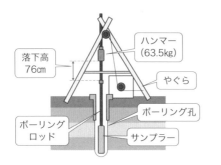

【柱状図】

深度	土質		N値
	記号	土質名	10 20 30 40 50
		埋土	
5		細砂	
		シルト	
10		砂	
15			
		砂礫	
20			

② スクリューウエイト貫入試験
（スウェーデン式サウンディング試験）

地盤の**静的貫入抵抗値**（ゆっくり貫入しようと
したときの土の抵抗値）の判定に利用されます。

おもりを段階的に載せて自沈させ、次にロッド
を回転させて貫入します。ハンドルの半回転を1
回として、25cm 貫入するのに必要な半回転数
を求め、それを貫入深さ1m 当たりの半回転数
（Nsw）に換算して表します。

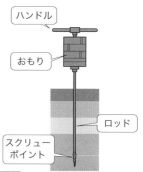

③ ポータブルコーン貫入試験

地盤が建設機械の走行に耐えうる度合い（**トラ
フィカビリティー**）の判定に利用されます。

ロッド先端のコーンを圧入するときのコーン貫
入抵抗値を読み取り、コーン指数（q_c）とします。

試験は簡易で迅速に行えますが、軟弱な粘性土
にしか貫入できません。

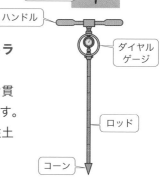

④ 平板載荷試験

締固め（土を圧縮す
ること）の施工管理に
利用されます。地表面
で荷重を加えて変形を
測り、地盤反力係数（地
盤の「固い」「軟らかい」
を示す値）を求めます。

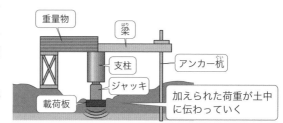

⑤ 現場透水試験

地盤改良工法の設計に利用されます。現場の地
盤が、どれくらいの速さで水を浸透させるかを調
べる試験で、ボーリング孔や井戸などを利用し、地
盤の透水係数（k）を求めます。

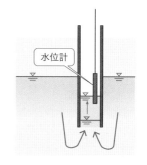

⑥砂置換法による土の密度試験

　土の**密度**を求めることで、土の**締まり具合**を判定するなど、土の**締固め管理**に利用されます。試験孔から掘り取った土の質量と、掘った試験孔に砂を充填させることによって求められる体積を利用し、土の**密度**を求めます。

試験孔に充填させる砂　　　掘り取った土の質量

試験孔

主な原位置試験

試験名	求められるもの	試験結果の利用
① 標準貫入試験	N値	・**支持層の位置**の判定 ・**支持力や内部摩擦角**の推定
② スクリューウエイト貫入試験 （スウェーデン式サウンディング試験）	換算N値	・地盤の**静的貫入抵抗値**の判定
③ ポータブルコーン貫入試験	コーン指数	・**トラフィカビリティー**の判定
④ 平板載荷試験	地盤反力係数	・締固めの施工管理
⑤ 現場透水試験	透水係数	・**地盤改良工法**の設計
⑥ 砂置換法による土の密度試験	土の密度	・土の**締まり具合**の判定 ・土の**締固め**の管理

知識チェック（R1 後期 選択肢）

次の組合せは正しい？

［試験の名称］　　　　　　　　　　　　　［試験結果から求められるもの］
スウェーデン式サウンディング試験 ………… 土粒子の粒径の分布

| 解答・解説

誤り：スウェーデン式サウンディング試験（2020年にJISが改正され、スクリューウエイト貫入試験に名称変更）は、地盤の静的貫入抵抗値を求める試験です。

（2）室内試験

　室内試験は、現場で採取した土（試料）を持ち帰り、室内において**物理特性・力学特性**を調べます。測定データを報告書にとりまとめて、結果を示します。主な室内試験は、以下の通りです。

① 液性限界・塑性限界試験（コンシステンシー試験）

　コンシステンシー限界（右図にある収縮限界・塑性限界・液性限界のこと）を求めることで、土の判別分類、**盛土材料の適否**の判断に利用されます。

　コンシステンシーとは、土やコンクリートの硬軟の程度を示す用語です。

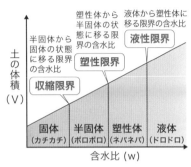

② 圧密試験

　圧密係数や間隙比（堆積物の隙間の体積と土粒子の体積の比）を求めることで、粘性土の**沈下量**の計算に利用されます。圧密とは、地盤の上に荷重を加えることによって間隙水（堆積物や土粒子の間を満たしている水）がしぼり出され、土の体積が収縮することをいいます。

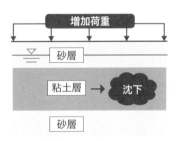

③ 一軸圧縮試験

　一軸圧縮強さを求めることで、地盤の安定計算や**支持力**の推定に利用されます。自立する供試体に対して拘束圧が作用しない状態で圧縮する試験で、その最大圧縮応力を一軸圧縮強さといいます。

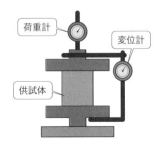

④ 含水比試験

　含水比を求めることで、土の締固め管理に利用されます。含水比とは、**土に含まれる水分**の割合を示したものです（つまり、土の湿り具合のことです）。

⑤ 締固め試験

　最大乾燥密度や最適含水比を求めることで、盛土の**締固め管理**に利用されます。

　乾燥密度（ρ_d）が最大になるような含水比（w）にして締め固めるのが理想です（泥ダンゴがつくりやすい湿り具合）。

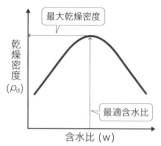

⑥ CBR 試験

　支持力値を求めることで、**路床の支持力**の測定に利用されます。

　CBR とは、路床や路盤の強さを評価するための相対的な強度のことです。

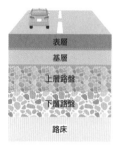

主な室内試験

試験名	求められるもの	試験結果の利用
① 液性限界・塑性限界試験 （コンシステンシー試験）	**コンシステンシー限界**	・土の判別分類 ・**盛土材料の適否**の判断
② 圧密試験	圧密係数、間隙比	・粘性土の**沈下量**の計算
③ 一軸圧縮試験	一軸圧縮強さ	・地盤の安定計算 ・**支持力**の推定
④ 含水比試験	**含水比**	・土の締固め管理
⑤ 締固め試験	最大乾燥密度、最適含水比	・盛土の**締固め管理**
⑥ ＣＢＲ試験	支持力値	・**路床の支持力**を測定

知識チェック（R2 選択肢）

次の組合せは正しい？

[試験名] [試験結果の利用]
土の液性限界・塑性限界試験 ………… 盛土材料の適否の判断

▌解答・解説

正しい：土の液性限界・塑性限界試験は、コンシステンシー限界を求めることで盛土材料の適否の判断に利用されます。

2 建設機械　重要度 ★★★

　土工作業の内容に応じて、それに適した建設機械を用います。その際、**運搬距離**や**現場条件**（広いか狭いか、高いか低いか、など）にも注意して、建設機械を選定する必要があります。

バックホゥ

用途｜**掘削・積込み、伐開除根**（24ページ）

バケットを引き寄せて掘削する

ブルドーザ

用途｜**敷均し、整地、掘削押土、短距離運搬、伐開除根**

土工板（ブレード）で敷き均し、整地する

ロードローラ

用途｜**締固め**

鉄輪で締め固める

トラクターショベル

用途｜**掘削・積込み**

バケットを押し出して掘削する

スクレーパ

用途｜**掘削・積込み、運搬、敷均し**

ボウルで土砂を抱えて運ぶ

トレンチャ

用途｜**溝掘り**

刃のついたチェーンで溝掘りをする

モータグレーダ

用途｜**敷均し、整地**

土工板で薄く削って敷き均す

ランマ（タンパ）

用途｜**締固め**

（構造物の縁部などの**狭い場所**の場合）

衝撃を与えて締め固める

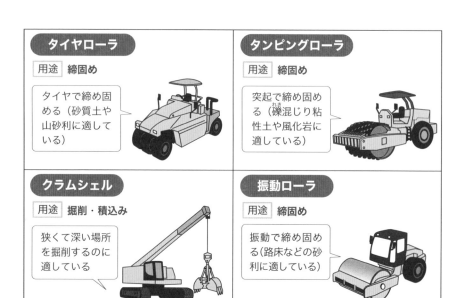

タイヤローラ

用途 締固め

タイヤで締め固める（砂質土や山砂利に適している）

タンピングローラ

用途 締固め

突起で締め固める（礫混じり粘性土や風化岩に適している）

クラムシェル

用途 掘削・積込み

狭くて深い場所を掘削するのに適している

振動ローラ

用途 締固め

振動で締め固める（路床などの砂利に適している）

用語もチェック！

伐開除根…草木や切株の根を除去することを指す。基礎地盤に草木や切株を残したまま盛土をすると、盛土後にこれらが腐食し、盛土の安定に悪影響を及ぼすおそれがある。これを防ぐため、盛土前に伐開除根し、盛土と基礎地盤の密着を十分に図る

通常のバケットではなく、伐開除根用のアタッチメントに付け替えて作業をする

次の組合せは正しい？

[土工作業の種類]　　　　　　　　　　[使用機械]
締固め ……………………………………… タイヤローラ

解答・解説

正しい：タイヤローラは、砂質土や山砂利などの締固めに適した機械です。

3 法面保護工　　　　　重要度 ★★☆

法面※保護工は、**植生**による保護工と**構造物**による保護工に分けられます。

※法面：人工的につくられた切土や盛土、堤防の斜面のこと

分類	主な工法	目的
植生による法面保護工	種子散布（吹付け）工	凍上崩落の抑制、浸食防止
	張芝工	凍上崩落の抑制、浸食防止
	筋芝工	盛土面の浸食防止
構造物による法面保護工	モルタル吹付け工	表流水の浸透防止
	コンクリート張工	岩盤のはく落防止、法面の崩落防止
	ブロック積擁壁工	土圧に対抗して崩壊防止

植生による法面保護工

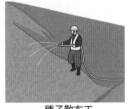

種子散布工

張芝工

筋芝工

構造物による法面保護工

コンクリート張工

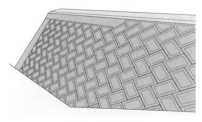

ブロック積擁壁工

4 盛土の施工　重要度 ★★★

　盛土の施工では、**盛土材料**、**敷均し厚さ**、**締固め厚さ**、**締固め機械**の選定などについて検討します。

（1）盛土材料

　盛土材料は、現場発生土を利用することを原則としますが、不足する場合は、ほかの現場から流用、あるいは購入する必要があります。盛土材料として要求される一般的な性質は次の通りです。

盛土材料に求められる性質

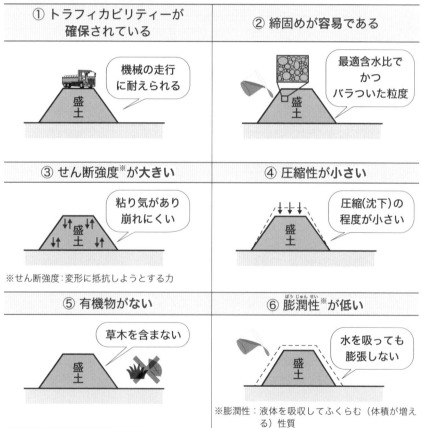

① トラフィカビリティーが確保されている	② 締固めが**容易である**
機械の走行に耐えられる	最適含水比でかつバラついた粒度
③ せん断強度※が大きい	④ 圧縮性が小さい
粘り気があり崩れにくい ※せん断強度：変形に抵抗しようとする力	圧縮(沈下)の程度が小さい
⑤ 有機物がない	⑥ 膨潤性※が低い
草木を含まない	水を吸っても膨張しない ※膨潤性：液体を吸収してふくらむ（体積が増える）性質

「② 締固めが容易である」場合の最適含水比とは、泥ダンゴのイメージです。乾いた土やドロドロの土よりも、少し湿った土のほうが固めやすく、泥ダンゴをつくりやすいですよね。あれが締固めしやすい最適含水比のイメージです

知識チェック（R4 前期 選択肢）

次の性質は盛土材料として望ましい？

盛土完成後のせん断強度が低いこと。

解答・解説

誤り：せん断強度が低い（小さい）と、盛土は崩れやすくなります。

（2）敷均し

盛土の施工で大切なことは、盛土材料を**均等（水平）**に**敷き均し**、**締固めの度合い**が**均一**になるように締め固めることです。

敷均しの留意事項

①盛土の施工において、**トラフィカビリティーが得られない地盤**では、**施工機械の変更**を含め、地盤改良などの適切な対策を講じておく

②盛土の基礎地盤について、盛土の完成後に**不同沈下**（不ぞろいに沈むこと）や**破壊**を生じるおそれがないか、あらかじめ検討しておく

③盛土の敷均し厚さは、**盛土材料**、**締固め機械**と**施工法**、および**要求される締固めの度合い**などの条件によって左右される

④盛土材料の自然含水比が施工含水比の範囲内にないときには、**含水量の調節**を行う

用語もチェック！

施工含水比…施工で規定されている含水比のことを指す。最適含水比に近いところで設定される

以下は盛土材料として望ましい？

盛土材料の含水比が施工含水比の範囲内にないときには、空気量の調節が必要となる。

│ 解答・解説 ▶

誤り：空気量ではなく含水量を調節し、最適含水比に近づけて施工含水比の範囲内にします。

（3）締固め

盛土の締固めの目的は、土の**間隙**を**少なくし**、**土を安定した状態**にすることです。締固めにより、必要な**強度特性**（**法面の安定**や**支持力の増加**など）、**変形抵抗**および**圧縮抵抗**が得られるようになります。

> 締固めの
> 留意事項
>
> ①締固めの効果や特性は、**土の種類**、**含水状態**、および**施工方法**によって大きく**変化する**
> ②盛土工における**構造物縁部**の締固めは、タンパなど**小型の締固め機械**により入念に締め固める

次の文章は正しい？

盛土の締固めの効果や特性は、土の種類、含水状態及び施工方法によって大きく変化する。

│ 解答・解説 ▶

正しい：土の状態（種類、含水状態など）や施工方法に応じて、適切な締固め方法を選択する必要があります。

▌5　軟弱地盤対策　　　　　　　　　　重要度 ★★★

軟弱地盤においては、目的とする効果によって、それに適した工法が選定されます。たとえば、基礎地盤の**地耐力**が不足している場合は、**固結工法**により強度を増加させる、**地下水位**が**高い**場合は、**地下水位低下工法**により地下水位を低下させる、などです（29〜30ページの図参照）。

軟弱地盤対策工法の種類

工法名	各工法の主な種類と概要
載荷工法	プレローディング工法 など 盛土 → 除去 軟弱地盤上にあらかじめ盛土などによって載荷を行い、地盤強度を増加させる
地下水位低下工法	ウェルポイント工法、ディープウェル工法 など ポンプ ウェルポイント ウェルポイント(先端部分)に吸水管を取り付けたものを地盤中に多数打ち込み、地下水を汲み上げ、地下水位を低下させ、地盤強度を増加させる ※上記は、真空ポンプを使用するウェルポイント工法の説明ですが、水中ポンプを使用するディープウェル工法という工法もあります
締固め工法	サンドコンパクションパイル工法、バイブロフローテーション工法 など サンドコンパクションパイル工法は、軟弱地盤中に砂杭を造成して、砂杭の支持力によって安定性を増加させる。バイブロフローテーション工法は、緩い砂質地盤に適している工法で、棒状振動体を地中に貫入させ、その振動と噴射水によって周囲の地盤を締め固める
固結工法	深層混合処理工法、薬液注入工法、石灰パイル工法 など 軟弱地盤にセメントなどの固化材(深層混合処理工法)、薬液(薬液注入工法)、生石灰(石灰パイル工法)を混合して、地盤強度を増加させる

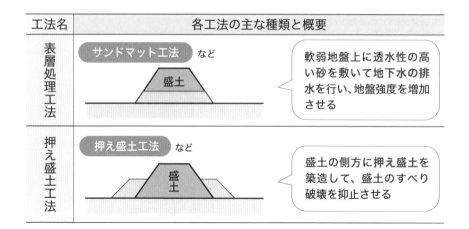

工法名	各工法の主な種類と概要		
表層処理工法	サンドマット工法 など 盛土		軟弱地盤上に透水性の高い砂を敷いて地下水の排水を行い、地盤強度を増加させる
押え盛土工法	押え盛土工法 など 盛土		盛土の側方に押え盛土を築造して、盛土のすべり破壊を抑止させる

知識チェック（R4 前期 選択肢）

次の文章は正しい？

薬液注入工法は、薬液の注入により地盤の透水性を高め、排水を促す工法である。

解答・解説

誤り：薬液注入工法は固結工法の一種で、地盤の強度を増加させる工法です。

実践問題

No.1 土質試験（R4 前期）

土質試験における「試験名」とその「試験結果の利用」に関する次の組合せのうち、**適当でないもの**はどれか。

[試験名]　　　　　　　　　　　　　　[試験結果の利用]
(1) 標準貫入試験 ……………………… 地盤の透水性の判定
(2) 砂置換法による土の密度試験 ……… 土の締固め管理
(3) ポータブルコーン貫入試験 ………… 建設機械の走行性の判定
(4) ボーリング孔を利用した透水試験… 地盤改良工法の設計

No.2 建設機械（R1 前期）

「土工作業の種類」と「使用機械」に関する次の組合せのうち、**適当でないもの**はどれか。

[土工作業の種類]　　　　　　　　　　[使用機械]
(1) 溝掘り ………………………………… タンパ
(2) 伐開除根 ……………………………… ブルドーザ
(3) 掘削 …………………………………… バックホウ
(4) 締固め ………………………………… ロードローラ

No.3 建設機械（H30 後期）

「土工作業の種類」と「使用機械」に関する次の組合せのうち、**適当でないもの**はどれか。

[土工作業の種類]　　　　　　　　　　[使用機械]
(1) 掘削・積込み ………………………… トラクターショベル
(2) 掘削・運搬 …………………………… スクレーパ
(3) 敷均し・整地 ………………………… モータグレーダ
(4) 伐開・除根 …………………………… タンパ

No.4 法面保護工 （R5 後期）

法面保護工の「工種」とその「目的」の組合せとして、次のうち**適当でないもの**はどれか。

[工種] [目的]
(1) 種子吹付け工 ……………………… 凍上崩落の抑制
(2) ブロック積擁壁工 ………………… 土圧に対抗して崩壊防止
(3) モルタル吹付け工 ………………… 表流水の浸透防止
(4) 筋芝工 ……………………………… 切土面の浸食防止

No.5 盛土の施工 （R3 後期）

盛土工に関する次の記述のうち、**適当でないもの**はどれか。

(1) 盛土の基礎地盤は、盛土の完成後に不同沈下や破壊を生じるおそれがないか、あらかじめ検討する。
(2) 建設機械のトラフィカビリティーが得られない地盤では、あらかじめ適切な対策を講じる。
(3) 盛土の敷均し厚さは、締固め機械と施工法及び要求される締固め度などの条件によって左右される。
(4) 盛土工における構造物縁部の締固めは、できるだけ大型の締固め機械により入念に締め固める。

No.6 軟弱地盤対策 （R3 後期）

地盤改良工法に関する次の記述のうち、**適当でないもの**はどれか。

(1) プレローディング工法は、地盤工にあらかじめ盛土等によって載荷を行う工法である。
(2) 薬液注入工法は、地盤に薬液を注入して、地盤の強度を増加させる工法である。
(3) ウェルポイント工法は、地下水位を低下させ、地盤の強度の増加を図る工法である。
(4) サンドマット工法は、地盤を掘削して、良質土に置き換える工法である。

No.7 軟弱地盤対策（R1 後期）

軟弱地盤における次の改良工法のうち、地下水位低下工法に**該当するもの**はどれか。

(1) 押え盛土工法
(2) サンドコンパクションパイル工法
(3) ウェルポイント工法
(4) 深層混合処理工法

解答・解説

No.1 解答：(1) ✕
(1) 標準貫入試験の結果は、主に地盤の支持力の判定に利用されます。

No.2 解答：(1) ✕
(1) 溝掘りにはトレンチャを用います。タンパは土の締固めに用います。

No.3 解答：(4) ✕
(4) 伐開・除根にはバックホゥやブルドーザを用います。タンパは土の締固めに用います。

No.4 解答：(4) ✕
(4) 筋芝工は、盛土面の浸食防止等に用います。

No.5 解答：(4) ✕
(4) 構造物縁部の締固めは、ランマなど小型の締固め機械を用います。

No.6 解答：(4) ✕
(4) サンドマット工法は、軟弱地盤上に透水性の高い砂層を敷いて地下水の排水を行い、地盤強度を増加させる工法です。

No.7 解答：(3) 〇
(1) ✕ 押え盛土工法は、盛土のすべり破壊の抑止を図る工法です。
(2) ✕ サンドコンパクションパイル工法は、軟弱層を締め固める工法です。
(4) ✕ 深層混合処理工法は、地盤強度を増加させる固結工法です。

コンクリート工

出題傾向とポイント

「コンクリート工」からは、毎回4問が出題されています。とくに「施工」からは2問出題されることが多く、その中でも「打込み」「締固め」からの出題が多いです。そのため、このセクションでは、「打込み」「締固め」を重点的に勉強し、コンクリートの材料・性質・配合についても整理しておきましょう。

1 材料

重要度 ★★☆

コンクリートとは、**セメント（強アルカリ性）**と水、**細骨材**、**粗骨材**、および必要に応じて**混和材料**（36ページ）を投入して練り上げたものです。

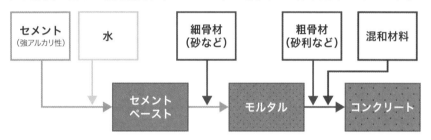

（1）セメント

セメントの種類は大別すると、**ポルトランドセメント**と**混合セメント**に分けられます。それぞれの種類や特徴は次の表の通りです。

ポルトランドセメントの代表的な3種類

種類		特徴・用途
ポルトランドセメント	普通	・標準的なもので、広く一般に使用されている
	早強	・普通よりも早く強度を発現する ・**プレストレストコンクリート**に適する
	中庸熱	・水和反応（次ページ）時の**発熱が低く、ひび割れを低減**できる ・ダムなどの**マスコンクリート**に適する

混合セメントの種類

種類		特徴・用途
混合セメント	高炉セメント	・初期強度は小さいが、**長期強度は大きい**
	シリカセメント	
	フライアッシュセメント	

　セメントは、水と接すると化学反応により水和熱を発しながら徐々に硬化していきます。これを**水和反応**といいます。

「セメントの性質」を示す3つのキーワード

キーワード	内容
粉末度	・**セメント粒子の細かさ**を示すもの。粉末度の高いものほど、**水和反応**が**速く**なる
密度	・密度は化学成分によって変化し、**風化**すると密度の値は**小さく**なる
凝結	・水和反応の現象である凝結は、一般に使用時の温度が高いほど、**速く**なる

（2）骨材

　骨材は、セメントと水に練り混ぜる材料で、細骨材（砂など）、粗骨材（砂利など）があります。骨材の留意事項は次の通りです。

骨材の留意事項

①コンクリートは、寒さなどにより内部の水分が凍結すると破壊される（凍結融解作用）。こうした凍害への耐性（耐凍害性）は、吸水率の**小さい**骨材を用いると**向上**する

②**粗粒率**は、骨材の大小の粒がどの程度混合しているかを表し、粒径（粒の直径）が**大きい**ほど、粗粒率は**大きく**なる

③骨材の粒形は、偏平や細長ではなく**球形**に近いほどよいとされる

④すりへり減量が**大きい**骨材を用いた場合、コンクリートのすりへり抵抗性が**低下**する

⑤骨材の吸水率は、表面乾燥飽水状態（下図・表乾状態）の骨材に含まれている**全水量**の、絶対乾燥状態（下図・絶乾状態）の**骨材質量**に対する割合（％）である

吸水量　　　　　　表面水量

骨材の含水状態　　絶乾状態　　気乾状態　　表乾状態　　湿潤状態

次の文章は正しい？

セメントは、風化すると密度が小さくなる。

解答・解説

正しい：記載の通りです。

（3）混和材料

混和材料とは、コンクリートの性質を**改善**するために加える材料のことです。使用量によって大きく**混和材**と**混和剤**とに分類されます。

●**混和材**……使用量が比較的多いもの。

●**混和剤**……使用量が比較的少ないもの。

主な混和材

種類	特徴
高炉スラグ微粉末	・**水密性**（39ページ）の向上や**長期強度**を増進する ・**塩化物イオン**などのコンクリート中への浸透を抑える
シリカフューム	・**水密性**の向上や**長期強度**を増進する
フライアッシュ	・**水和熱**を減少させる（発熱特性を改善させる）
膨張材	・**収縮にともなうひび割れ**の発生を抑制する

主な混和剤

種類	特徴
AE剤	・コンクリートの**耐凍害性**を向上させる ・微細な気泡によりワーカビリティー（作業のしやすさ。38ページ）がよくなり、施工がしやすくなる
減水剤	・単位水量を変えずにコンクリートの**流動性**を高める
AE減水剤	・AE剤と減水剤の両方の効果を兼ね備えている
流動化剤	・**流動性**を大幅に改善させる
防錆剤	・**鉄筋の腐食**を抑制する

混和剤のうち、**AE剤**と**流動化剤**は、とくに出題率が高いので、確実に覚えておきましょう！

2 性質

重要度 ★★☆

　まだ固まらない状態のコンクリートのことを**フレッシュコンクリート**といいます。フレッシュコンクリートは、施工しやすい**軟らかさ**を有し、材料分離が**少ない**ものでなければなりません。

　フレッシュコンクリートの性質を表す主な項目として、次に挙げる7つがあります。

（1）コンシステンシー

　コンシステンシーとは、フレッシュコンクリートの**変形**、または**流動**に対する**抵抗性**です。一般に、コンシステンシーは以下の（2）**スランプ試験**により測定されます。スランプとは、コンクリートの**軟らかさの程度**を示す指標です。

（2）スランプ試験

　スランプ試験では、高さ**30cm**のスランプコーンにコンクリートをほぼ等しい量の3層に分けて詰め、各層を突き棒で25回ずつ一様に突きます。その後、スランプコーンを静かに引き上げ、コンクリートの**中央部**でスランプを0.5cm単位で測定します（下図）。スランプは、運搬、打込み、締固めなどの作業に適する範囲内で、できるだけ**小さく**します。

スランプ試験の流れ

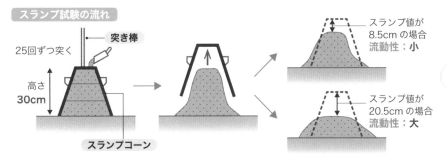

（3）材料分離抵抗性

　材料分離抵抗性とは、コンクリートの材料が**分離**することに対する**抵抗性**のことです。

（4）ワーカビリティー

　ワーカビリティーとは、コンクリートの運搬、打込み、締固めなどの**作業のしやすさ**のことです。

（5）フィニッシャビリティー

　フィニッシャビリティーとは、コンクリートの**仕上げやすさ**のことです。

（6）ポンパビリティー

　ポンパビリティーとは、コンクリートの**圧送のしやすさ**のことです。

（7）ブリーディング

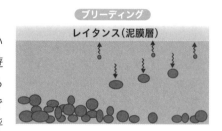

　ブリーディングとは、比重の小さいセメント微粉末や練混ぜ水の一部が遊離して、コンクリート**表面に上昇**する現象のことです（右図）。この表面まで上昇した水を、ブリーディング水と呼びます。

コンクリートの性質に関しては、多くの用語がありますが、**スランプ**、**材料分離抵抗性**、**ワーカビリティー**、**ブリーディング**の４つは、とくに出題率が高いので、確実に覚えておきましょう

知識チェック（R4 前期 選択肢）

　次の文章は正しい？

　　ワーカビリティーとは、変形又は流動に対する抵抗性である。

▌ 解答・解説

誤り：ワーカビリティーとは、コンクリートの運搬、打込み、締固めなどの作業のしやすさのことです。

3 配合設計　　　　　　　　　　重要度 ★☆☆

　コンクリートの配合の基本は、所要の強度や耐久性を持つ範囲で、**単位水量**をできるだけ**少なく**します。

（1）水セメント比（W / C）

　水セメント比とは、単位水量（W）／単位セメント量（C）で示すものです。水セメント比（**W／C**）が**小さい**（セメント量に比べて水量が**少ない**）ほうが、コンクリートの強度、<u>耐久性</u>や<u>水密性</u>が**高く**なります。

> ●**単位水量（W）** ……上限は **175kg/m^3** を標準とします。
> ●**単位セメント量（C）** ……下限は **270kg/m^3** とします。

用語もチェック！

<u>耐久性</u>…コンクリートの耐久性とは、劣化作用などに抵抗し、構造物に要求される性能を発揮する能力のことをいう

<u>水密性</u>…コンクリートの水密性とは、コンクリート内部への水の浸入、または透過に対する抵抗性のことをいう

（2）細骨材率

　細骨材率は、骨材全体の体積中に占める細骨材の割合のことです。施工が可能な範囲内で、**単位水量**ができるだけ**小さく**なるように設定します。

（3）スランプ

　締固め**作業高さが高い**場合や**鉄筋量が多い**場合は、最小スランプの目安を**大きく**します。粗骨材の最大寸法は、鉄筋の最小あき、およびかぶり（273ページ）の**3/4**を超えないことを標準とします（断面寸法や配筋の条件に応じて、20mm、25mm または 40mm と定められています）。

（4）空気量

　コンクリートの空気量は、練上がり時において**4〜7%**を標準とします。空気量は、**AE 剤**などの混和剤の使用により多くなり、**ワーカビリティー**を改善します。

4 施工

コンクリートの施工について、各段階でのポイントを整理します。

（1）運搬・ポンプ圧送

現場内でコンクリートを運搬する場合、**バケット**にコンクリートを受けてそのままクレーンで運搬する方法は、打込み場所に直接運搬できるため、**材料分離**を**少なく**できます。

コンクリートポンプを用いる場合は、圧送（圧力をかけて強制的に送り出すこと）する前に、**水セメント比**の**小さい**先送りモルタルを圧送し、配管内の潤滑性を確保します。コンクリートの圧送はできるだけ**連続的**に行います。

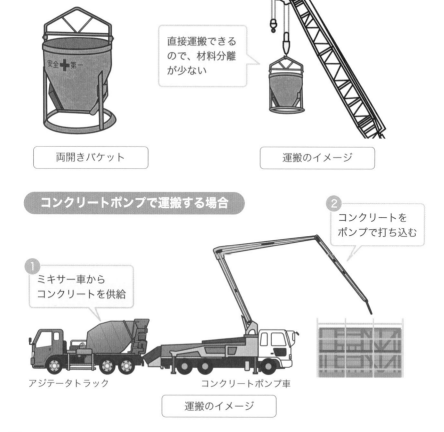

バケットで運搬する場合

直接運搬できるので、材料分離が少ない

両開きバケット

運搬のイメージ

コンクリートポンプで運搬する場合

① ミキサー車からコンクリートを供給

② コンクリートをポンプで打ち込む

アジテータトラック

コンクリートポンプ車

運搬のイメージ

（2）打込み

コンクリートの打込みに際しての留意事項は下記の通りです。

打込みの留意事項

打込み前

①コンクリートと接して吸水するおそれのある型枠は、コンクリートを打ち込む前にあらかじめ**湿らせ**ておく（ただし、**水がたまっている**場合は、その水を**取り除く**）

②型枠には、コンクリート硬化後に型枠をはがしやすくするため、**はく離剤**を塗布する

打込み中

①鉄筋や型枠が所定の位置から動かないように注意しながら、打上がり面が水平になるように打ち込み、1層当たり **40 〜 50cm 以下**とする

②練混ぜから**打ち終わる**までの時間は、外気温が **25℃を超える**ときは **1.5 時間**以内、外気温が **25℃以下**のときは **2 時間**以内とする

③コンクリートを 2 層以上に分けて打ち込む場合、その**許容打重ね**時間間隔は、外気温が **25℃を超える**ときは **2 時間**以内、外気温が **25℃以下**のときは **2.5 時間**以内とする

コンクリート打込みの制限時間

外気温	練混ぜから打ち終わるまでの時間	許容打重ね時間間隔
25℃超え	**1.5** 時間	**2.0** 時間
25℃以下	**2.0** 時間	**2.5** 時間

④打ち込んだコンクリートは、型枠内で**横移動させてはならない**

⑤表面にたまった**ブリーディング水**（38 ページ）は、ひしゃくやスポンジなどで**取り除く**

コンクリート打込みのイメージ

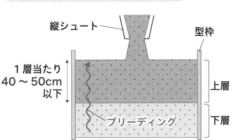

縦シュート
型枠
1層当たり
40 〜 50cm
以下
上層
ブリーディング
下層

1層当たりの打込み高**40〜50cm以下**と**外気温と打込みの制限時間**の関係は、とくに出題率が高いので、確実に覚えておきましょう！

次の文章は正しい？

コンクリートを練り混ぜてから打ち終わるまでの時間は、外気温が 25℃を超えるときは 2 時間以内を標準とする。

 解答・解説

誤り：頻出問題です。外気温が 25℃を超えたときは 1.5 時間以内が標準です。コンクリート打込みの時間制限はしっかり覚えておきましょう。

（3）締固め

コンクリートの締固めに際しての留意事項は下記の通りです。

コンクリートの締固めの留意事項

①コンクリートの締固めには、主に**内部振動機（棒状バイブレータ）**を用いる

②コンクリートを打ち重ねる場合、上層と下層が一体となるように、下層のコンクリート中に **10cm** 程度挿入する

③挿入時間の標準は、**5〜15 秒**程度である

④棒状バイブレータは、コンクリートに穴を残さないように**ゆっくり**と引き抜く

コンクリート締固めのイメージ

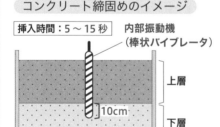

挿入時間：5〜15 秒　内部振動機（棒状バイブレータ）　上層　10cm　下層

内部振動機の「下層への挿入深さ10cm」と「挿入時間5〜15秒」は、とくに出題率が高いので、確実に覚えておきましょう

次の文章は正しい？

棒状バイブレータの挿入時間の目安は、一般には 5〜15 秒程度である。

解答・解説

正しい：記載の通りです。

（4）養生

　養生とは、締固めを終えたコンクリートを硬化させるために、保護することです。養生では、**散水**、**湛水**（水をためること）、**湿布**で覆うなどして、コンクリートを一定期間**湿潤状態**に保つことが重要です。

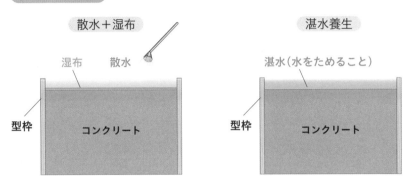

湿潤養生の方法

散水＋湿布　　　　　　　　　　　湛水養生

湿布　　散水　　　　　　　　　湛水（水をためること）

型枠　　コンクリート　　　　　　型枠　　コンクリート

コンクリートは、セメントと水が**水和反応**を起こす（**発熱**する）ことによって**硬化**します。つまり、コンクリートは乾燥ではなく、**湿潤**によって固まるのです

（5）鉄筋工

　鉄筋の加工と組立てに際しての留意事項は下記の通りです。

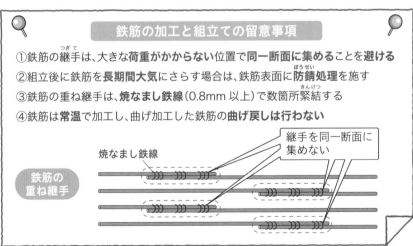

鉄筋の加工と組立ての留意事項

①鉄筋の継手は、大きな**荷重**がかからない位置で**同一断面に集める**ことを**避ける**

②組立後に鉄筋を**長期間大気**にさらす場合は、鉄筋表面に**防錆処理**を施す

③鉄筋の重ね継手は、**焼なまし鉄線**（0.8mm 以上）で数箇所緊結する

④鉄筋は**常温**で加工し、曲げ加工した鉄筋の**曲げ戻し**は行わない

継手を同一断面に集めない

焼なまし鉄線

鉄筋の重ね継手

（6）型枠

型枠の使用に際しての留意事項は下記の通りです。

型枠を使用する際の留意事項

①型枠に接するスペーサ（型枠と鉄筋の間に挿入し、鉄筋の空き等を保つためのもの）は、**モルタル製**、あるいは**コンクリート製**を原則とする

スペーサのイメージ

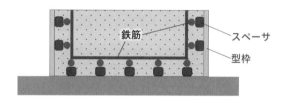

②型枠は、**過重負荷のかからない場所**から**取り外して**いくのがよい

③型枠内面に**はく離剤**を塗布することは、型枠の取外しを容易にする効果がある

木製型枠のイメージ

鳥瞰図

断面図と固定器具

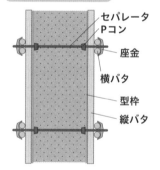

知識チェック（R3 前期 選択肢）

次の文章は正しい？

型枠は、取り外しやすい場所から取り外していくのがよい。

┃ 解答・解説

誤り：型枠は、過重負荷のかからない場所から取り外していくのがよいです。

実践問題

No.1 材料（H30 後期）

コンクリートで使用される骨材の性質に関する次の記述のうち、**適当なもの**はどれか。

(1) すりへり減量が大きい骨材を用いたコンクリートは、コンクリートのすりへり抵抗性が低下する。
(2) 吸水率が大きい骨材を用いたコンクリートは、耐凍害性が向上する。
(3) 骨材の粒形は、球形よりも偏平や細長がよい。
(4) 骨材の粗粒率が大きいと、粒度が細かい。

No.2 材料（R5 前期）

コンクリートに用いられる次の混和材料のうち、水和熱による温度上昇の低減を図ることを目的として使用されるものとして、**適当なもの**はどれか。

(1) フライアッシュ
(2) シリカフューム
(3) AE 減水剤
(4) 流動化剤

No.3 性質（R3 前期）

フレッシュコンクリートに関する次の記述のうち、**適当でないもの**はどれか。

(1) コンシステンシーとは、コンクリートの仕上げ等の作業のしやすさである。
(2) スランプとは、コンクリートの軟らかさの程度を示す指標である。
(3) 材料分離抵抗性とは、コンクリート中の材料が分離することに対する抵抗性である。
(4) ブリーディングとは、練混ぜ水の一部が遊離してコンクリート表面に上昇する現象である。

No.4 配合設計（R4 前期）

レディーミクストコンクリートの配合に関する次の記述のうち、**適当でないもの**はどれか。

(1) 単位水量は、所要のワーカビリティーが得られる範囲内で、できるだけ少なくする。
(2) 水セメント比は、強度や耐久性等を満足する値の中から最も小さい値を選定する。
(3) スランプは、施工ができる範囲内で、できるだけ小さくなるようにする。
(4) 空気量は、凍結融解作用を受けるような場合には、できるだけ少なくするのがよい。

No.5 施工（R2）

コンクリートの施工に関する次の記述のうち、**適当でないもの**はどれか。

(1) コンクリートを打ち重ねる場合には、上層と下層が一体となるように、棒状バイブレータ(内部振動機)を下層のコンクリートの中に10cm 程度挿入する。
(2) コンクリートを打ち込む際は、打上がり面が水平になるように打ち込み、1 層当たりの打込み高さを 40 〜 50cm 以下とする。
(3) コンクリートの練混ぜから打ち終わるまでの時間は、外気温が25℃を超えるときは 1.5 時間以内とする。
(4) コンクリートを 2 層以上に分けて打ち込む場合は、外気温が25℃を超えるときの許容打重ね時間間隔は 3 時間以内とする。

No.6 施工（R1 前期）

コンクリートの打込みに関する次の記述のうち、**適当でないもの**はどれか。

(1) コンクリートと接して吸水のおそれのある型枠は、あらかじめ湿らせておかなければならない。
(2) 打込み前に型枠内にたまった水は、そのまま残しておかなければならない。
(3) 打ち込んだコンクリートは、型枠内で横移動させてはならない。
(4) 打込み作業にあたっては、鉄筋や型枠が所定の位置から動かないように注意しなければならない。

No.7 施工（R5 前期）

鉄筋の加工及び組立に関する次の記述のうち、**適当でないもの**はどれか。

(1) 鉄筋は、常温で加工することを原則とする。
(2) 曲げ加工した鉄筋の曲げ戻しは行わないことを原則とする。
(3) 鉄筋どうしの交点の要所は、スペーサで緊結する。
(4) 組立後に鉄筋を長期間大気にさらす場合は、鉄筋表面に防錆処理を施す。

解答・解説

No.1　解答：(1)　○

(2)　× 耐凍害性の向上のためには、吸水率の小さい骨材を用います。
(3)　× 骨材の粒形は、球形に近いほうがよいとされています。
(4)　× 骨材の粗粒率が大きいほど粒度は大きくなります。

No.2　解答：(1)　○

(2)　× シリカフュームは、水密性や長期強度を増進するものです。
(3)　× AE 減水剤は、耐凍害性や流動性を向上するものです。
(4)　× 流動化剤は、流動性を高めるものです。

No.3　解答：(1)　×

(1)　コンシステンシーとは、フレッシュコンクリートなどの変形または流動に対する抵抗性の程度を表すものです。

No.4　解答：(4)　×

(4)　フレッシュコンクリートとレディーミクストコンクリートは、基本的に同じものを指します。空気量を増やすと、凍結融解（68 ページ）によって増えた水分を吸収し、ひび割れなどのコンクリートの破壊を防ぎます。

No.5　解答：(4)　×

(4)　外気温が25℃を超えるときの許容打重ね時間間隔は2時間以内とします。

No.6　解答：(2)　×

(2)　コンクリート打込み前に型枠内にたまった水は、取り除きます。

No.7　解答：(3)　×

(3)　鉄筋は、焼なまし鉄線（0.8mm 以上）で緊結します。

出題傾向とポイント

「基礎工」からは、毎回3問が出題されています。具体的には、「既製杭(きせいぐい)」と「場所打ち杭」、「土留(どど)め」から1問ずつ出題されます。「既製杭」と「場所打ち杭」と「土留め」の3項目について、まんべんなく勉強しておきましょう。

過去10回の出題傾向

土留め 33%　既製杭 33%　場所打ち杭 33%

1　基礎の種類

重要度 ★☆☆

　基礎とは土木構造物を支持し、安定させるための土台となる部分のことです。基礎は、**①直接**基礎、**②杭**基礎、**③ケーソン**基礎などに分類できます。
　表層の地盤が**硬い**場合は、地盤に直接構造物を設置する直接基礎が用いられ、表層の地盤が**軟らかく**直接基礎では支持できない場合には、深い位置にある硬い支持層で支持させる杭基礎やケーソン基礎が用いられます。

基礎の分類

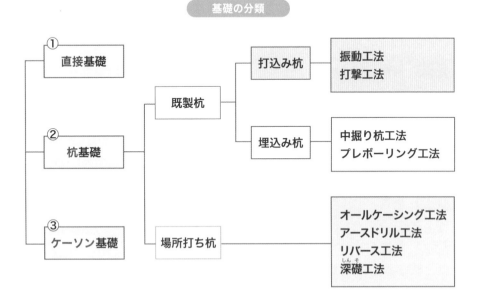

2 既製杭

前ページの図に示したように、杭基礎は大きく**既製杭**と**場所打ち杭**の2つに分類されます。そのうちの既製杭とは、あらかじめ工場で製作された杭のことで、これを現場まで運搬し打設します。既製杭は、**打込み杭**と**埋込み杭**に分類できます。

（1）打込み杭

打込み杭工法は、埋込み杭工法に比べ、杭の**大きな支持力**が得られますが、施工時の**騒音・振動**が**大きい**です。実績の多い工法で、施工時に**支持力が確認**できるメリットがあります。

打込み杭工法には、**振動工法**や**打撃工法**があり、前者は振動機（バイブロハンマなど）を杭頭部に取り付けて振動を加えて貫入させ、後者は既製杭の杭頭部をハンマで打撃して地盤に貫入させます。

【施工のポイント】

・1本の杭を打ち込むときは**連続して行う**ことを原則とする
・一群の杭を打つときは、**中央部の杭**から**周辺部の杭**へと順に打ち込む

知識チェック（R5 前期 選択肢）

打撃工法に関する次の文章は正しい？

中掘り杭工法に比べて、施工時の騒音や振動が大きい。

解答・解説

正しい：記載の通りです。

知識チェック（R5 前期 選択肢）

打撃工法に関する次の文章は正しい？

群杭の場合、杭群の周辺から中央部へと打ち進むのがよい。

解答・解説

誤り：中央部から周辺部へと打ち進みます。なお、群杭とは、1つの基礎に対して複数本の杭を施工したものをいいます。

打込み杭工法の種類

工法	杭打機の種類	特徴
振動工法	**バイブロハンマ** バイブロハンマ 杭	● **振動**と振動機・杭の**重量**によって杭を地盤に貫入させる工法 ● 打止め管理式などにより、簡易に支持力の確認が可能である ● 打撃工法よりは**騒音・振動が小さい**
打撃工法	**ドロップハンマ** ハンマ この角度が直角に ウインチ 杭軸 杭	● **ハンマ**をウインチで巻き上げ、落下させて打ち込む工法 ● ハンマの重量は、**杭の重量以上**が望ましい ● ハンマの**重心が低く、杭軸と直角**に当たるものでなければならない
	油圧ハンマ ラム 杭	● **ラム**と呼ばれるおもりを油圧で上昇させ、自由落下で打ち込む工法 ● 打撃工法の中では、**低騒音で油煙の飛散がなく**、打撃力が調整可能である ● ラムの**落下高**を任意に**調整**できるため、騒音を抑えられる
	油圧ハンマとディーゼルハンマは、見た目にそれほど大きな違いはない **ディーゼルハンマ** ラム 杭	● **ラム**の落下で燃料を吸い込み、その燃料の爆発力を加える工法 ● 打撃力が大きく、**硬い地盤**への杭打ちにも適する ● 打撃による**騒音・振動**、油煙の**飛散**をともなう

（2）埋込み杭

　埋込み杭工法は、打込み杭工法に比べ、施工時の**騒音・振動**が**小さい**です。騒音・振動に配慮する必要がある現場では、埋込み杭工法が多く用いられています。埋込み杭工法には下記の2種類があります。

工法	特徴
中掘り杭工法	アースオーガ　杭　セメントミルク※　支持層　※セメントミルク：セメントと水を混ぜたもの 掘削 → 沈設（ちんせつ） → 根固液注入（ねがため） → オーガ引抜き ● 既製杭の中空部を**アースオーガ**で掘削しながら杭を地盤に貫入させていく工法 ● 打込み杭工法に比べて**隣接構造物**に対する影響が小さい ● **先端処理方法**には、**最終打撃方式**（所定の支持力が得られるように杭をハンマで打撃して打ち止める方式）と、上図のように**セメントミルク噴出攪拌方式**（ふんしゅつかくはん）（所定の支持力が得られるように杭先端部にセメントミルクを噴出し、根固めを行う方式）などがある ● 最終打撃方式では、**打止め管理式**により支持力を推定できる ● セメントミルク噴出攪拌方式の杭先端根固部は、先掘り、および拡大掘りが行える ● 泥水処理、排土処理が必要である ● 掘削、沈設中は、**過大な先掘り**、および杭径（杭の直径）（くいけい）**以上の拡大掘り**を行ってはならない
プレボーリング工法	● 杭径より大きな孔（あな）を地盤に開け、そこに既製杭を機械で貫入させる工法 ● 杭の支持力を確保するために、根固めに**セメントミルク**を注入する方法もある ● 孔内を**泥土化**（こうへき）して孔壁の崩壊を防ぎながら掘削する ● **ソイルセメント状**の掘削孔を築造して杭を沈設する

埋込み杭では「中掘り杭工法」からの出題が多いです。とくに工法の概要と、先端処理方法の2つの方式、過大な先掘り・拡大掘りの禁止についての出題率が高いので、確実に覚えておきましょう

次の文章は正しい？

中掘り杭工法は、あらかじめ杭径より大きな孔を掘削しておき、杭を沈設する。

解答・解説

誤り：この記述は、プレボーリング杭工法の内容です。中掘り杭工法は、既製杭の中をアースオーガで掘削しながら杭を貫入します。

3 場所打ち杭 重要度 ★★★

杭基礎の1つである**場所打ち杭**とは、現場で造成する鉄筋コンクリート造の杭です。地盤に孔を掘ってから、その内部に鉄筋かごを入れ、コンクリートを打設して、地中に杭をつくります。

打込み杭（49ページ）に比べて施工時の**騒音・振動**が**小さく**、大口径の杭を施工することにより、**大きな支持力**が得られます。また、掘削土により、**中間層**や**支持層**の確認ができます。

完成された杭を現場に搬入するわけではないので、**杭材料の運搬**などの取扱いや**長さの調節**が容易です。

場所打ち杭の特徴に関する次の文章は正しい？

(1) 施工時の騒音・振動が打込み杭に比べて大きい。

(2) 掘削土による中間層や支持層の確認が困難である。

(3) 杭材料の運搬などの取扱いや長さの調節が難しい。

(4) 大口径の杭を施工することにより大きな支持力が得られる。

解答・解説

(1) **誤り**：騒音・振動は打込み杭より小さいです。

(2) **誤り**：施工箇所の削孔（孔を開けること）を行うため、中間層や支持層を容易に確認できます。

(3) **誤り**：既製杭のように現場に杭を搬入しないので、取扱いや長さの調節は容易です。

(4) **正しい**：削孔時の孔径を大きくして口径の大きな杭を施工することにより、大きな支持力を得ることが可能です。

場所打ち杭工法の種類

杭打機の種類		特徴
オールケーシング工法	ケーシングチューブ ハンマグラブ	**掘削方法** ハンマグラブ **孔壁保護方式** ケーシングチューブ ● ケーシングチューブを挿入して、孔壁の崩壊を防止しながら、ハンマグラブで掘削する
アースドリル工法	表層ケーシング 安定液（ベントナイト水） ドリリングバケット	**掘削方法** ドリリングバケット **孔壁保護方式** 表層ケーシングと安定液 ● 表層ケーシングを建て込み、孔内に注入した安定液の水圧で孔壁を保護しながら、ドリリングバケットで掘削する
リバース工法	スタンドパイプ 泥水 回転ビット	**掘削方法** 回転ビット **孔壁保護方式** スタンドパイプと自然泥水圧 ● 掘削孔に満たした水の圧力で孔壁を保護しながら、水を循環させて削孔機で掘削し、泥水とともに吸い上げる
深礎工法	山留め材（ライナープレート） 削岩機	**掘削方法** 人力または機械 **孔壁保護方式** 山留め材（ライナープレート） ● 掘削孔が自立する程度に掘削して、ライナープレートを用いて孔壁の崩壊を防止しながら、人力または機械で掘削する

上の4つの工法のうち、**掘削方法**と**孔壁保護方式**は、とくに出題率が高いので、各工法の違いを確実に覚えておきましょう

場所打ち杭の特徴に関する次の文章は正しい？

深礎工法は、地表部にケーシングを建て込み、以深は安定液により孔壁を安定させる。

▋ 解答・解説 ▶

誤り：設問の内容は、アースドリル工法の説明です。

▋4 土留め　　　　　　　　　　　重要度 ★★★

　開削（地表から掘削すること）による工事を行う際に、掘削した周辺土砂の崩壊を防止する必要があります。このとき用いられる仮設構造物が**土留め**です。土留めは、土圧を受ける**土留め壁**と、それを支える**支保工**で構成されます。土留め壁のみで自立できる場合は支保工が不要になります。これを**自立式土留め**といいます。

（1）土留め壁の種類

　土留め壁には、既製矢板による工法と、現場打ちコンクリートによる工法があります。

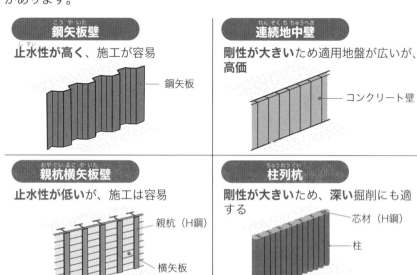

鋼矢板壁
止水性が高く、施工が容易
—— 鋼矢板

連続地中壁
剛性が大きいため適用地盤が広いが、**高価**
—— コンクリート壁

親杭横矢板壁
止水性が低いが、施工は容易
—— 親杭（H鋼）
—— 横矢板

柱列杭
剛性が大きいため、**深い**掘削にも適する
—— 芯材（H鋼）
—— 柱

（2）支保工の部材名称

　支保工とは、土留め壁を支えるもので、腹起し、切ばり、火打ちばり、中間杭等で構成されています。

　下図のようなものを**切ばり式土留め**といいます。ほかにも引張材を用いる**アンカー式土留め**等もあります。

切ばり式土留め

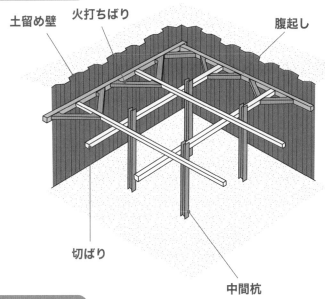

土留め壁　火打ちばり　　　　　　　　　　　　　腹起し

切ばり

中間杭

アンカー式土留め

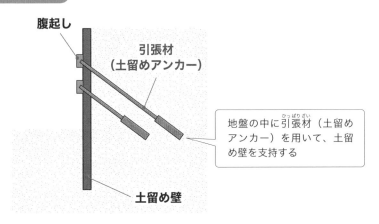

腹起し

引張材
（土留めアンカー）

地盤の中に引張材（土留めアンカー）を用いて、土留め壁を支持する

土留め壁

（3）掘削底面の安定

　掘削の進行にともない、掘削面側と背面側の力の不均衡が増大し、掘削底面の安定が損なわれると、地盤の状況に応じた種々の現象が発生します。

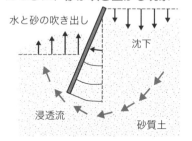

ボイリング

砂質地盤で地下水位以下を掘削したときに、**砂が吹き上がる**現象

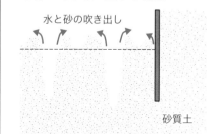

パイピング

砂質土の弱いところを通って**ボイリングがパイプ状**に生じる現象

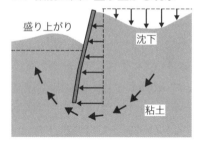

ヒービング

軟弱な**粘土質地盤**を掘削したときに、掘削底面が**盛り上がる**現象

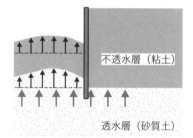

盤ぶくれ

不透水層下面に上向きの**水圧**が作用し、掘削底面が**浮き上がる**現象

知識チェック（R5 前期 選択肢）

次の文章は正しい？

　ヒービングとは、砂質地盤で地下水位以下を掘削した時に、砂が吹き上がる現象である。

│ 解答・解説 ▶

誤り：この記述は、ボイリングの内容です。

実践問題

No.1 既製杭（R4 後期）

既製杭の打込み杭工法に関する次の記述のうち、**適当でないもの**はどれか。

(1) ドロップハンマは、杭の重量以下のハンマを落下させて打ち込む。
(2) ディーゼルハンマは、打撃力が大きく、騒音・振動と油の飛散をともなう。
(3) バイブロハンマは、振動と振動機・杭の重量によって、杭を地盤に押し込む。
(4) 油圧ハンマは、ラムの落下高さを任意に調整でき、杭打ち時の騒音を小さくできる。

No.2 既製杭（R4 前期）

既製杭の中掘り杭工法に関する次の記述のうち、**適当でないもの**はどれか。

(1) 地盤の掘削は、一般に既製杭の内部をアースオーガで掘削する。
(2) 先端処理方法は、セメントミルク噴出攪拌方式とハンマで打ち込む最終打撃方式等がある。
(3) 杭の支持力は、一般に打込み工法に比べて、大きな支持力が得られる。
(4) 掘削中は、先端地盤の緩みを最小限に抑えるため、過大な先掘りを行わない。

No.3 場所打ち杭（H30 後期）

場所打ち杭をオールケーシング工法で施工する場合、**使用しない機材**は次のうちどれか。

(1) 掘削機
(2) スタンドパイプ
(3) ハンマグラブ
(4) ケーシングチューブ

No.4 場所打ち杭 (R5 後期)

場所打ち杭の施工に関する次の記述のうち、**適当なもの**はどれか。

(1) オールケーシング工法は、ケーシングチューブを土中に挿入して、ケーシングチューブ内の土を掘削する。
(2) アースドリル工法は、掘削孔に水を満たし、掘削土とともに地上に吸い上げる。
(3) リバースサーキュレーション工法は、支持地盤を直接確認でき、孔底の障害物の除去が容易である。
(4) 深礎工法は、ケーシング下部の孔壁の崩壊防止のため、ベントナイト水を注入する。

No.5 土留め (R5 後期)

土留めの施工に関する次の記述のうち、**適当でないもの**はどれか。

(1) 自立式土留め工法は、支保工を必要としない工法である。
(2) アンカー式土留め工法は、引張材を用いる工法である。
(3) ボイリングとは、軟弱な粘土質地盤を掘削した時に、掘削底面が盛り上がる現象である。
(4) パイピングとは、砂質土の弱いところを通ってボイリングがパイプ状に生じる現象である。

解答・解説

No.1　解答：(1)　×

(1)　ドロップハンマは、杭の重量以上のハンマを落下させて打ち込みます。

No.2　解答：(3)　×

(3)　杭の支持力は、打込み工法のほうが大きくなります。

No.3　解答：(2)　×

(2)　スタンドパイプはリバースサーキュレーション工法（リバース工法）で用います。

No.4　解答：(1)　○

(2)　× リバース工法の内容です。

(3)　× 深礎工法の内容です。

(4)　× アースドリル工法の内容です。

No.5　解答：(3)　×

(3)　ヒービングの内容です。

専門土木

「専門土木」の出題は 20 問。そこから 6 問を選択して答えます！

自分の得意分野を優先して勉強し、正答できるようにしておきましょう。20 問中 6 問しか解答できませんので、全分野を勉強するといった深入りはしないことが、「専門土木」を攻略するコツの 1 つです。

上水道・下水道 **2**問

構造物 **3**問

河川 **2**問

砂防 **2**問

道路舗装 **4**問

ダム・トンネル **2**問

海岸・港湾 **2**問

鉄道・地下構造物 **3**問

6問を選択

各分野の出題数

構造物

出題傾向とポイント

「構造物」からは毎回、「鋼構造物」から2問、「コンクリート構造物」から1問の計3問が出題されます。「コンクリート構造物」からは劣化機構の問題が多いので、第1章「2 コンクリート工」の知識とあわせて整理しておきましょう。

過去10回の出題傾向

- 溶接 10%
- ボルト 10%
- 劣化機構 33%
- 架設工法 20%
- 鋼材特性 27%

---

1 鋼材の特性　　　　重要度 ★★★

(1) 鋼材の種類

鋼材は、強さや伸びに優れ、加工性もよく、土木構造物に不可欠な材料です。炭素鋼は、鉄と炭素の合金です。炭素含有量が高いほど延性（延ばしやすいこと）や展性（平らに広がりやすいこと）は低下しますが、硬さや強さは向上します。疲労の激しい鋼材では、急激な破壊が生じることがあります。

代表的な鋼材	用途
低炭素鋼	延性、展性に富み橋梁などに広く用いられる
高炭素鋼	表面硬さが必要なキー、ピン、工具などに用いられる
耐候性鋼	ニッケルなどが添加された炭素鋼。防食性（金属の腐食を防ぐ性質）が高く、気象や化学的な作用による腐食が予想される場合に用いられる
鋳鋼・鍛鋼	温度の変化などによって伸縮する橋梁の伸縮継手などに用いられる
硬鋼線材	つり橋や斜張橋のワイヤーケーブルなどに用いられる
棒鋼	鉄筋コンクリート中の鉄筋に用いられる

知識チェック（R3後期 選択肢）

次の文章は正しい？

低炭素鋼は、表面硬さが必要なキー、ピン、工具等に用いられる。

| 解答・解説

誤り：これは、高炭素鋼の説明です。

(2) 鋼材の特性

鋼材の引張試験を行うと、**応力-ひずみ曲線**（下図）と呼ばれる結果が得られます（応力とは、外から力が加えられたときに内部に生じる抵抗力のこと）。応力度（単位面積当たりに生じる応力）が**弾性限度**（下図・E）に達するまでは**弾性**を示しますが、それを超えると**塑性**を示します。

1
2
専門土木

用語もチェック！

弾性…力を加えて変形させたあとに力を取り除くと変形がなくなり、元の状態に戻ること

塑性…力を加えて変形させたあとに力を取り除いても元の形に戻らず、変形が残ること。たとえば、針金やクリップを折り曲げたあとに手を離しても折れ曲がったままである。これが塑性の状態である

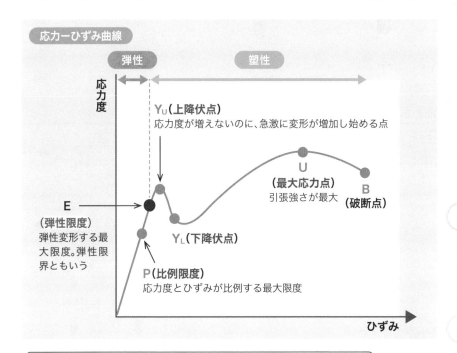

応力-ひずみ曲線

弾性　　塑性

応力度

Y_U（上降伏点）
応力度が増えないのに、急激に変形が増加し始める点

U
（**最大応力点**）
引張強さが最大

B
（**破断点**）

E
（弾性限度）
弾性変形する最大限度。弾性限界ともいう

Y_L（下降伏点）

P（比例限度）
応力度とひずみが比例する最大限度

ひずみ

グラフ上の各点の名称を覚えておきましょう。とくに弾性と塑性の境界になる弾性限度の出題率は高いので、確実にインプットしておいてください

2 高力ボルト

（1）ボルトの種類

ボルトには、**高力ボルト**と**普通ボルト**がありますが、鋼構造物の現場継手接合では、高力ボルトを用いることが多いです。

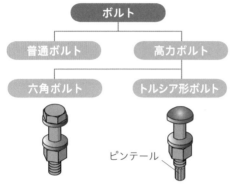

高力ボルトの使用イメージ

（2）接合方法

高力ボルトの接合方法には、以下のものがあります。

高力ボルトの接合方法

摩擦接合	高力ボルトの締付けで生じる**部材相互の摩擦抵抗**で、応力（部材内部に発生する内力）を伝達する	
支圧接合	ボルト軸が部材穴に引っかかり、支圧力（2つの物体の接触面に生じる圧縮力）で接合する	
引張接合	ボルトに対して平行な応力を伝達して接合する	

構造物分野での高力ボルトの出題率はそれほど高くないのですが、出題される場合、**摩擦接合**に関して問われることが多いです。その概要は必ず押さえておきましょう！

（3）ボルトの締付け

　ボルトの締付けは、各材片間の**密着**を確保し、十分な**応力の伝達**がなされるようにします。ボルトを締め付ける順序は、**中央から端部**に向かって行います。

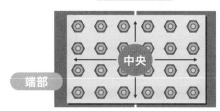

締付けの手順

　また、設計**ボルト軸力**が得られるように、原則として**ナット**を回して締め付けます。

締付けの部位

頭部ではなくナットのほうで締める！

六角ボルト　トルシア形ボルト

ボルトの締付け方法の種類

締付け方法の種類	方法
六角ボルト	
ナット回転法（回転法）	・降伏点を超えるまで軸力を与える **締付け検査** 全本数に対してマーキングで外観検査 マーキング → ナットを回転
六角ボルト	
トルクレンチ法（トルク法）	・60%導入の予備締め、110%導入の本締めを行う **締付け検査** 締付け後、速やかに実施
トルシア形ボルト	
トルクコントロール法	・本締めには**専用の締付け機**を使用する **締付け検査** 全本数について、ピンテールの破断とマーキングの確認を行う

3 溶接接合

重要度 ★★☆

溶接方法には、溶接部の形状によって**開先溶接**と**すみ肉溶接**があります。

溶接の種類	溶接の方法
開先溶接	・部材間の**隙間**に溶着金属を溶接する方法 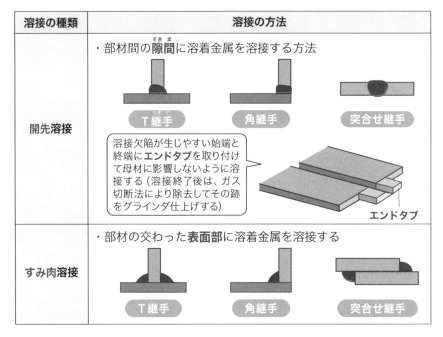 溶接欠陥が生じやすい始端と終端に**エンドタブ**を取り付けて母材に影響しないように溶接する（溶接終了後は、ガス切断法により除去してその跡をグラインダ仕上げする）
すみ肉溶接	・部材の交わった**表面部**に溶着金属を溶接する

【施工のポイント】

・溶接を行う場合には、溶接線近傍（付近）を十分に**乾燥**させてから行う
・**応力**を伝える溶接継手には、**開先溶接**、または**連続すみ肉溶接**を用いなければならない
・溶接を行う部分には、溶接に**有害な黒皮**、**さび**、**塗料**、**油**などがあってはならない
・開先溶接では、開先底部の溶接欠陥を除去するため、裏はつりを行う

知識チェック（R4 前期 選択肢）

次の文章は正しい？

溶接を行う場合には、溶接線近傍を十分に乾燥させる。

解答・解説

正しい：溶接線の近傍が湿っている状態で溶接してはいけません。

4 橋梁の架設工法

　鋼橋架設工法には、下図に示す方法があり、架設する場所の条件や橋梁の種類などによって、工法が選定されます。

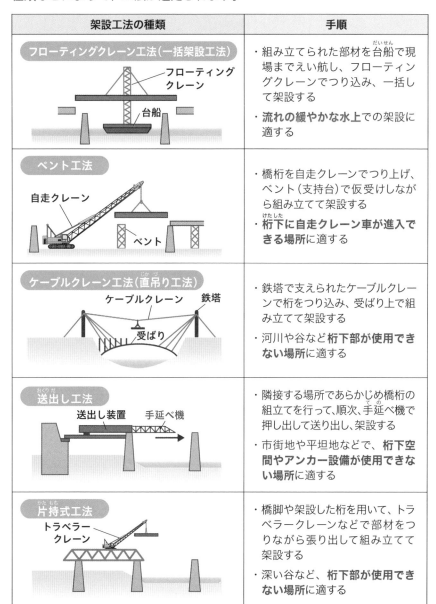

架設工法の種類	手順
フローティングクレーン工法（一括架設工法） フローティングクレーン 台船	・組み立てられた部材を台船で現場までえい航し、フローティングクレーンでつり込み、一括して架設する ・**流れの緩やかな水上**での架設に適する
ベント工法 自走クレーン ベント	・橋桁を自走クレーンでつり上げ、ベント（支持台）で仮受けしながら組み立てて架設する ・**桁下に自走クレーン車が進入できる場所**に適する
ケーブルクレーン工法（直吊り工法） ケーブルクレーン　鉄塔 受ばり	・鉄塔で支えられたケーブルクレーンで桁をつり込み、受ばり上で組み立てて架設する ・河川や谷など**桁下部が使用できない場所**に適する
送出し工法 送出し装置　手延べ機	・隣接する場所であらかじめ橋桁の組立てを行って、順次、手延べ機で押し出して送り出し、架設する ・市街地や平坦地などで、**桁下空間やアンカー設備が使用できない場所**に適する
片持式工法 トラベラークレーン	・橋脚や架設した桁を用いて、トラベラークレーンなどで部材をつりながら張り出して組み立てて架設する ・深い谷など、**桁下部が使用できない場所**に適する

次の組合せは正しい？

［架設工法］　　　　［架設方法］

片持式工法 ……… 隣接する場所であらかじめ組み立てた橋桁を手延べ機で所定
の位置に押し出して架設する。

解答・解説

誤り：上記の説明は、送出し工法のものです。

5 コンクリートの劣化機構　　　重要度 ★★★

コンクリートの劣化機構とその要因・防止策は、次の通りです。

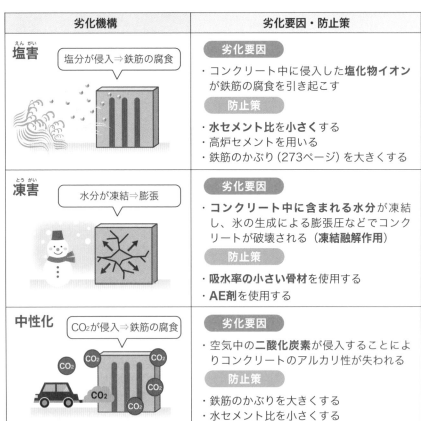

劣化機構	劣化要因・防止策
塩害（えんがい） 塩分が侵入⇒鉄筋の腐食	**劣化要因** ・コンクリート中に侵入した**塩化物イオン**が鉄筋の腐食を引き起こす **防止策** ・**水セメント比を小さく**する ・高炉セメントを用いる ・鉄筋のかぶり（273ページ）を大きくする
凍害（とうがい） 水分が凍結⇒膨張	**劣化要因** ・**コンクリート中に含まれる水分**が凍結し、氷の生成による膨張圧などでコンクリートが破壊される（**凍結融解作用**） **防止策** ・**吸水率の小さい骨材**を使用する ・**AE剤**を使用する
中性化 CO_2が侵入⇒鉄筋の腐食	**劣化要因** ・空気中の**二酸化炭素**が侵入することによりコンクリートのアルカリ性が失われる **防止策** ・鉄筋のかぶりを大きくする ・水セメント比を小さくする

劣化機構	劣化要因・防止策
アルカリシリカ反応 反応性骨材 ⇒膨張	**劣化要因** ・**反応性骨材**が含まれると、コンクリート中のアルカリ水溶液により骨材が異常膨張する **防止策** ・抑制効果のある**混合セメント**を使用する
疲労 繰返し荷重 ⇒ひび割れ	**劣化要因** ・**荷重が繰り返し作用**することで、コンクリート中に微細なひび割れが発生し、やがて大きな損傷となっていく **防止策** ・ひび割れの発展を抑制する
化学的侵食 硫酸が生成 ⇒溶解	**劣化要因** ・**硫酸**や**硫酸塩**などによりコンクリートが溶解する **防止策** ・表面被覆などの被覆材で抑制する

知識チェック（R5 前期 選択肢）

次の文章は正しい？

　塩害対策として、水セメント比をできるだけ大きくする。

▎解答・解説

誤り：塩害対策では、塩化物イオンの浸透を抑制するため、水セメント比を小さくしてコンクリートを緻密化します。

試験では、上の劣化機構の表に記載のない「ブリーディング」や「レイタンス」「豆板（まめいた）」などが、誤りの選択肢としてしばしば登場します。これらは劣化機構ではありません。惑わされないようにしましょう！

実践問題

鋼材の特性（R2）

右図は、鋼材の引張試験における応力度
とひずみの関係を示したものであるが、
点Eを表している用語として、**適当なもの**
は次のうちどれか。

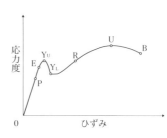

(1) 比例限度
(2) 弾性限度
(3) 上降伏点
(4) 引張強さ

No.2 高力ボルト（R4 前期）

鋼道路橋に用いる高力ボルトに関する次の記述のうち、**適当でないもの**は
どれか。

(1) 高力ボルトの軸力の導入は、ナットを回して行うことを原則とする。
(2) 高力ボルトの締付けは、連結板の端部のボルトから順次中央のボルト
　　に向かって行う。
(3) 高力ボルトの長さは、部材を十分に締め付けられるものとしなければ
　　ならない。
(4) 高力ボルトの摩擦接合は、ボルトの締付けで生じる部材相互の摩擦力
　　で応力を伝達する。

No.3 橋梁の架設工法（R2）

鋼道路橋における架設工法のうち、市街地や平坦地で桁下空間やアン
カー設備が使用できない現場において一般に用いられる工法として、**適
当なもの**は次のうちどれか。

(1) フローティングクレーンによる一括架設工法
(2) 自走クレーンによるベント工法
(3) ケーブルクレーンによる直吊り工法
(4) 手延機による送出し工法

コンクリートの劣化機構（R5 後期）

コンクリートの「劣化機構」と「劣化要因」に関する次の組合せのうち、**適当でないもの**はどれか。

　　[劣化機構]　　　　　　　　　　　　[劣化要因]
(1) アルカリシリカ反応 ……………… 反応性骨材
(2) 疲労 ……………………………… 繰返し荷重
(3) 塩害 ……………………………… 凍結融解作用
(4) 化学的侵食 ……………………… 硫酸

解答・解説

No.1　**解答：(2)　○**

(1)　✕ 比例限度は点 P に該当します。

(3)　✕ 上降伏点は点 Y_u に該当します。

(4)　✕ 引張強さは点 U に該当します。

No.2　**解答：(2)　✕**

(2)　高力ボルトの締付けは、連結板の中央のボルトから順次端部のボルトに向かって行う。

No.3　**解答：(4)　○**

(1)　✕ フローティングクレーン工法は、流れの緩やかな水上での架設に適する工法です。

(2)　✕ ベント工法は、桁下に自走クレーン車が進入できる場所に適する工法です。

(3)　✕ ケーブルクレーン工法は、河川や谷など桁下部が使用できない場所に適する工法です。

No.4　**解答：(3)　✕**

(3)　凍結融解作用が劣化要因なのは、凍害です。

出題傾向とポイント

「河川」からは、毎回2問が出題されています。「河川」と「堤防」のどちらかから1問、「護岸」から1問です。「堤防」については、第1章「土木一般」の「1 土工」で学んだ盛土材料の内容とあわせて学習することで、堤防に用いる土質材料の問題に対応できます。

過去10回の出題傾向

河川 25%
護岸 50%
堤防 25%

1 河川

重要度 ★★☆

（1）河川と河道

河川の横断面図は、**上流**から**下流**を見た断面で表し、右側を右岸、左側を左岸といいます。河川の流水がある側を**堤外地**、堤防で守られる側を**堤内地**といいます。

また、河川堤防の断面で一番高い平らな部分を**天端**といいます。堤防の法面は、河川の流水がある側を**表法面**、その反対側を**裏法面**といいます。

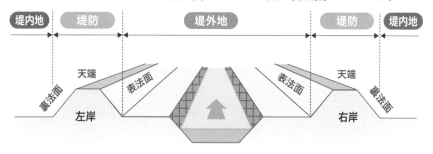

堤内地　堤防　堤外地　堤防　堤内地

裏法面　天端　表法面　表法面　天端　裏法面
左岸　右岸

堤防は「守られる側」を主体として考えるため、河川側のほうを堤防の「外」側という扱いで堤外地と呼びます。しかし、川表・川裏は「河川」を主体として考えた呼び方ですので、河川側の法面を表法面と呼びます

（2）河道の断面形状

　河道断面形状には、下図のように**複**断面と**単**断面の２種類があります。

　複断面には高水敷があり、低水路が１段低い形状です。単断面には高水敷がなく、台形の形状です。**大**河川の多くは**複**断面、**中小**河川の多くは**単**断面です。

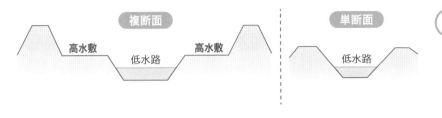

知識チェック（R2 選択肢）

次の文章は正しい？

　河川の横断面図は、上流から下流を見た断面で表し、右側を右岸という。

▌**解答・解説**

正しい：右岸か左岸かは、「河川の水の流れ方向と同じ方向に見る」と覚えておくといいでしょう。

┃2　堤防　　　　　　　　　　　　　　重要度 ★★☆

（1）堤防の新設

　施工した堤防は、法面が雨や河川の流水などによって劣化しないように、一般に**芝付け**を行って保護します。芝付けは芝の並べ方によって呼び方が変わり、**総芝**は隙間なく芝を張り付ける場合、**筋芝**は芝を水平方向に筋状に張り付ける場合の呼び方です。

　なお、施工中の堤防は、堤体への雨水の滞水や浸透が生じないよう**横断勾配**を設けます。

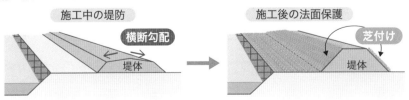

（2）堤防の拡築

旧堤防では堤防断面が足りないと判断された場合、旧堤防を高くする**嵩上げ**や断面積を増やすための**腹付け**をする拡築工事が行われます。

堤防の腹付け工事は、旧堤防の**川裏側**に行い、旧堤防とのなじみをよくするために、階段状に**段切り**を行います。

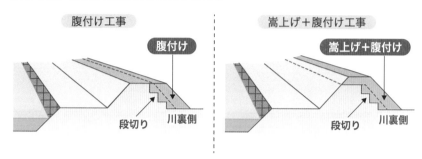

（3）引堤工事

旧堤防の位置では川幅や高さが足りないと判断された場合、**新堤防を川裏側**に施工し、新堤防が完成し、地盤が**十分に安定**した数年後に旧堤防を**撤去**します。こういった工事を**引堤**工事といいます。引堤工事を行った場合の旧堤防は、腹付け工事も引堤工事も**川裏側**に行うのが基本です。川表側に行うと、河川の断面を狭めてしまい、洪水時の水位上昇を招いてしまうからです。

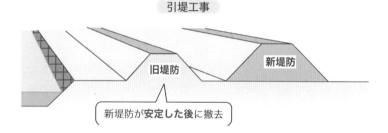

河川堤防に用いる土質材料に関して問われることがありますが、第1章「土木一般」の「1 土工」で学んだ盛土材料（26ページ）としてふさわしい土について復習しておけば解けます！

次の文章は正しい？

堤防の拡築工事を行う場合の腹付けは、旧堤防の表法面に行うことが一般的である。

解答・解説

誤り：堤防の拡築工事は川裏側、つまり裏法面に行います。表法面に行うと川幅を狭めてしまうためです。

3 護岸 重要度 ★★★

（1）護岸の構成

護岸は、河川の流水による侵食作用などから表法面を保護するために設けるものです（河川の流れが緩やかな場合は、一般的に護岸ではなく芝付けのみで問題ありません）。護岸には、低水路を保護し、高水敷の洗掘（川の流れなどにより土砂が削り取られること）を防止する**低水護岸**、高水時に堤防の表法面を保護する**高水護岸**、およびそれらが一体となった**堤防護岸**の3つがあります。

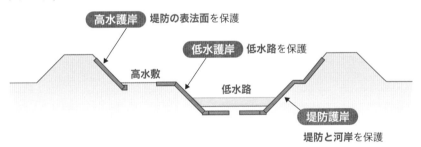

次の文章は正しい？

低水護岸は、低水路を維持し、高水敷の洗掘などを防止するものである。

解答・解説

正しい：低水護岸、高水護岸、堤防護岸の設置の目的等、その内容を整理しておきましょう。

（2）護岸の各部名称

　護岸は、**法覆工**、**基礎工**のほか、河床の洗掘を防止する**根固工**によって構成されているほか、**縦帯工**、**横帯工**、**小口止工**なども組み合わせます。

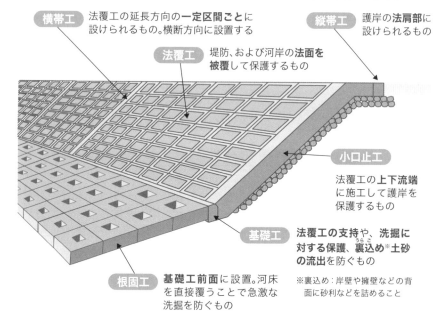

横帯工　法覆工の延長方向の**一定区間ごとに**設けられるもの。横断方向に設置する

法覆工　堤防、および河岸の**法面を被覆**して保護するもの

縦帯工　護岸の**法肩部に**設けられるもの

小口止工　法覆工の**上下流端**に施工して護岸を保護するもの

基礎工　**法覆工の支持**や、**洗掘に対する保護、裏込め**※**土砂の流出**を防ぐもの

※裏込め：岸壁や擁壁などの背面に砂利などを詰めること

根固工　**基礎工前面**に設置。河床を直接覆うことで急激な洗掘を防ぐもの

護岸については、名称と説明文の組合せが正しいかどうかを問う問題がよく出題されます。上の図は確実に覚えておきましょう

知識チェック（R4 前期 選択肢）

次の文章は正しい？

　小口止工は、河川の流水方向の一定区間ごとに設けられ、護岸を保護するものである。

▌解答・解説

誤り：これは、横帯工の説明です。小口止工は、法覆工の上下流端に施工して護岸を保護するものです。

実践問題

No.1 堤防（R3 後期）

河川堤防の施工に関する次の記述のうち、**適当でないもの**はどれか。

(1) 堤防の腹付け工事では、旧堤防との接合を高めるため階段状に段切りを行う。
(2) 堤防の腹付け工事では、旧堤防の表法面に腹付けを行うのが一般的である。
(3) 河川堤防を施工した際の法面は、一般に総芝や筋芝等の芝付けを行って保護する。
(4) 旧堤防を撤去する際は、新堤防の地盤が十分安定した後に実施する。

No.2 護岸（H30 後期）

河川護岸に関する次の記述のうち、**適当でないもの**はどれか。

(1) 高水護岸は、複断面河川において高水時に堤防の表法面を保護するために施工する。
(2) 基礎工は、洗掘に対する保護や裏込め土砂の流出を防ぐために施工する。
(3) 法覆工は、堤防や河岸の法面を被覆し保護するために施工する。
(4) 根固工は、水流の方向を変えて河川の流路を安定させるために施工する。

解答・解説

No.1 解答：(2) ✕

(2) 堤防の腹付け工事では、一般に旧堤防の裏法面に腹付けを行います。

No.2 解答：(4) ✕

(4) 根固工は、基礎工前面の河床の洗掘を防止するために施工します。

「砂防」からは、毎回２問が出題されています。具体的には、「砂防えん堤」から１問、「地すべり防止工」から１問です。砂防えん堤の構造や機能、地すべり防止工の抑制工、および抑止工に関する工種について整理しておきましょう。

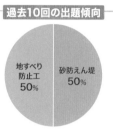

地すべり防止工 50%
砂防えん堤 50%

1 砂防えん堤 重要度 ★★★

（1）構造

砂防えん堤とは、渓流から流出する砂礫の捕捉や調節などを目的とした構造物で、**本えん堤**、**水叩き**、**副えん堤**から構成されています。

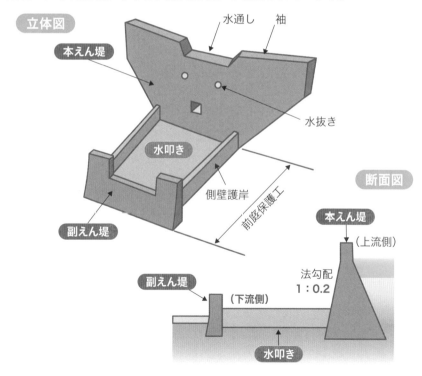

立体図

本えん堤

水通し　袖

水抜き

水叩き

側壁護岸

前庭保護工

副えん堤

断面図

本えん堤

（上流側）

法勾配
1：0.2

副えん堤

（下流側）

水叩き

名 称	内 容
本えん堤 （主えん堤）	・本えん堤の堤体下流の法面は、越流土砂による損傷を避けるため、一般に法勾配を**1：0.2**としている
袖	・洪水を**越流させない**ために設けるもので、土石などの流下による衝撃に対して**強固**な構造となっている ・洪水を**越流させない**ため、両岸に向かって**上り勾配**となっている
水通し	・砂防えん堤の上流側からの水を越流させるために、堤体に設置される ・流量を越流させるのに十分な大きさとし、形状は一般に**逆台形**とする
水抜き	・施工中の流水の切替えや、堆砂^{たいさ}※後の浸透水を抜いて**水圧を軽減**するために設ける ※堆砂：土砂がダム等に流入し堆積すること
前庭保護工 ^{ぜんていほごこう}	・本えん堤を越流した落下水による洗掘^{せんくつ}（75ページ）を防止するため、堤体の**下流側**に設置する構造物
水叩き	・本えん堤からの落下水による**洗掘の防止**を目的に、本えん堤下流（前庭部）に設けられるコンクリート構造物
側壁護岸	・水通しからの落下水が左右の**渓岸を侵食することを防ぐ**ための構造物
副えん堤	・本えん堤の**基礎地盤の洗掘**、および**下流河床低下の防止**のために設ける

「水通し」と「水抜き」は似た名称のため、きちんと区別がついているか、その知識を試す問題がよく出題されます。混同しないように覚えておきましょう！

知識チェック（R3 後期 選択肢）

次の文章は正しい？

　本えん堤の堤体下流の法勾配は、一般に 1：1 程度としている。

| 解答・解説

誤り：本えん堤下流の法勾配は、一般に 1：0.2 程度とします。

（2）施工

砂防えん堤は、強固な岩盤に施工することが望ましいとされています。砂防えん堤を施工する場合の一般的な順序は、①**本えん堤の基礎部**→②**副えん堤**→③**側壁護岸・水叩き**→④**本えん堤の上部**です。

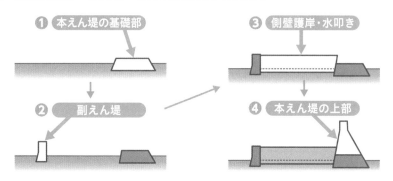

次の文章は正しい？

砂防えん堤の施工は、一般に最初に副えん堤を施工し、次に本えん堤の基礎部を施工する。

▎**解答・解説**▶

誤り：逆です。最初に本えん堤の基礎部を施工し、次に副えん堤を施工します。

（3）基礎

砂防えん堤の基礎の根入れ（基礎を地中に埋めること）は、岩盤の場合は**1m以上**、砂礫の場合は**2m以上**とします。

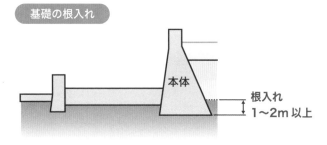

2 地すべり防止工　　　　　　　重要度 ★★★

(1) 地すべり防止工の分類と選択

　地すべり防止工には**抑制工と抑止工**の２つがあり、①抑制工→②抑止工の順に実施します。工法の主体は抑制工とし、**抑止工だけの施工を避ける**のが一般的です。ここでは、それぞれの内容について解説していきます。

(2) 抑制工

　抑制工は、自然条件を変化させ、地すべり運動を**停止**、または**緩和**させる工法です。具体的には次の工法があります。

<table>
<tr><td>

排土工

地すべり**頭部**の不安定な土塊を排除し、土塊の滑動力を減少させる工法

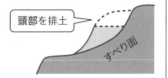

</td><td>

横ボーリング工

地下水の排除のため、帯水層に向けて**ボーリング**を行う工法

</td></tr>
<tr><td>

水路工

地表の水を水路に集め、速やかに地すべりの**地域外**に排除する工法

</td><td>

排水トンネル工

安定した地盤にトンネルを設け、排水する工法（地すべり規模が大きい場合に適する）

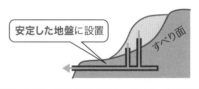

</td></tr>
<tr><td>

集水井工

地下水が集水できる**堅固な地盤**に、井筒を設けて地下水を集水する工法。排水はボーリングによる**自然排水**で行う

</td><td>

押え盛土工

地すべり土塊の**下部**に盛土を行うことにより、地すべりの滑動力に対する抵抗力を増加させる工法

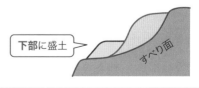

</td></tr>
</table>

知識チェック（R1 後期 選択肢）

次の文章は正しい？

水路工とは、地表面の水を速やかに水路に集め、地すべり地内に浸透させる工法である。

解答・解説

誤り：水路工とは、地すべり地外に排水する工法です。

（3）抑止工

抑止工は、杭などの構造物によって、地すべり運動の一部、または全部を**停止**させる工法です。

杭 工	シャフト工	大口径の井筒を掘り下げ、鉄筋コンクリートを充填してシャフト（杭）とする
杭を打ち込み、地すべり運動を停止させる	地すべり推力が大きく、杭工では対処できない場合に用いる	

各対策工法が抑制工・抑止工のどちらに分類されるかを問う問題もよく出されます。それぞれの工法の名称とその内容をしっかり押さえておきましょう

知識チェック（R2 選択肢）

次の文章は正しい？

シャフト工は、大口径の井筒を山留めとして掘り下げ、鉄筋コンクリートを充填して、シャフト（杭）とする工法である。

解答・解説

正しい：上記の説明のほかに、シャフト工が「抑止工」に分類されることも、しっかり覚えておきましょう。

実践問題

No.1 砂防えん堤 (R4 前期)

砂防えん堤に関する次の記述のうち、**適当でないもの**はどれか。

(1) 水抜きは、一般に本えん堤施工中の流水の切替えや堆砂後の浸透水を抜いて水圧を軽減するために設けられる。
(2) 袖は、洪水を越流させないために設けられ、両岸に向かって上り勾配で設けられる。
(3) 水通しの断面は、一般に逆台形で、越流する流量に対して十分な大きさとする。
(4) 水叩きは、本えん堤からの落下水による洗掘の防止を目的に、本えん堤上流に設けられるコンクリート構造物である。

No.2 地すべり防止工 (R4 前期)

地すべり防止工に関する次の記述のうち、**適当なもの**はどれか。

(1) 排土工は、地すべり頭部の不安定な土塊を排除し、土塊の滑動力を減少させる工法である。
(2) 横ボーリング工は、地下水の排除を目的とし、抑止工に区分される工法である。
(3) 排水トンネル工は、地すべり規模が小さい場合に用いられる工法である。
(4) 杭工は、杭の挿入による斜面の安定度の向上を目的とし、抑制工に区分される工法である。

解答・解説

No.1 解答：(4) ✕

(4) 水叩きは、本えん堤下流に設けられるコンクリート構造物です。

No.2 解答：(1) ○

(2) ✕横ボーリング工は、抑制工に区分される工法です。
(3) ✕排水トンネル工は、地すべり規模が大きい場合に用いられる工法です。
(4) ✕杭工は、抑止工に区分される工法です。

出題傾向とポイント

「道路舗装」からは、毎回4問が出題されています。「アスファルト舗装」から3問、「コンクリート舗装」から1問出題されます。「コンクリート舗装」は、第1章「土木一般」の「2 コンクリート工」と一緒に学習することで、施工に関する問題に対応できます。

過去10回の出題傾向

コンクリート舗装 25%
アスファルト舗装 75%

1 アスファルト舗装

重要度 ★★★

(1) アスファルト舗装の構成

骨材などの材料をアスファルトで結合した混合物の舗装を、**アスファルト舗装**といいます。一般に、上から**表層**、**基層**、**路盤**（上層路盤・下層路盤）の順で構成されています。

たわみ性を有した舗装のため、**たわみ性舗装**とも呼ばれます。

アスファルト舗装の断面

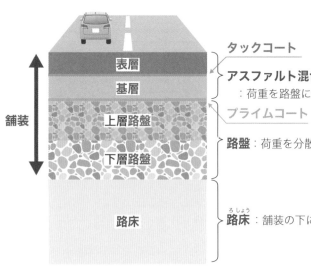

舗装

表層
基層
上層路盤
下層路盤
路床

タックコート
アスファルト混合物
：荷重を路盤に伝達
プライムコート
路盤：荷重を分散させて路床に伝達
路床：舗装の下になる支持層（1m）

（2）路床の施工

　路床は舗装の下になる支持層のことで、最後に荷重を受け持つ重要な役割があります。路床の種類は、**盛土路床**と**切土路床**の2つに分けられます。路床が軟弱な場合は、安定させるために、安定材としてセメントや石灰を混合し支持力を改善します。この改善した路床を**構築路床**と呼びます。

路床の種類

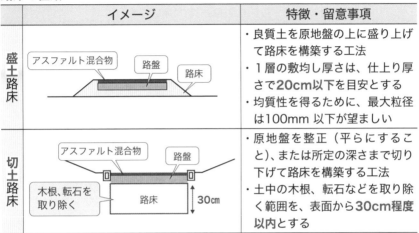

	イメージ	特徴・留意事項
盛土路床	アスファルト混合物　路盤　路床	・良質土を原地盤の上に盛り上げて路床を構築する工法 ・1層の敷均し厚さは、仕上り厚さで**20cm以下**を目安とする ・均質性を得るために、最大粒径は100mm以下が望ましい
切土路床	アスファルト混合物　路盤　木根、転石を取り除く　路床　30cm	・原地盤を整正（平らにすること）、または所定の深さまで切り下げて路床を構築する工法 ・土中の木根、転石などを取り除く範囲を、表面から**30cm程度**以内とする

【構築路床の施工のポイント】

・安定材の散布に先立って、**不陸整正**（平らでない場所を平らにすること）を行い、必要に応じて雨水対策の**仮排水溝**を設置する
・安定材は、所定量を**散布機械**または**人力**により、均等に散布する
・粒状の生石灰を用いる場合は、混合が終了したのち仮転圧（転圧：締め固めること）して**放置**し、生石灰の消化を待ってから再び混合する
・安定材の混合終了後、**タイヤローラ**で仮転圧を行い、**モータグレーダ**で整形し、**タイヤローラ**などにより締め固める

知識チェック（R1 前期 選択肢）

次の文章は正しい？

　盛土路床では、層の敷均し厚さを仕上り厚さで40cm以下とする。

解答・解説

誤り：盛土路床では、仕上り厚さで20cm以下を目安とします。

（3）路盤の施工

舗装の一番下の部分である路盤は、**上層**路盤と**下層**路盤の2層構造になっています。それぞれ用いられる材料が異なっており、それをまとめたのが下記の表です。

上層路盤	良好な粒度分布になるよう調整された粒度調整砕石や、砕石に石灰やセメントを混合した**安定処理材料**、加熱アスファルトを添加した**加熱アスファルト安定処理材料**を用いる **粒度調整砕石** 材料の分離に留意しながら路盤材料を均一に敷き均し締め固め、1層の仕上り厚は**15cm以下**を標準とする **石灰安定処理材料** 最適含水比よりやや**湿潤状態**で締め固める **セメント安定処理材料** 路盤材料の硬化が始まる前までに締固めを完了する。1層の仕上り厚が 10〜20cm を標準とする **加熱アスファルト安定処理材料** 路盤1層の仕上り厚を10cm以下で行う一般工法と、それを超えた厚さで仕上げるシックリフト工法とがある。下層の路盤面にプライムコートを施す必要がある。材料の硬化が始まる前までに締固めを完了する。敷均しは、アスファルトフィニッシャで行う
下層路盤	クラッシャランなどの粒状路盤材料や、砕石にセメントや石灰を混合した**安定処理材料**を用いる **粒状路盤材料** 1層の仕上り厚さを**20cm以下**とする **安定処理材料** 1層の仕上り厚さを**15〜30cm**とする

路床と路盤に関する頻出問題は、**1層の仕上がり厚さ**です。種類ごとの厚さは確実に暗記しておきましょう

知識チェック（R3 前期 選択肢）

次の文章は正しい？

粒状路盤材料を使用した下層路盤では、1層の仕上り厚さは30cm以下を標準とする。

解答・解説

誤り：粒状路盤材料を使用した下層路盤では、1層の仕上がり厚さは20cm以下を標準とします。

（4）タックコート・プライムコート

　アスファルト舗装を施工する際には**タックコート**と**プライムコート**が使用されます。タックコートは**舗装**面処理に、プライムコートは**路盤**面処理に用います。

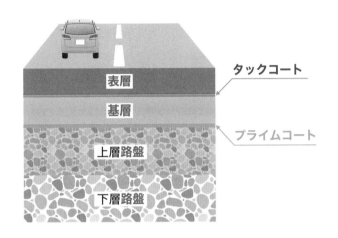

タック コート	・既設舗装面と、その上に舗装する加熱アスファルト混合物との**付着**を**よくする**ためのもの ・散布量は、一般に**0.3〜0.6ℓ/m²**が標準
プライム コート	・路盤面と、その上に舗装する加熱アスファルト混合物との**なじみ**を**よくする**ためのもの ・散布量は、一般に**1〜2ℓ/m²**が標準

タックコートとプライムコートの各単語を直訳すると、タックは「粘着性」、プライムは「第1の」、コートは「覆うもの」となります。第1番目に覆うものがプライムコートというわけです。英単語の意味を知っていると、施工される位置や役割などが理解しやすくなるのでは？

（5）表層・基層

アスファルト舗装の上部を構成する**表層**と**基層**の施工手順は、**加熱アスファルト**の①運搬→②敷均し→③締固めの3段階となります。

施工順序	主な施工機械	施工のポイント
1 運搬	**ダンプトラック**	● 加熱アスファルト混合物の現場到着温度は、一般に**140〜150℃**程度とする ● 加熱アスファルト混合物は、よく清掃した運搬車を用い、**保温シート**などで覆い運搬する
2 敷均し	**アスファルトフィニッシャ**	● 現場に到着した加熱アスファルト混合物は、ただちに**アスファルトフィニッシャ**で均一に敷き均す ● 敷均し温度は、**110℃**を下回らないようにする ● 雨が降り始めたときは作業を**中止**し、敷き均した加熱アスファルト混合物を速やかに**締め固める**
3 締固め	**ロードローラ** 初転圧、仕上げ転圧 **タイヤローラ** 二次転圧、仕上げ転圧 **振動ローラ** 二次転圧	● 加熱アスファルト混合物の締固め作業は、①**継目転圧**→②**初転圧**→③**二次転圧**→④**仕上げ転圧**の順序で行う ● 加熱アスファルト混合物の締固め温度は高いほうがよいが、**高すぎるとヘアクラック**（次ページ）や変形などを起こすことがある ● 気温が5℃以下の施工では、所定の締固め度が得られることを確認したうえで施工する

【締固めの手順】

1 継目転圧
・ロードローラで横断勾配の低いほうから**高い**ほうへ転圧する
・ローラへの混合物の付着防止には、少量の水や軽油などを塗布

2 初転圧
・温度は**110〜140℃**

3 二次転圧
・**タイヤローラや振動ローラ**で転圧する
・転圧終了温度は**70〜90℃**

4 仕上げ転圧
※ローラが通った跡のこと
・平坦性をよくするため**タイヤローラやロードローラ**で転圧する
・**不陸の修正、ローラマーク**※の消去のために行う

【継目の施工のポイント】

・横継目部は、施工性をよくするため、下層の継目の上に上層の継目を**重ねない**ようにする

・舗装継目は、密度が小さくなりやすく、段差やひび割れが生じやすいので、十分に締め固めて密着させる

【交通開放のポイント】

・転圧終了後の交通開放は、舗装表面温度が**50℃以下**となってから行う

知識チェック（R5 後期 選択肢）

次の文章は正しい？

二次転圧は、一般に 8 ～ 20t のロードローラで行うが、振動ローラを用いることもある。

▌解答・解説

誤り：二次転圧は、一般にタイヤローラで行います。

（6）破損

アスファルト舗装の主な破損には、次のものがあります。

破損	内容
ヘアクラック	縦・横・斜め不定形に、幅 1 mm 程度に生じる比較的短いひび割れ。主に表層に生じる
流動わだち掘れ	道路横断方向の凹凸で、車輪の通過位置に生じる
縦断方向の凹凸	道路の延長方向に、比較的長い波長で生じる凹凸で、どこにでも生じる破損である
線状ひび割れ	長く生じるひび割れで、路盤の支持力が不均一な場合や、舗装の継目に生じる
沈下わだち掘れ	路床・路盤の沈下により発生する
亀甲状ひび割れ	路床・路盤の支持力低下により発生する

知識チェック（R1 前期 選択肢）

次の文章は正しい？

わだち掘れは、表層と基層の接着不良により走行軌跡部に発生する。

誤り：わだち掘れとは道路横断方向の凹凸で、車輪の通過位置に生じます。

（7）補修工法

舗装は、建設後の供用にともなって性能が低下します。そのため、路面性能や舗装強度の低下程度にそって補修を行う必要があります。主な補修工法は次の通りです。

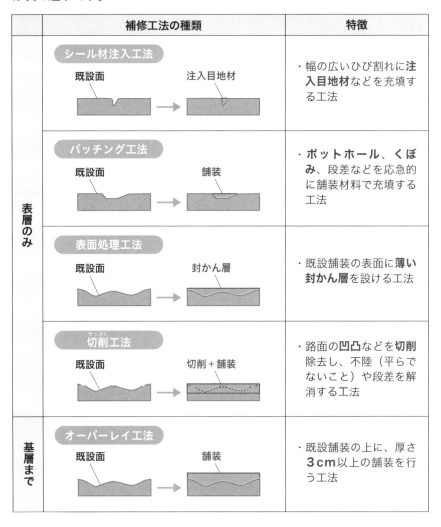

	補修工法の種類	特徴
表層のみ	**シール材注入工法** 既設面 → 注入目地材	・幅の広いひび割れに**注入目地材**などを充填する工法
	パッチング工法 既設面 → 舗装	・**ポットホール、くぼみ**、段差などを応急的に舗装材料で充填する工法
	表面処理工法 既設面 → 封かん層	・既設舗装の表面に**薄い封かん層**を設ける工法
	切削工法 既設面 → 切削＋舗装	・路面の**凹凸**などを**切削**除去し、不陸（平らでないこと）や段差を解消する工法
基層まで	**オーバーレイ工法** 既設面 → 舗装	・既設舗装の上に、厚さ**3cm以上**の舗装を行う工法

| 路盤以下まで | 打換え工法
 既設面　　　　　　舗装
 ・不良な舗装の**一部分**、または**全部**を取り除き、新しい舗装を行う工法 |

2 コンクリート舗装

重要度 ★★★

（1）構造

　コンクリートによる**表層**と**路盤**で構成された舗装を**コンクリート舗装**といいます。コンクリート舗装は、養生期間が長く部分的な補修が困難ですが、**耐久性に富む**ため、トンネル内などに用いられます。コンクリート舗装には、普通コンクリート舗装、転圧コンクリート舗装、プレストレストコンクリート舗装などがあります。

　コンクリートの曲げ抵抗で交通荷重を支えるので**剛性舗装**とも呼ばれます。

コンクリート舗装の断面

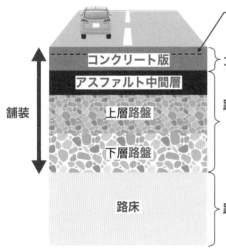

鉄網（地盤がよくない場合に入れる）
：コンクリート（舗装）版の表面から版厚の 1/3 の位置に配置

コンクリート版：荷重を路盤に伝達

路盤：荷重を分散させて路床に伝達
　　※路盤厚が **30cm 以上**のときは、上層と下層に分ける

路床：舗装の下になる支持層（1m）

知識チェック（R1 後期 選択肢）

次の文章は正しい？

　コンクリート舗装版の中の鉄網は、底面から版の厚さの 1/3 の位置に配置する。

91

誤り：鉄網は、表面から版の厚さの 1/3 の位置に配置します。

（2）施工

コンクリート版の施工順序とポイントは次の通りです。

施工順序	施工のポイント
運搬	・**アジテータトラック**（生コン車）によってコンクリートを運搬する
敷均し・締固め	・**スプレッダ**（均等に敷き均す機械）で、均一にすみずみまで敷き広げる ・軟弱地盤の場合には、コンクリート版の**表面から版厚の1/3**の位置に鉄網を配置する ・**コンクリートフィニッシャ**などで一様、かつ十分に締め固める
仕上げ	・コンクリートの表面仕上げは、①**荒仕上げ**→②**平坦仕上げ**→③**粗面仕上げ**（ほうきやブラシでほうき目を入れる）の順に行う
目地の施工	・コンクリート版には、温度変化による膨張・収縮に対応するため、**目地**が必要である ・目地は、車線方向に設ける**縦目地**、車線に直交して設ける**横目地**がある ・横収縮目地は、版厚に応じて**8～10m**間隔に設ける ・ひび割れが生じても亀裂が大きくならないためと、版に段差を生じさせないために**ダミー目地**を設ける
養生	・**初期養生**として膜養生（養生剤を散布して水分の蒸発を防ぐ）や屋根養生、**後期養生**として被覆養生（養生マット等で被膜して水分の蒸発を防ぐ）、および散水養生などを行う ・所定の強度になるまで湿潤養生を行う

知識チェック（R4 前期 選択肢）

次の文章は正しい？

最終仕上げは、舗装版表面の水光りが消えてから、滑り防止のため膜養生を行う。

誤り：最終仕上げは、滑り防止のため、粗面仕上げ（ほうきやブラシでほうき目を入れる）を行います。

実践問題

No.1 アスファルト舗装（H30 後期）

道路のアスファルト舗装における上層路盤の施工に関する次の記述のうち、**適当でないもの**はどれか。

(1) 加熱アスファルト安定処理は、1 層の仕上り厚を 10cm 以下で行う工法とそれを超えた厚さで仕上げる工法とがある。

(2) 粒度調整路盤は、材料の分離に留意しながら路盤材料を均一に敷き均し締め固め、1 層の仕上り厚は、30cm 以下を標準とする。

(3) 石灰安定処理路盤材料の締固めは、所要の締固め度が確保できるように最適含水比よりやや湿潤状態で行うとよい。

(4) セメント安定処理路盤材料の締固めは、敷き均した路盤材料の硬化が始まる前までに締固めを完了することが重要である。

No.2 アスファルト舗装（R3 前期）

道路のアスファルト舗装の施工に関する次の記述のうち、**適当でないもの**はどれか。

(1) 加熱アスファルト混合物は、通常アスファルトフィニッシャにより均一な厚さに敷き均す。

(2) 敷均し時の混合物の温度は、一般に 110℃を下回らないようにする。

(3) 敷き均された加熱アスファルト混合物の初転圧は、一般にロードローラにより行う。

(4) 転圧終了後の交通開放は、一般に舗装表面の温度が 70℃以下となってから行う。

No.3 アスファルト舗装（R3 後期）

道路のアスファルト舗装の補修工法に関する次の記述のうち、**適当でないもの**はどれか。

(1) オーバーレイ工法は、不良な舗装の全部を取り除き、新しい舗装を行う工法である。

(2) パッチング工法は、ポットホール、くぼみを応急的に舗装材料で充填する工法である。

(3) 切削工法は、路面の凸部などを切削除去し、不陸や段差を解消する工法である。

(4) シール材注入工法は、比較的幅の広いひび割れに注入目地材等を充填する工法である。

No.4 コンクリート舗装（R3 前期）

道路のコンクリート舗装に関する次の記述のうち、**適当でないもの**はどれか。

(1) コンクリート舗装は、セメントコンクリート版を路盤上に施工したもので、たわみ性舗装とも呼ばれる。
(2) コンクリート舗装は、温度変化によって膨張したり収縮したりするので、一般には目地が必要である。
(3) コンクリート舗装には、普通コンクリート舗装、転圧コンクリート舗装、プレストレストコンクリート舗装等がある。
(4) コンクリート舗装は、養生期間が長く部分的な補修が困難であるが、耐久性に富むため、トンネル内等に用いられる。

解答・解説

No.1 解答：(2) ✕

(2) 粒度調整路盤では、1層の仕上り厚は 15cm 以下を標準とします。

No.2 解答：(4) ✕

(4) 転圧終了後の交通開放は、舗装表面温度が 50℃以下となってから行います。

No.3 解答：(1) ✕

(1) この記述は打換え工法の説明です。オーバーレイ工法は、損傷部分のみに加熱アスファルト混合物を舗設し修復する工法です。

No.4 解答：(1) ✕

(1) コンクリート舗装は剛性舗装、アスファルト舗装はたわみ性舗装と呼ばれます。

5 専門土木
ダム・トンネル

「ダム・トンネル」からは、毎回2問が出題されています。「ダム」から1問、「トンネル」から1問です。ただし、どちらもとくに出題率の高い設問がありません。全体の概要をよく理解し、選択肢から絞り込んで解答できるように学習しておきましょう。

過去10回の出題傾向

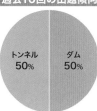

トンネル 50%　ダム 50%

1 ダム　　　　重要度 ★★★

（1）種類

　ダムは材料によって、コンクリートを使用する**コンクリートダム**と、岩石や土などを使用する**フィルダム**の2つに分類されます。両者ともさらに細かく分類することができますが、2級土木の試験で出題される可能性が高いのは、以下に示す**重力式コンクリートダム**（コンクリートダム）と**中央コア型ロックフィルダム**（フィルダム）です。

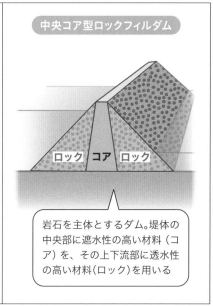

重力式コンクリートダム	中央コア型ロックフィルダム
重力	ロック　コア　ロック
ダム自身の重力により、水圧などの外力に抵抗する形式のダム	岩石を主体とするダム。堤体の中央部に遮水性の高い材料（コア）を、その上下流部に透水性の高い材料（ロック）を用いる

次の文章は正しい？

中央コア型ロックフィルダムは、一般に堤体の中央部に透水性の高い材料を用い、上流及び下流部にそれぞれ遮水性の高い材料を用いて盛り立てる。

┃ 解答・解説 ▶

誤り：材料の配置場所が逆です。中央コア型ロックフィルダムは、堤体の中央部に遮水性の高い材料（コア）、その上下流部に透水性の高い材料（ロック）を用います。

（２）準備工

　ダム工事は、一般に大規模で長期間にわたるため、工事に必要な設備、機械を十分に把握し、**施工設備を適切に配置**することが、安全で合理的な工事を行ううえで必要です。

　そうしたダム工事に向けての準備の１つに**転流工**があります。これはダム本体工事を確実にかつ容易に行うため、工事期間中、河川の流れを迂回させるためのもので、日本では**仮排水トンネル方式**が多く用いられます。

┃ 転流工の手順（仮排水トンネル方式の場合）

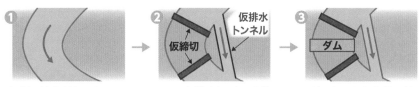

❶ 河川の流水があると、コンクリートの打込み等の施工が困難

❷ そこで、仮排水トンネルを施工し、そこに河川の流水を通す。さらにダム計画位置の上下流を締め切り（仮締切）、締め切られた内部に水がない状態にする

❸ 締め切られた内部にダムを施工する

（３）基礎掘削と基礎処理

　ダム本体工事は、**基礎掘削→基礎処理→コンクリートの打設**という順序で進められます。

　本体工事で最初に実施される基礎掘削工としては、基礎岩盤に損傷を与えることが少なく、大量掘削に対応できる**ベンチカット工法**が一般的です。これは、**せん孔機械**で穴を開けて爆破し、順次、上方から下方に切り下げていく掘削方法です。

次の基礎処理とは、均一ではないなど基礎岩盤として不適当な部分の補強・改良を行うためのものです。基礎処理としては、基礎部と岩盤の隙間にセメントを主体とした**グラウチング**（地盤のひび割れを埋めること）をすることが一般的です。

グラウチングの種類

対象	種類	目的
コンクリートダム	コンソリデーショングラウチング	・基礎岩盤に、浅い範囲で弱部を補強し、遮水性を改良する
	カーテングラウチング	・基礎岩盤にカーテン状にグラウチングし遮水性を高め、漏水を防止する
フィルダム	ブランケットグラウチング	・遮水ゾーンにおいて基礎岩盤との連結に実施し、遮水性を改良する

（4）コンクリート打設

コンクリート打設には、ブロック割りしてコンクリートを打ち込む**ブロック工法**と、堤体（ダム本体のこと）全面に水平に連続して打ち込む**RCD工法**があります。

RCD工法では、単位水量が**少なく超硬練り**に配合されたコンクリートを**ダンプトラック**（地形条件によっては、インクライン方法などを併用）で運搬し、**ブルドーザ**で敷き均し、**振動ローラ**で締め固めていきます。

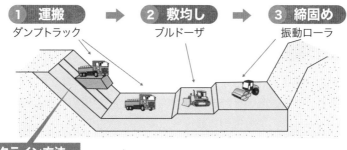

1 運搬　ダンプトラック　→　**2 敷均し**　ブルドーザ　→　**3 締固め**　振動ローラ

インクライン方法
コンクリートをダンプトラックに積み、斜面に設置された台車でダンプトラックごと直接、堤体面上に運ぶ方法

堤体内での不規則な温度ひび割れの発生を防ぐため、RCD工法ではコンクリートの敷き均し後に**横継目**をダム軸と**直角**に設けます。

さらに養生を行います。RCD工法では、スプリンクラーやホースなどによる散水養生を実施します。

知識チェック（R3 前期 選択肢）

次の文章は正しい？

RCD用コンクリートの運搬に利用されるインクライン方法は、コンクリートをダンプトラックに積み、ダンプトラックごと斜面に設置された台車で直接堤体面上に運ぶ方法である。

▌解答・解説

正しい：記載の通りです。

2 トンネル　　　重要度 ★★★

（1）山岳トンネルの掘削

山岳トンネルの掘削工法には、**全面掘削工法**、**ベンチカット工法**、**導坑先進工法**などがあります（下図）。

全面掘削工法	ベンチカット工法	導坑先進工法
全断面を掘削する	**上半分**と**下半分**に分けて掘削する	数個の**小さな断面**に分け、徐々に切り広げていく

掘削は、現地状況に応じて人力掘削、ダイナマイトなどの火薬類を用いる**発破掘削**、**機械掘削**のどれかで行われます。発破掘削は地質が**硬岩質**などの場合に用いられ、機械掘削は騒音や振動が比較的少ないため、都市部において多く用いられます。機械掘削には全断面掘削方式と自由断面掘削方式の2種類があります。

破砕した岩（ずり）は、レール方式、タイヤ方式などによる**ずり運搬**で坑外に搬出されます。レール方式よりも、**タイヤ方式**のほうが、ずり運搬において**大きな勾配**に対応できます。

次の文章は正しい？

　ベンチカット工法は、トンネル全断面を一度に掘削する方法である。

▎**解答・解説**

誤り：ベンチカット工法は、断面を上半分と下半分に分けて掘削する工法です。

（2）山岳トンネルの支保工

　支保工の施工は、掘削後の**断面を維持**し、岩石や土砂の**崩壊を防止**するとともに、**作業の安全**を確保するためのものです。

　支保工の部材としては、**吹付けコンクリート**、**ロックボルト**、鋼製（**鋼アーチ式**）**支保工**などがあります（下図）。

部　材	概　要
吹付けコンクリート 吹付け コンクリート	・地山の**凹凸を埋める**ように吹き付け、なるべく平滑になるように仕上げる ・吹付けノズルを吹付け面に**直角**に向けて行う ・鋼製支保工と一体になるように吹き付ける
ロックボルト ロックボルト	・掘削によって緩んだ岩盤を緩んでいない地山に固定し、**落下を防止**するなどの効果がある ・特別な場合を除き、トンネル掘削面に対して**直角**に設ける
鋼製（鋼アーチ式） 支保工 鋼製支保工	・吹付けコンクリートの補強や、掘削断面の**切羽**※**の早期安定**などの目的で行う ・Ｈ型鋼材などをアーチ状に組み立て、所定の位置に正確に建て込む ・一次吹付けコンクリート施工後に行う

※切羽：トンネル掘削の最先端箇所のこと

（3）施工時の観察・計測

トンネルの施工に際しては、現地の条件を考慮した観察・計測を行います。

観察・計測での留意事項

①観察・計測の頻度は、掘削直前から直後は**密**に、切羽が離れるに従って**疎**に設定する
②掘削にともなう地山の変形などを把握できるように計画する
③**観察・計測**の位置は、断面位置を合わせるとともに、計器配置をそろえる
④観察・計測の結果は、施工に反映するために計測データを**速やかに整理**する
⑤観察・計測の結果は、支保工の妥当性を確認するために活用する

知識チェック（R2 選択肢）

次の文章は正しい？

観察・計測の頻度は、掘削直前から直後は疎に、切羽が離れるに従って密に設定する。

┃ 解答・解説

誤り：観測・計測の頻度は、掘削直後は密に、切羽が離れるに従って疎に設定します。つまり、問題文とは逆の頻度になります。

（4）山岳トンネルの覆工

トンネルの施工の仕上げとして、半円筒形の型枠を使って、永久構造物となる覆工コンクリートを打設します。

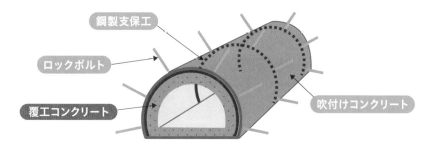

覆工コンクリートの施工順序とポイントは次ページの通りです。

施工順序	施工のポイント
打込み	・打込み前には、コンクリートの圧力に耐えられる構造の**つま型枠**※を、モルタル漏れなどがないように取り付ける ・打込みは、一般に**地山の変位が収束した後**に行う ・打込み時には、型枠に偏圧がかからないように、覆工の**両側から左右均等に**打ち込む
締固め	・締固めには、内部振動機を用い、**打込み後、速やかに**締め固める
養生・型枠取り外し	・打込み終了後は、硬化に必要な温度および湿度を保ち、**適切な期間に**わたり養生する ・型枠の取外しは、コンクリートが**必要な強度に達した後**に行う

※つま型枠：覆工の施工継目の端の部分に用いられる型枠のこと

知識チェック（R4 前期 選択肢）

次の文章は正しい？

覆工コンクリートの養生は、打込み後、硬化に必要な温度及び湿度を保ち、適切な期間行う。

解答・解説

正しい：記載の通りです。

実践問題

No.1 ダム（R3 後期）

ダムに関する次の記述のうち、**適当でないもの**はどれか。

(1) 転流工は、比較的川幅が狭く、流量が少ない日本の河川では仮排水トンネル方式が多く用いられる。

(2) ダム本体の基礎掘削工は、基礎岩盤に損傷を与えることが少なく、大量掘削に対応できるベンチカット工法が一般的である。

(3) 重力式コンクリートダムの基礎処理は、カーテングラウチングとブランケットグラウチングによりグラウチングする。

(4) 重力式コンクリートダムの堤体工は、ブロック割りしてコンクリートを打ち込むブロック工法と堤体全面に水平に連続して打ち込む RCD 工法がある。

No.2 トンネル（R3 前期）

トンネルの山岳工法における施工に関する次の記述のうち、**適当でないもの**はどれか。

(1) 鋼アーチ式（鋼製）支保工は、H 型鋼材等をアーチ状に組み立て、所定の位置に正確に建て込む。

(2) ロックボルトは、特別な場合を除き、トンネル掘削面に対して直角に設ける。

(3) 吹付けコンクリートは、鋼アーチ式（鋼製）支保工と一体となるように注意して吹き付ける。

(4) ずり運搬は、タイヤ方式よりも、レール方式のほうが大きな勾配に対応できる。

解答・解説

No.1 解答：(3) ✕

(3) 重力式コンクリートダムの基礎処理のグラウチングには、コンソリデーショングラウチングとカーテングラウチングがあります。

No.2 解答：(4) ✕

(4) ずり運搬は、レール方式よりも、タイヤ方式のほうがトンネル勾配に対する制約が少なく、大きな勾配に対応できます。

海岸・港湾

出題傾向とポイント

「海岸・港湾」からは、毎回2問が出題されています。専門用語が多く、比較的難易度の高い科目といえます。苦手科目の場合、「傾斜型海岸堤防の構造名称」や「異形コンクリートブロックの据付け方」など、覚えやすいものだけを押さえておくのもよいでしょう。

過去10回の出題傾向

- 浚渫 20%
- ケーソン式混成堤 30%
- 消波工 20%
- 海岸堤防 30%

1 海岸堤防の形式と構造 　　重要度 ★★★

（1）海岸堤防の形式

海岸堤防には、直立型、傾斜型、緩傾斜型、混成型といったタイプがあります。

直立型
比較的**良好な地盤**で、堤防用地が容易**に得られない**場合に適している

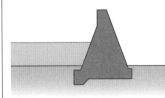

傾斜型
比較的**軟弱な地盤**で、**堤体土砂が容易**に得られる場合に適している

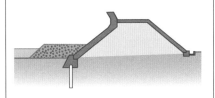

緩傾斜型
堤防用地が広く得られる場合や、海水浴などに利用する場合に適している

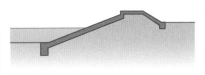

混成型
水深が割合に深く、比較的**軟弱な基礎地盤**に適している

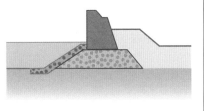

（2）傾斜型海岸堤防の構造

　海岸堤防のタイプのうち、傾斜型海岸堤防は、**堤体**、**基礎工**、**根固工**、**表法被覆工**、**波返工**などで構成されています（下図）。

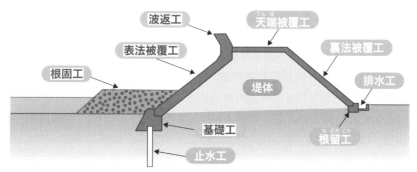

　傾斜型海岸堤防はイラストから構造名称を問うものが多く出題されています。赤字にしている構造名称は、イラストとセットでしっかりと覚えましょう

知識チェック（R3 前期 選択肢）

　次の文章は正しい？

　直立型は、比較的軟弱な地盤で、堤防用地が容易に得られない場合に適している。

解答・解説

誤り：直立型は、比較的良好な（堅固な）地盤に適しています。

2　消波工の施工　　　　　　　　　重要度 ★★☆

（1）消波工

　消波工は、波の**打上げ高さ**を**小さく**することや、波による**圧力**を**減らす**ために堤防の前面に設けます。

　消波工に用いられる**異形コンクリートブロック**は、**ブロックとブロックの間を波が通過**することで波の**エネルギー**を**減少**させる効果があり、消波工のほかに、海岸の**侵食対策**としても用いられます。

（2）異形コンクリートブロックの据付け方

　異形コンクリートブロックの据付け方には、**層積み**と**乱積み**があります。それぞれ一長一短があるので、異形コンクリートブロックの特性や現地の状況などを調査して、どちらの積み方を採用するかを決めます。

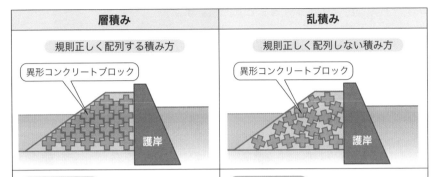

層積み	乱積み
規則正しく配列する積み方	規則正しく配列しない積み方
メリット 整然と並び外観が美しく、設計通りの据付けができて**安定性がよい**	**メリット** 高波を受けるたびに沈下し、徐々にブロックのかみ合わせがよくなり、**安定する**
デメリット 据付けに**手間**がかかり、海岸線の**曲線部**などの**施工が難しい**	**デメリット** 据付けが**容易**だが、据付け時のブロックの**安定性が悪い**

> 層積みは、規則正しく配列するので、「施工の手間はかかるが、外観が美しく安定性がよい」というのは容易に想像できますね。このように、層積みと乱積みの違いを問う問題は、「イメージして解く！」が攻略のポイントです

知識チェック（R1 前期 選択肢）

次の文章は正しい？

　異形コンクリートブロックは、海岸堤防の消波工のほかに、海岸の侵食対策としても多く用いられる。

解答・解説

正しい：記載の通りです。

3 浚渫

浚渫とは海底や河床など水面下の土砂を掘削することで、浚渫船による作業が主流です。浚渫工事では、**余掘り**（浚渫後の凹凸を考慮して、必要な水深よりも深い面まで浚渫すること）を行います。

（1）グラブ浚渫船とポンプ浚渫船

浚渫船としては、**グラブ浚渫船**と**ポンプ浚渫船**が多く用いられています。どちらも引き船を必要とする**非航式**と自力で航海できる**自航式**に分けられます。

	グラブ浚渫船	ポンプ浚渫船
姿図		
浚渫方法	グラブバケットで土砂をつかんで浚渫する	カッターで切削した土砂をポンプで吸い込み、排砂管により排送する
標準的な船団構成	グラブ浚渫船、**土運船**、**引き船**、**揚びょう船**	ポンプ浚渫船、揚びょう船、交通船
特徴	底面を**平坦に仕上げにくい** 岸壁などの**構造物前面**の浚渫や**狭い場所**での浚渫に適する	大量の浚渫や埋立てに適する
出来形確認測量	**音響測深機**などにより、浚渫船が工事現場にいる間に行う	

知識チェック（R4 前期 選択肢）

次の文章は正しい？

非航式グラブ浚渫船の標準的な船団は、グラブ浚渫船と土運船のみで構成される。

解答・解説

誤り：非航式グラブ浚渫船は、グラブ浚渫船と土運船のほか、引き船と揚びょう船で構成されます。

4 ケーソン式混成堤

（1）ケーソンの構造と施工

ケーソンとは、鉄筋コンクリート等でできた箱形の構造物で、防波堤など
で使われます。えい航、浮上、沈設（水中に沈めて設置すること）を行うた
め、その構造は水位を調節しやすいよう、それぞれの隔壁に**通水孔**が設けら
れています。

ケーソン式混成堤の施工は下記の順序で実施されます。

施工順序	施工のポイント
えい航	・ケーソンは、海面がつねにおだやかで、大型起重機船が使用できるなら、進水したケーソンを据付け場所まで**えい航**して**据え付ける**ことができる ・ケーソンは、波が静かなときを選び、一般にケーソンに**ワイヤ**をかけて**引き船でえい航**する
仮置き	・波浪や風などの影響で、えい航直後のケーソンの据付けが困難な場合、波浪のない安定した時期まで**沈設**して仮置きする
据付け	・ケーソンの底面が据付け面に近づいたら、**注水を一時止め**、潜水士によって正確な位置を決める。その後、再び注水して正しく据え付ける
中詰め	・据え付けたケーソンは、**すぐに**内部に中詰め（ケーソンの内部に砂やコンクリートなどの中詰め材を填充すること）を行って、ケーソンの**質量**を増し、**安定性**を高める
コンクリート蓋	・中詰め後は、波によって中詰め材が洗い出されないように、ケーソンの蓋となる**コンクリートを打設**する

知識チェック（R5後期 選択肢）

次の文章は正しい？

ケーソンは、波が静かなときを選び、一般にケーソンにワイヤをかけて引き船に
より据え付け、現場までえい航する。

| 解答・解説

正しい：記載の通りです。

実践問題

No.1 消波工の施工（R4 前期）

海岸における異形コンクリートブロック（消波ブロック）による消波工に関する次の記述のうち、**適当なもの**はどれか。

(1) 乱積みは層積みに比べて据付けが容易で、据付け時は安定性がよい。
(2) 層積みは、規則正しく配列する積み方で外観が美しいが、安定性が劣っている。
(3) 乱積みは、高波を受けるたびに沈下し、徐々にブロックのかみ合わせがよくなり安定する。
(4) 層積みは、乱積みに比べて据付けに手間がかかるが、海岸線の曲線部等の施工性がよい。

No.2 ケーソン式混成堤（R3 後期）

ケーソン式混成堤の施工に関する次の記述のうち、**適当でないもの**はどれか。

(1) 据え付けたケーソンは、すぐに内部に中詰めを行って、ケーソンの質量を増し、安定性を高める。
(2) ケーソンのそれぞれの隔壁には、えい航、浮上、沈設を行うため、水位を調整しやすいように、通水孔を設ける。
(3) 中詰め後は、波によって中詰め材が洗い出されないように、ケーソンの蓋となるコンクリートを打設する。
(4) ケーソンの据付けにおいては、注水を開始した後は、中断することなく注水を連続して行い、速やかに据え付ける。

解答・解説

No.1　解答：(3)　○

(1)　× 乱積みは、据付け時のブロックの安定性は悪いです。
(2)　× 層積みは、安定性がよいです。
(4)　× 層積みは、海岸線の曲線部等の施工が難しいです。

No.2　解答：(4)　×

(4)　ケーソンの注水は、着底前にいったん中止し、据付け位置の確認や修正を実施した後に注水を再開し、着底させます。

鉄道・地下構造物

出題傾向とポイント

「鉄道・地下構造物」からは、毎回3問が出題されています。「軌道」「路盤」のどちらかから1問、「営業線近接工事」から1問、「シールド工法」から1問出題されます。軌道や路盤に関しては、第2章「専門土木」の「4 道路舗装」の知識を活かせます。

過去10回の出題傾向

路盤 13%
シールド工法 33%
軌道 21%
営業線近接工事等 33%

1 鉄道の構造

重要度 ★★☆

鉄道は、**路床・路盤**の上に**軌道**が載っている構造です。軌道は、**レール**、**マクラギ**、**道床**からなります。また、プレキャストのコンクリート版を用いた軌道を**スラブ軌道**といいます。

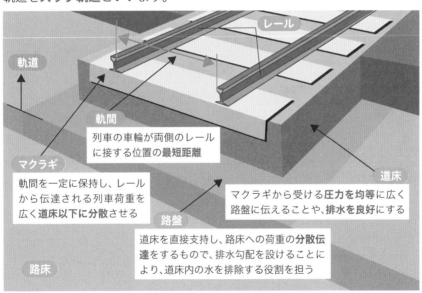

レール

軌道

軌間
列車の車輪が両側のレールに接する位置の**最短距離**

マクラギ
軌間を一定に保持し、レールから伝達される列車荷重を広く**道床以下に分散**させる

道床
マクラギから受ける**圧力を均等**に広く路盤に伝えることや、**排水を良好**にする

路盤
道床を直接支持し、路床への荷重の**分散伝達**をするもので、排水勾配を設けることにより、道床内の水を排除する役割を担う

路床

上の図で説明している内容は、111ページで解説する軌道に関する出題でよく出ます。この図と軌道の内容をセットで覚えておきましょう

2 路盤・路床

重要度 ★★☆

(1) 路盤・路床

鉄道を構成する1つである路盤にはいくつかの種類がありますが、そのうちの**砕石路盤**と**スラグ路盤**の2種類が標準となっています。

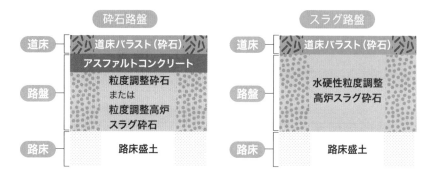

 ①路盤表面、および路床面の横断排水勾配は、3%程度とする
②路盤は、十分強固で適当な弾性を有する必要がある

(2) 砕石路盤の施工

標準的な路盤の種類の1つである**砕石路盤**の施工は、材料の均質性や気象条件等を考慮して、所定の仕上り厚さ、締固めの程度が得られるように入念に行います。路盤材としては、支持力が大きく、**圧縮性**が**小さく、噴泥が生じにくい**材料を用います。また、施工管理においては、路盤の**層厚**、平坦性、**締固めの程度**などが確保できるよう留意します。

知識チェック（R1 前期 選択肢）

次の文章は正しい？

路床は、路盤及び道床を確実に支えるため、水平に仕上げる必要がある。

解答・解説

誤り：路床は、地下水や路盤からの浸透水を排水し、噴泥の発生を防止するため、3%程度の排水勾配を設ける必要があります。

3 軌道

（1）レール

1本のレールは **25m** に造られるのが標準で、これを**定尺レール**と呼びます。また、軌道の欠点である継目をなくすために、**200m 以上**に溶接したものを**ロングレール**と呼びます。

（2）道床

道床を用いた軌道を**有道床軌道**といいますが、そこで用いられる**道床バラスト**（砕石や砂利など）に砕石を使用する理由は、**荷重の分布効果**に優れ、**マクラギの移動を抑える抵抗力**が大きく、また列車荷重や振動に対して崩れにくいことが挙げられます。道床バラストの材料には、**単位容積質量**や**せん断抵抗角が大きく**、**吸水率が小さい**、適当な粒径と粒度を持ち、強固で耐摩耗性に優れた材料で、かつ安価なものを用います。道床バラストを貯蔵する場合、**大小粒の分離**ならびに**異物が混入しない**ようにします。バラスト道床は、安価で施工・保守が容易ですが、定期的な軌道の修正・修復が必要です。

（3）軌道の曲線区間

軌道曲線部では、列車の通過を円滑にするため**スラック**と**カント**を設けます。直線と円曲線、または2つの曲線の間には、曲線部の曲率の急変を緩和し、スラックやカントとのすり付けを収める部分として**緩和曲線**を設けます。

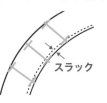

スラック
レールと車輪フランジとのきしみ防止のために**内側に軌間を拡大**した際の拡大寸法のこと

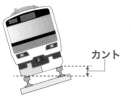

カント
遠心力により外方に転倒するのを防止するために**外側のレール**を高くする量のこと

知識チェック（R2 選択肢）

次の文章は正しい？

［軌道の用語］　［説明］
スラック …… 曲線上の車輪の通過をスムーズにするために、レール頭部を切削する量

解答・解説

誤り：スラックとは、内側に軌間を拡大する量のことです。

4 営業線近接工事

重要度 ★★★

（1）営業線近接工事の概要

　営業線、およびこれに近接して工事する場合、列車の運転に支障を及ぼさないように特別な**保安対策**を立てて行います。たとえば、**列車見張員**を**配置**することや、重機械による作業において、列車の近接から通過の完了まで作業を**一時中止**するなどです。

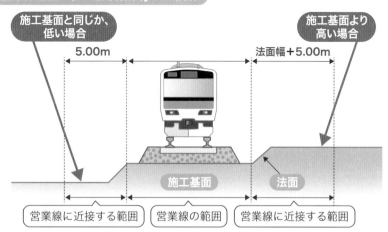

営業線近接工事の適用範囲（JRの場合）

施工基面と同じか、低い場合
施工基面より高い場合

5.00m　　　法面幅＋5.00m

施工基面　　法面

営業線に近接する範囲　　営業線の範囲　　営業線に近接する範囲

（2）工事の保安体制

　鉄道工事の保安体制の代表的な例は、以下の通りです。

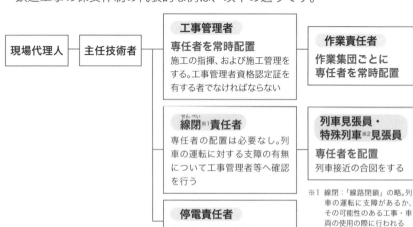

現場代理人 — 主任技術者

工事管理者
専任者を常時配置
施工の指揮、および施工管理をする。工事管理者資格認定証を有する者でなければならない

作業責任者
作業集団ごとに
専任者を常時配置

線閉※1責任者（せんぺい）
専任者の配置は必要なし。列車の運転に対する支障の有無について工事管理者等へ確認を行う

列車見張員・
特殊列車※2見張員
専任者を配置
列車接近の合図をする

停電責任者
専任者の配置は必要なし

※1 線閉：「線路閉鎖」の略。列車の運転に支障があるか、その可能性のある工事・車両の使用の際に行われる
※2 特殊列車：臨時列車など、通常の列車とは異なる列車

下記の説明文に該当する工事従業者の名称は何か？

工事又は作業終了時における列車又は車両の運転に対する支障の有無の工事管理者等への確認を行う。

解答・解説

この記述は、線閉責任者の説明文です。

（3）工事の保安対策

営業線近接工事の主な**保安対策**には、下記の項目があります。

列車接近合図を受けた場合 → ・作業を**中断**しなければならない

工事場所が信号区間の場合 → ・バール、スパナ、スチールテープなどの金属による**短絡（ショート）を防止**する

工事現場での事故発生で、列車運行に支障が生じるおそれがある場合 → ・ただちに**列車防護の手配**を取るとともに、関係箇所へ**連絡**し、その**指示**を受ける

複線以上の路線での積おろしの場合 → ・**列車見張員**を配置し**建築限界**をおかさないように材料を置く

重機械を使用する場合 → ・**営業線に近接**した場所での作業では、列車の近接から通過完了の間、作業を**一時中止**する
・重機械の**運転者**は、**重機械安全運転の講習会修了証の写し**を添えて、監督員などの**承認**を得る
・重機械の使用を**変更**する場合、必ず**監督員などの承諾**を受けて実施すること

工事用自動車を使用する場合 → ・**工事用自動車運転資格証明書**を携行すること

用語もチェック！

建築限界…**建造物などが入ってはならない空間**のことで、車両限界の**外側**に最小限必要な余裕空間を確保したものである。なお、曲線においては、車両の偏（かたむ）きに応じて建築限界を**拡大**しなければならない

車両限界…**車両が超えてはならない空間**のこと

5 地下構造物とシールド工法　　重要度 ★★★

（1）シールド工法の施工

　シールド工法とは、**シールド**（**掘削機**）と呼ばれる鋼製の筒をジャッキで推進し、トンネルを構築していく工法です（下図）。シールド後部では、推進に合わせて**セグメント**（工場製作された円弧状のブロック）を組み立てて、覆工を行い、その後、セグメント外周に生じる空隙には**モルタル**などを注入し、地盤の緩みと沈下を防止します。

　シールド工法は、**開削工法が困難**な都市の下水道工事や地下鉄工事などで用いられます。

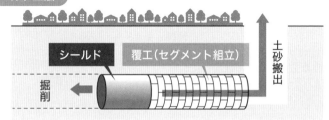

シールド工法

（2）シールド工法の種類

　シールド工法には、シールド前部の構造によって、**密閉型**と**開放型**の２種類があります。

密閉型シールド	開放型シールド
切羽（トンネル掘削の最先端箇所のこと）と作業室を分離する**隔壁**を有するシールド	切羽が自立する地盤において、切羽が開放されているシールド
カッターにより掘削	開放状態の切羽を**直接掘削**

（3）密閉型シールド工法

密閉型シールド工法には、切羽を安定させる方法の違いにより、**土圧式**と**泥水式**があります。

土圧式シールド工法	泥水式シールド工法
・**スクリューコンベヤ**で排土を行う工法 ・カッターチャンバー内に掘削した土砂を充満させ、**切羽の土圧**と**掘削土砂**が**平衡**を保ちながら掘進する ・**添加材注入装置の有無**で、**土圧シールド**と**泥土圧シールド**に分類される（装置を有しているのは泥土圧シールド）	・切羽に隔壁を設けて、この中に泥水を循環させ、切羽の安定を保つと同時に、カッターで切削された土砂を泥水とともに坑外まで**流体輸送**する工法 ・**大きい径の礫**を排出するのには、**適していない**

（4）シールドマシンの構造

シールドは、前面の切羽面から順に、**フード部**、**ガーダー部**、**テール部**で構成されています（下図は土圧式シールドの場合）。

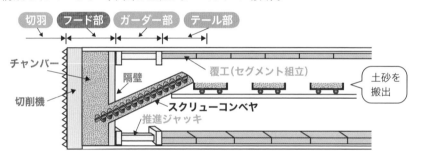

（5）覆工

覆工は、セグメントを機械で千鳥組みします。セグメントの外径は、シールドの掘削外径よりも**小さく**なります。覆工に用いるセグメントの種類には、**コンクリート製**や**鋼製**のものがあります。

知識チェック（H30 後期 選択肢）

次の文章は正しい？

泥土圧式シールド工法は、掘削した土砂に添加剤を注入して泥土状とし、その泥土圧を切羽全体に作用させて平衡を保つ工法である。

▌解答・解説

正しい：泥土圧式シールド工法の解説は、記載の通りです。

実践問題

No.1 軌道（R3 後期）

鉄道工事における道床バラストに関する次の記述のうち、**適当でないもの**はどれか。

(1) 道床の役割は、マクラギから受ける圧力を均等に広く路盤に伝えることや、排水を良好にすることである。

(2) 道床に用いるバラストは、単位容積重量や安息角が小さく、吸水率が大きい、適当な粒径、粒度を持つ材料を使用する。

(3) 道床バラストに砕石が用いられる理由は、荷重の分布効果に優れ、マクラギの移動を抑える抵抗力が大きいためである。

(4) 道床バラストを貯蔵する場合は、大小粒が分離ならびに異物が混入しないようにしなければならない。

No.2 営業線近接工事（R3 前期）

営業線内工事における工事保安体制に関する次の記述のうち、**適当でない**ものはどれか。

(1) 工事管理者は、工事現場ごとに専任の者を常時配置しなければならない。

(2) 軌道作業責任者は、作業集団ごとに専任の者を常時配置しなければならない。

(3) 列車見張員及び特殊列車見張員は、工事現場ごとに専任の者を配置しなければならない。

(4) 停電責任者は、工事現場ごとに専任の者を配置しなければならない。

No.3 営業線近接工事（R1 後期）

鉄道（在来線）の営業線内及びこれに近接した工事に関する次の記述のうち、**適当でないもの**はどれか。

(1) 工事管理者は、「工事管理者資格認定証」を有する者でなければならない。
(2) 営業線に近接した重機械による作業は、列車の近接から通過の完了まで作業を一時中止する。
(3) 工事場所が信号区間では、バール・スパナ・スチールテープなどの金属による短絡（ショート）を防止する。
(4) 複線以上の路線での積おろしの場合は、列車見張員を配置し車両限界をおかさないように材料を置く。

No.4 地下構造物とシールド工法（R2）

シールド工法に関する次の記述のうち、**適当でないもの**はどれか。

(1) シールド工法は、開削工法が困難な都市の下水道工事や地下鉄工事などで用いられる。
(2) 切羽とシールド内部が隔壁で仕切られたシールドは、密閉型シールドと呼ばれる。
(3) 土圧式シールド工法は、スクリューコンベヤで排土を行う工法である。
(4) 泥水式シールド工法は、大きい径の礫を排出するのに適している工法である。

No.5 地下構造物とシールド工法（R4 前期）

シールド工法の施工に関する次の記述のうち、**適当でないもの**はどれか。

(1) セグメントの外径は、シールドの掘削外径よりも小さくなる。
(2) 覆工に用いるセグメントの種類は、コンクリート製や鋼製のものがある。
(3) シールドのテール部には、シールドを推進させるジャッキを備えている。
(4) シールド推進後に、セグメント外周に生じる空隙にはモルタル等を注入する。

No.1 解答：(2) ✕

(2) 道床バラストは、単位容積重量や安息角が大きく、吸水率が小さい材料を使用します。

No.2 解答：(4) ✕

(4) 停電責任者は、工事現場ごとの専任者の配置は必要ありません。

No.3 解答：(4) ✕

(4) 車両限界ではなく、建築限界をおかさないように材料を置きます。

No.4 解答：(4) ✕

(4) 泥水式シールド工法は、大きい径の礫を排出するのには適していません。

No.5 解答：(3) ✕

(3) ガーダー部の説明文です。テール部には、覆工作業ができる機構を備えています。

上水道・下水道

出題傾向とポイント

「上水道・下水道」からは毎回、「上水道」から1問、「下水道」から1問の計2問が出題されています。どちらもとくに出題率の高い設問がありませんので、全体の概要を理解し、選択肢から絞り込んで解答できるように学習していきましょう。

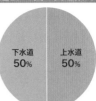

下水道 50%　上水道 50%

1 上水道

重要度 ★★★

(1) 配水管の種類とそれぞれの特徴

上水道は、貯水や浄水、**配水管**といった**水道施設**と、配水管から分岐した給水管や吸水用具といった**給水装置**があります。配水管に用いる管材には以下のものがあります。

配水管の管材の種類と特徴

配水管の種類	特徴
硬質塩化ビニル管	・**質量が小さい**ので施工性がよい ・耐腐食性や耐電食性に優れる ・低温時では耐衝撃性が低下する ・保管場所は、風通しのよい直射日光の当たらない場所を選ぶ
ダクタイル鋳鉄管	・強度が大きく靭性があり、衝撃にも強い ・伸縮性や可とう性のあるメカニカル継手を用いる
ステンレス鋼管	・強度が大きく耐久性があり、**ライニング**※や塗装が必要ない ・異種金属と接続させる場合は、絶縁処理を必要とする
鋼管	・強度が大きく靭性があり、衝撃に強く、加工性がよい ・**溶接継手により一体化**でき、地盤の変動に対応できるが、温度変化による伸縮継手などが必要である ・運搬するときは、管端の非塗装部分に当て材を介して支持する
ポリエチレン管	・重量が軽いので施工性がよいが、雨天時や湧水地盤では、**融着継手の施工が困難**である

※ライニング：腐食等を防ぐために用途に適した材料を張り付けること

次の文章は正しい？

硬質塩化ビニル管は、質量が大きいため施工性が悪い。

▌**解答・解説**

誤り：硬質塩化ビニル管は、質量が小さいため施工性に優れています。

（2）配水管の布設

配水管の布設での留意事項は次の通りです。

配水管の布設での留意事項

基 礎	・鋼管の据付けは、管体保護のため、基礎に**良質の砂**を敷き均す
管体検査	・施工前に**管体検査**を行い、亀裂その他の欠陥がないことを確認する
布 設	・管の布設は、**低所から高所**に向けて行い、受口のある管は**受口を高所**に向けて配管する

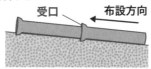

受口　　布設方向

・管のつり下ろしで、土留め用切梁（きりばり）を一時取り外す場合は、必ず適切な**補強**を施す

・管の据付けの際、管体の**表示記号**を確認する。ダクタイル鋳鉄管の据付けにあたっては、表示記号のうち、**管径**、**年号の記号**を上に向けて据え付ける

切 断	・管を切断する場合は、管軸に対して**直角**に行う
	・ダクタイル鋳鉄管の切断は**切断機**で行うことを標準とし、異形管は切断しないこと
埋戻し	・**片埋めにならない**ように注意し、現地盤と同程度以上の密度になるよう締め固める
継 手	・硬質塩化ビニル管の接着した継手は、**強度**や**水密性**に注意する
	・ダクタイル鋳鉄管のメカニカル継手は、**地震の変動**へ適用できる
	・鋼管の継手溶接には時間がかかるため、**雨天時**は注意する
	・ポリエチレン管の融着継手は、**雨天時**や**湧水地盤**で施工が困難である

2 下水道　　　重要度 ★★★

（1）管渠の接合

　下水道とは、雨水を排除し、汚水を処理し生活環境を改善する施設です。そこで重要な役割を果たしているのが**管渠**（管を用いた地下水路のこと）で、管渠の径や方向、勾配が変化する箇所や、管渠が合流する箇所にはマンホールを設けます。その**接合**の種類は以下の通りです。

水面接合 おおむね**計画水位を一致**させて接合する 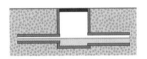	**管頂接合** **管頂部の高さを一致**させ接合する。流水が円滑となり、水理的に安全な方法である 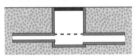
管底接合 **管底部の高さを一致**させ接合する 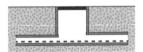	**管中心接合** 管渠の**中心を一致**させ接合する 
段差接合 **急勾配**の地形で、マンホールの間隔などを考慮しながら、階段状に接合する 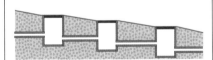	**階段接合** **急勾配**の地形で、**大口径**の管渠や**現場打ち**管渠に用いられる方法である 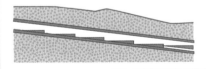

知識チェック（H29 前期 選択肢）

次の文章は正しい？

　階段接合は、急な勾配の地形での現場打ちコンクリート構造の管渠などの接続に用いられる。

┃ 解答・解説

正しい：階段接合の説明は、記載の通りです。

（2）管渠の基礎

基礎工は、下水道管渠の布設を円滑かつ正確に行うため、また不良地盤での管渠の不同沈下を防ぐために施工します。

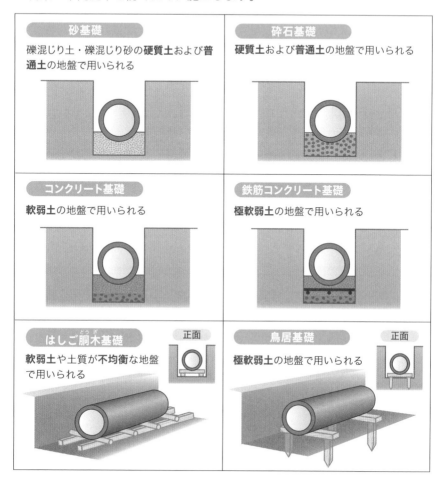

砂基礎
礫混じり土・礫混じり砂の**硬質土**および**普通土**の地盤で用いられる

砕石基礎
硬質土および**普通土**の地盤で用いられる

コンクリート基礎
軟弱土の地盤で用いられる

鉄筋コンクリート基礎
極軟弱土の地盤で用いられる

はしご胴木基礎 　正面
軟弱土や土質が**不均衡**な地盤で用いられる

鳥居基礎 　正面
極軟弱土の地盤で用いられる

（3）管渠の更生工法

　既設管渠において、破損やクラック、腐食などが発生し、構造的・機能的に保存できなくなった場合、既設管渠の内面に新管を構築します。それを**更生工法**といいます。下水道管渠の更生方法には、大きく次の3つがあります。

下水道管渠の更生工法の種類

種類	特徴
さや管工法	既設管渠より小さな管径の、工場製作された二次製品の管渠を牽引・挿入し、間隙にモルタルなどの充填材を注入することで管を構築する
形成工法	熱、または光で硬化する樹脂材料や熱可塑性樹脂のパイプを既設管内に引き込み、空気圧などで拡張・圧着させて管を構築する
製管工法	既設管渠内に、表面部材となる硬質塩化ビニル材などをかん合して製管し、製管させた樹脂パイプと既設管渠との間隙にモルタルなどの充填材を注入することで管を構築する

（4）管渠の耐震性能

　下水道管渠の耐震性能を確保するための対策には、以下のようなものがあります。

**管渠の
耐震性能確保の
対策**

①マンホールと管渠との接続部における**可とう継手**の設置
②**応力変化に抵抗**できる管材などの選定
③マンホールの**沈下**、および**浮き上がり**の抑制
④埋戻し土の**液状化対策**
⑤セメントや石灰などによる**地盤改良**の採用
⑥**耐震性を考慮した管渠**の更生工法の採用

知識チェック（H26 選択肢）

次の文章は正しい？

　マンホールと管きょとの接続部に剛結合式継手の採用。

┃ 解答・解説

誤り：マンホールと管きょとの接合部には、可とう継手などの柔軟な材料を採用します。

実践問題

No.1 上水道（R4 前期）

上水道の管布設工に関する次の記述のうち、**適当でないもの**はどれか。

(1) 塩化ビニル管の保管場所は、なるべく風通しのよい直射日光の当たらない場所を選ぶ。
(2) 管のつり下ろしで、土留め用切梁を一時取り外す場合は、必ず適切な補強を施す。
(3) 鋼管の据付けは、管体保護のため基礎に砕石を敷き均して行う。
(4) 埋戻しは片埋めにならないように注意し、現地盤と同程度以上の密度になるよう締め固める。

No.2 下水道（R4 前期）

下水道管渠の剛性管の施工における「地盤区分（代表的な土質）」と「基礎工の種類」に関する次の組合せのうち、**適当でないもの**はどれか。

［地盤区分（代表的な土質）］	［基礎工の種類］
(1) 硬質土（硬質粘土、礫混じり土及び礫混じり砂）‥	砂基礎
(2) 普通土（砂、ローム及び砂質粘土）‥‥‥‥‥	鳥居基礎
(3) 軟弱土（シルト及び有機質土）‥‥‥‥‥‥	はしご胴木基礎
(4) 極軟弱土（非常に緩いシルト及び有機質土）‥‥	鉄筋コンクリート基礎

解答・解説

No.1 解答：(3) ✕

(3) 鋼管の基礎には、良質な砂を敷き均します。

No.2 解答：(2) ✕

(2) 普通土の場合は砂基礎や砕石基礎を用います。鳥居基礎は、極軟弱土の地盤で用いられます。

法規

「法規」の出題は 11 問。
そこから6問を選択して答えます！

土木施工は法規に基づいて管理を行うことが求められます。「法規」は勉強するのが少し面倒に感じるかもしれませんが、まずはテキストを読み、「知識チェック」や「実践問題」の内容をきちんと覚えていきましょう！

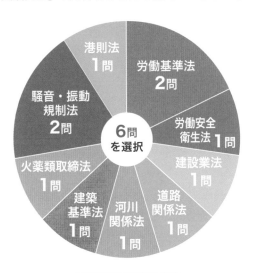

港則法
1問

労働基準法
2問

労働安全
衛生法
1問

建設業法
1問

道路
関係法
1問

河川
関係法
1問

建築
基準法
1問

火薬類取締法
1問

騒音・振動
規制法
2問

6問
を選択

各分野の出題数

出題傾向とポイント

「労働基準法」からは、毎回2問が出題されています。労働契約に関する労働条件を具体的な数値も含めて、きちんと整理し、「労働時間」や「災害補償」、「年少者の就業制限」、「賃金の支払い」などの内容を覚えておきましょう。

過去10回の出題傾向

- その他 5%
- 賃金 15%
- 労働時間 30%
- 災害補償 20%
- 年少者・女性 30%

1　労働時間　　　　　重要度 ★★★

（1）労働時間

　原則として、使用者は労働者（次ページ）に、**1週間**については、休憩時間を除き **40時間**を超えて、1週間の各日については、休憩時間を除き **1日**について **8時間**を超えて労働させてはならないと定められています。また、時間外労働の上限は原則として、**1ヵ月45時間**になります（2024年4月改正。なお、休日労働時間を合わせれば特例的に月100時間未満）。労働時間は、**事業場を異**にする場合においても、労働時間に関する規定の適用について**通算**します。

（2）坑内労働での労働時間

　坑内労働においては、労働者が坑口に入った時刻から坑口を出た時刻までの時間を、**休憩時間を含め**労働時間とみなします。

（3）災害等による臨時の必要がある場合の時間外労働等

　使用者は、災害その他避けることのできない事由によって、臨時の必要がある場合で、行政官庁の許可を受けた場合は、その**必要の限度**において、**労働時間の延長**や**休日**に労働させることが可能になります。

（4）休憩

　休憩については、使用者は労働者に、労働時間が **6時間**を超える場合には少なくとも **45分**、8時間を超える場合には少なくとも **1時間**の休憩時間を、

労働時間の途中に与えなければならないと定められています。

　また、労働者に休憩時間を与える場合、使用者は、原則として、休憩時間を**一斉**に与え、**自由に利用**させなければいけません。

（5）休日

　使用者は、労働者に対して**毎週**少なくとも**1回**、**4週間**を通じ**4日以上**の休日を与えなければならないと定められています。

（6）年次有給休暇

　使用者は、雇入れの日から起算して**6ヵ月間継続勤務**し、全労働日の**8割以上出勤**した労働者に対して、**10日の有給休暇**を与えなければなりません。

用語もチェック！

使用者…労働基準法における「使用者」は、労働者を使用する立場にあり、労働の対価として賃金を支払う人を指す

労働者…労働基準法における「労働者」は、使用者に使用され、賃金を支払われる人を指す

> 労働時間や休憩、休日は、具体的な時間や日数を問われる問題が多いので、それぞれの数値を確実に覚えておきましょう

知識チェック（R2 選択肢）

次の文章は正しい？

　使用者は、原則として労働時間の途中において、休憩時間を労働者ごとに開始時刻を変えて与えることができる。

解答・解説

誤り：休憩時間は「労働者ごとに開始時間を変えて与える」のではなく、「労働者に一斉に」与えなければなりません。

2 災害補償

（1）療養補償

　労働者が業務上負傷し、または疾病にかかった場合、使用者は、その**費用で療養**を行い、または**必要な療養の費用**を負担しなければなりません。

（2）休業補償

　労働者が業務上の負傷、または疾病の療養によって労働することができないために賃金を受けない場合、使用者は、労働者の平均賃金の**60%** の**休業補償**を行わなければなりません。

（3）障害補償

　労働者が業務上負傷し、治った場合で、その身体に障害が存するときは、使用者は、その**障害の程度**に応じて、**障害補償を行わなければなりません。**

（4）休業補償および障害補償の例外

　使用者は、労働者が**重大な過失**によって**業務上負傷**し、かつ使用者がその過失について行政官庁の**認定を受けた**場合、**休業補償**または**障害補償を行わなくてもよい**と定められています。

（5）打切補償

　療養補償を受ける労働者が、療養開始後3年を経過しても負傷または疾病が治らなかった場合、使用者は、平均賃金の**1,200日分の打切補償**を行い、その後はこの法律の規定による補償は行わなくてもよいと定められています。

（6）補償を受ける権利

　労働者が災害補償を受ける権利は、労働者の**退職**によって**変更されることはありません。**また、労働者が業務上負傷した場合の災害補償を受ける権利は、これを譲渡、または**差し押さえてはならない**と定められています。

（7）遺族補償

　労働者が業務上死亡した場合は、使用者は、遺族に対して、平均賃金の**1,000日分の遺族補償**を行わなければなりません。

疾病とは、病気のことです。労働基準法における「業務上の疾病」は、「労働基準法施行規則別表第1の2」に掲げられているものになります。気になる方はぜひ調べてみてくださいね！

次の文章は正しい？

労働者が業務上死亡した場合においては、使用者は、遺族に対して、遺族補償を行わなければならない。

┃ 解答・解説

正しい：平均賃金の 1,000 日分の遺族補償を行わなければなりません。

3 年少者の就業制限
重要度 ★★★

（1）最低年齢

　使用者は、原則として、児童が**満 15 歳**に達した日以後の**最初の 3 月 31 日**が終了してから、この者を使用することができます。

（2）年少者の証明書

　使用者は、満 18 歳に満たない者について、その年齢を証明する**戸籍証明書**を事業場に備え付けなければなりません。

（3）未成年者の労働契約

　親権者または**後見人**が、未成年者に代わって使用者との間で労働契約を**締結してはいけません**。

　また、親権者は、締結された労働契約が**未成年者に不利**であると認められる場合においては、労働契約を**解除**することができます。

　そのほか、賃金については、未成年者は独立して賃金を請求することができます。**親権者**または**後見人**が未成年者の賃金を代わって**受け取ってはいけない**と定められています。

（4）深夜業

　使用者は、交替制によって使用する満 16 歳以上の男性を除き、原則とし

て満18歳に満たない者を**午後10時**から**午前5時**までの間において、使用してはならないと定められています。

（5）危険有害業務の就業制限

年少者に就かせてはならない主な危険な業務には、次のものがあります。

年少者を就かせてはならない主な危険な業務

①**坑内労働**
②**クレーン**、**デリック**、または**揚貨装置**（船舶に取り付けられたクレーンやデリックのこと）の運転の業務
③**運転中の機械**の危険な部分の**掃除**、**注油**、**検査**、もしくは**修繕**
④動力により駆動される**土木建築用機械**の運転
⑤**足場**の組立、解体、または変更の業務（地上、または床上における補助作業の業務を除く）
⑥著しく**塵埃**、もしくは**粉末**を飛散する場所における業務
⑦以下の厚生労働省令で定める**重量物**を取り扱う業務

就いてはならない年齢	取り扱ってはいけない重量物			
	断続作業		継続作業	
	男	女	男	女
満16歳未満	15kg以上	12kg以上	10kg以上	8kg以上
満16歳以上18歳未満	30kg以上	25kg以上	20kg以上	15kg以上
満18歳以上		30kg以上		20kg以上

⑧**毒劇薬**、または**爆発性の原料**を取り扱う業務

用語もチェック！

デリック…動力によって荷をつり上げることを目的とする機械装置のこと

塵埃…「じんあい」と読む。それぞれの漢字の意味通り、ちりやほこりのこと

4 賃金の支払い　　重要度 ★★☆

（1）賃金

賃金とは、賃金、給料、手当、**賞与**など名称のいかんを問わず、労働の対償として使用者が労働者に支払うものをいいます。

（2）平均賃金

　算定すべき事由の発生した日以前**3ヵ月**間に、その労働者に支払われた賃金の総額を、その期間の**総日数で除した**金額です。

（3）賃金の支払い

　賃金は、原則として通貨で、**直接**労働者に、その全額を毎月1回以上、一定の期日を定めて支払わなければなりません。

（4）非常時払い

　使用者は、労働者が**出産**、**疾病**、**災害**など、非常の場合の費用に充てるために請求する場合において、支払い期日前であっても、既往の労働に対する賃金を支払わなければなりません。

（5）休業手当

　使用者の責に帰すべき事由による休業の場合には、使用者は、休業期間中当該労働者に、その平均賃金の**60%以上**の手当を支払わなければなりません（128ページの「2　災害補償」で記載した「（2）休業補償」と同じ内容になります）。

（6）割増賃金

　使用者が労働時間を**延長**し、または**休日**に労働させた場合、原則として賃金の計算額の**2割5分以上・5割以下**の範囲内で、割増賃金を支払わなければなりません。

（7）最低賃金

　賃金の最低基準に関しては、**最低賃金法**の定めるところによります。

実践問題

No.1 労働時間（R1 前期）

労働時間、休憩、休日に関する次の記述のうち、労働基準法上、**誤っている**ものはどれか。

(1) 使用者は、原則として労働時間が8時間を超える場合においては少なくとも45分の休憩時間を労働時間の途中に与えなければならない。

(2) 使用者は、原則として労働者に、休憩時間を除き1週間について40時間を超えて、労働させてはならない。

(3) 使用者は、原則として1週間の各日については、労働者に、休憩時間を除き1日について8時間を超えて、労働させてはならない。

(4) 使用者は、原則として労働者に対して、毎週少くとも1回の休日を与えなければならない。

No.2 災害補償（R1 前期）

災害補償に関する次の記述のうち、労働基準法上、**正しいもの**はどれか。

(1) 労働者が業務上負傷し療養のため、労働することができないために賃金を受けない場合には、使用者は、平均賃金の全額の休業補償を行わなければならない。

(2) 労働者が業務上負傷し治った場合に、その身体に障害が残ったときは、使用者は、その障害が重度な場合に限って、障害補償を行わなければならない。

(3) 労働者が重大な過失によって業務上負傷し、且つ使用者がその過失について行政官庁の認定を受けた場合においては、休業補償又は障害補償を行わなくてもよい。

(4) 労働者が業務上負傷した場合に、労働者が災害補償を受ける権利は、この権利を譲渡し、又は差し押さえることができる。

No.3 年少者の就業制限（R5 後期）

満18才に満たない者の就労に関する次の記述のうち、労働基準法上、**誤っているもの**はどれか。

(1) 使用者は、毒劇薬、又は爆発性の原料を取り扱う業務に就かせてはならない。

(2) 使用者は、その年齢を証明する後見人の証明書を事業場に備え付けな

けれDばならなD。

(3) 使用者は、動力によるクレーンの運転をさせてはならなD。

(4) 使用者は、坑内で労働させてはならなD。

No.4 賃金の支払D（R5 前期）

賃金に関する次の記述のうち、労働基準法上、**誤っているもの**はどれか。

(1) 賃金とは、労働の対償として使用者が労働者に支払うすべてのものをDう。

(2) 未成年者の親権者又は後見人は、未成年者の賃金を代って受け取ることができる。

(3) 賃金の最低基準に関しては、最低賃金法の定めるところによる。

(4) 賃金は、原則として、通貨で、直接労働者に、その全額を支払わなけれDばならなD。

1

3 法規

解答・解説

No.1 解答：(1) ✕

(1) 労働時間が6時間を超える場合は少なくとも45分、8時間を超える場合は少なくとも1時間の休憩時間を労働時間の途中に与えなければなりません。

No.2 解答：(3) ○

(1) ✕ 平均賃金の100分の60の休業補償を行わなければなりません。

(2) ✕ 障害の程度に応じて障害補償を行わなければなりません。

(4) ✕ 災害補償を受ける権利は、譲渡、または差し押さえてはならないと定められています。

No.3 解答：(2) ✕

(2) 後見人の証明書ではなく、戸籍証明書を備え付けなければなりません。

No.4 解答：(2) ✕

(2) 親権者または後見人は、未成年者の賃金を代わって受け取ってはなりません。

法規
2 労働安全衛生法

出題傾向とポイント

「労働安全衛生法」からは、毎回 1 問が出題されています。作業主任者の選任を必要とする作業を整理し、特別の教育を必要とする業務を覚えておきましょう。

計画の届出 10%
特別の教育 20%
作業主任者 70%

1 労働安全衛生管理体制 重要度 ★☆☆

　元請・下請が混在し、常時 50 人以上の労働者が作業する事業場においては、以下に示す安全衛生管理体制を設けることが定められています。

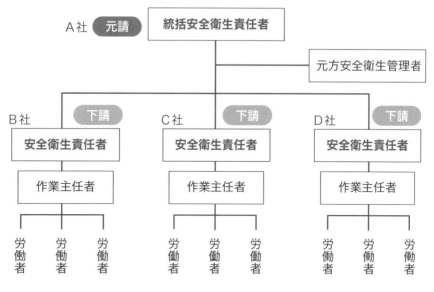

A社 元請 統括安全衛生責任者

元方安全衛生管理者

B社 下請
安全衛生責任者
作業主任者
労働者 労働者 労働者

C社 下請
安全衛生責任者
作業主任者
労働者 労働者 労働者

D社 下請
安全衛生責任者
作業主任者
労働者 労働者 労働者

安全衛生管理体制の出題頻度は高くありませんが、統括安全衛生責任者との連絡のために、関係請負人が選任しなければならない者は、**安全衛生責任者**ということは必ず押さえておいてください

2 作業主任者　　　　　　　　　　　　　　重要度 ★★★

　労働安全衛生法で必要な「特別の教育」「技能講習」「免許」の上下関係は、「特別の教育＜技能講習＜免許」です。つまり免許が一番上で、それを持っていれば同種の特別の教育と技能講習が必要な業務も実施できるわけです。

　事業者は、労働災害を防止するための管理を必要とする作業では、**技能講習**を修了した者から、**作業主任者**を選任しなければなりません（つまり、作業主任者になるには技能講習が必須ということです）。作業主任者の選任を必要とする作業を下表に示します。

作業主任者の選任 を必要とする作業	作業内容
① 土止め支保工※	土止め支保工の切りばり、または**腹起こしの取付け**、または**取外し**の作業 ※土止めは「土留め」と同じものを指す。安全管理では、法令用語上、「土止め」と表現するため
② 足場の組立て等	高さが**5m以上**の構造の足場の組立て、解体、または変更の作業
③ 地山の掘削	掘削面の高さが**2m以上**となる地山の掘削作業
④ コンクリート造の 工作物の解体等	高さが**5m以上**のコンクリート造の工作物の解体、または破壊の作業
⑤ 型枠支保工の 組立て等	型枠支保工の**組立て**、または**解体**の作業
⑥ コンクリート橋の 架設等	高さが**5m以上**または**支間30m以上**のコンクリート橋梁上部構造の架設の作業

作業内容で高さ何m以上の作業かは、具体的な数値を問われる問題が多いので、それぞれの数値を確実にインプットしておきましょう

知識チェック（R3 後期 選択肢）

労働安全衛生法上、作業主任者の選任を必要としない作業か？

高さが2m以上の構造の足場の組立て、解体又は変更の作業

解答・解説

足場の組立て等で、作業主任者の選任が必要となるのは高さ5m以上です。

3 特別の教育

事業者は、下記の危険または有害な業務に労働者を就かせるときは、当該業務に関する安全または衛生のための**特別の教育**を行わなければなりません。

安全または衛生のための「特別の教育」が必要な危険・有害な業務

①**アーク溶接機**を用いて行う金属の溶接、溶断等の業務
②**ボーリングマシン**の運転の業務
③つり上げ荷重が **5t 未満のクレーン**の運転の業務
④つり上げ荷重が **1t 未満の移動式クレーン**の運転の業務
⑤つり上げ荷重が 1t 未満のクレーン、移動式クレーンの玉掛けの業務
⑥**ゴンドラの操作**の業務

知識チェック（R3 前期 選択肢）

特別の教育を行わなければならない業務のうち該当しないものはどれか？

(1) エレベーターの運転の業務
(2) つり上げ荷重が 1t 未満の移動式クレーンの運転の業務
(3) つり上げ荷重が 5t 未満のクレーンの運転の業務
(4) アーク溶接作業の業務

解答・解説

(1)：「エレベーターの運転の業務」は該当しません。

4 計画の届出

事業者が、工事開始の **14 日前**までに、労働基準監督署長に**工事計画**を届け出なければならない仕事には、次のものがあります。

工事計画の届出が必要な仕事

①掘削の深さが**10m以上**である**地山の掘削**の作業を行う仕事
②**圧気工法**による作業を行う仕事
③**最大支間50m以上**の橋梁の建設などの仕事
④**ずい道**（トンネルのこと）などの内部に、労働者が立ち入る建設等の仕事

→ 労働基準監督署長に
工事開始の
14日前に届出

実践問題

No.1 作業主任者（R4 前期）

事業者が、技能講習を修了した作業主任者でなければ就業させてはならない作業に関する次の記述のうち労働安全衛生法上、**該当しないもの**はどれか。

(1) 高さが3m以上のコンクリート造の工作物の解体又は破壊の作業
(2) 掘削面の高さが2m以上となる地山の掘削の作業
(3) 土止め支保工の切りばり又は腹起こしの取付け又は取り外しの作業
(4) 型枠支保工の組立て又は解体の作業

No.2 特別の教育（R1 前期）

事業者が労働者に対して特別の教育を行わなければならない業務に関する次の記述のうち、労働安全衛生法上、**該当しないもの**はどれか。

(1) アーク溶接機を用いて行う金属の溶接、溶断等の業務
(2) ボーリングマシンの運転の業務
(3) ゴンドラの操作の業務
(4) 赤外線装置を用いて行う透過写真の撮影による点検の業務

| 解答・解説

No.1 解答：(1) ✕

(1) 高さ5m以上のコンクリート造の工作物の解体等が該当します。

No.2 解答：(4) ✕

(4) 赤外線装置を用いて行う透過写真による点検の業務は該当しません。

3 法規
建設業法

出題傾向とポイント

「建設業法」からは、毎回 1 問が出題されています。
元請負人の義務を理解し、主任技術者・監理技術者の
設置、および専任の主任技術者・監理技術者を置かな
ければならない工事について整理しておきましょう。

過去10回の出題傾向

建設業法全般 45%

主任技術者・監理技術者 55%

1 建設業法全般

重要度 ★★☆

（1）建設業の許可

建設業とは、**建設工事の完成を請け負う営業**をいいます。

建設業を営もうとする者は、軽微な建設工事のみを請け負うことを営業とする者を除き、**許可**を受ける必要があります。許可には大きく 2 種類あり、**2 つ以上の都道府県**の区域内に営業所を設けようとするものは、**国土交通大臣**の許可を、**1 つの都道府県**の区域内のみに営業所を設けようとするものは、**都道府県知事**の許可を受けなければなりません。

また、建設業の許可は、**5 年**ごとに更新が必要です（更新時期を過ぎると許可失効となり、新規で許可取り直しとなります）。

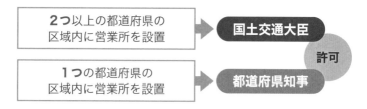

（2）施工技術の確保

建設業者は、建設工事の担い手の育成および確保、その他の**施工技術の確保**に努めなければなりません。

（3）建設工事の請負契約

請負契約に関しては、下記の項目をしっかり押さえておきましょう。

「請負契約」での暗記必須の項目はコレ！

請負契約での書面作成

建設工事の請負契約が成立した場合、必ず**書面**をもって請負契約書を作成する

見積り

建設業者は、請負契約を締結する場合、**工種の種別**ごとの**材料費**、**労務費その他の経費の内訳**、ならびに**工事の工程**ごとの**作業**および**その準備に必要な日数**を明らかにして、建設工事の見積りを行うよう努めなければならない

一括下請負の禁止

建設業者は、その請け負った建設工事を、**一括して**他人に請け負わせてはならない

下請負人の意見聴取

元請負人は、請け負った建設工事を施工するために必要な工程の細目、作業方法を定めようとするとき、あらかじめ**下請負人の意見**を聞かなければならない

下請負代金の支払い

元請負人は、**前払金**※の支払いを受けたときは、**下請負人**に対して、資材の購入など**建設工事の着手に必要な費用**を**前払金**として支払うよう適切な配慮をしなければならない

※前払金：公共工事の前払金は、資材の購入、労働者の確保などのための着工資金として、発注者から建設業者へ支払われる

検査

元請負人は、下請負人から建設工事が完成した旨の通知を受けたときは、**20日以内**で、かつできる限り短い期間内に検査を完了しなければならない

施工体系図の作成

施工体系図は、**各下請負人の施工の分担関係**を表示したものであり、作成後は当該**工事現場の見やすい場所**に**掲示**しなければならない

建設工事の請負契約は第4章「施工管理等」の「2 契約」（176ページ）と関連する内容ですので、セットで学習しましょう

注文者から建設工事を請け負った建設業者と、ほかの建設業者との間で、この工事の全部または一部について締結される**請負契約**のことを**下請契約**といいます。

　下請契約では、前者が**元請負人**、後者が**下請負人**となります。

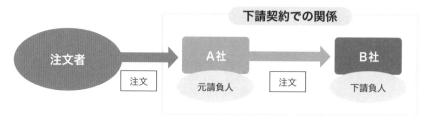

2 主任技術者・監理技術者　　　　重要度 ★★★

（1）配置

　建設業者は、その請け負った建設工事を施工するときは、当該工事現場における建設工事の施工の技術上の管理をつかさどる**主任技術者**を置かなければなりません。

　4,500万円以上の建設工事を下請に出そうとする建設業者（元請）に取得が義務付けられている許可資格を**特定建設業**といいます。それを取得している建設業者が、発注者から直接建設工事を請け負った場合で、下請契約の請負代金の額が**4,500万円以上**になる場合、**監理技術者**を配置しなければなりません。

　公共性のある施設に関する重要な工事である場合は、請負代金が**4,000万円以上**のものについては、**主任技術者**または**監理技術者**は、工事現場ごとに**専任の者**でなければなりません（ただし、監理技術者補佐を配置した場合

は、その限りではありません）。

工事の規模が小さい場合に必要	工事の規模が大きい場合に必要
ポイント ・下請に出す金額が **4,500万円未満** ・下請の現場	**ポイント** ・下請に出す金額が **4,500万円以上**

【公共性のある施設や多数の利用する施設】

・請負代金 **4,000万円以上** ➡ 専任の 主任技術者 または 監理技術者 を置く

> 2級土木施工管理技士に最終合格すれば、主任技術者になれる資格を取得することになります

1
3
法規

知識チェック（R2 選択肢）

次の文章は正しい？

発注者から直接建設工事を請け負った建設業者は、必ずその工事現場における建設工事の施工の技術上の管理をつかさどる主任技術者又は監理技術者を置かなければならない。

▌解答・解説

正しい：主任技術者、監理技術者の設置について、記載の通りです。

（2）職務

主任技術者および監理技術者は、建設工事の**施工計画の作成**、**工程管理**、**品質管理**その他の技術上の管理などを誠実に行わなければなりません。なお、主任技術者は、**現場代理人**の職務を**兼ねる**ことができます。

建設工事の施工に**従事する者**は、主任技術者、または監理技術者がその職務として行う**指導に従わなければなりません**。

用語もチェック！

現場代理人…契約の履行に関し、工事現場に常駐し、その運営、取締を行うほか、約款に基づく請負者の一切の権限を行使する者のことをいう

141

次の文章は正しい？

主任技術者は、工事現場における工事施工の労務管理をつかさどる。

▌解答・解説

誤り：主任技術者は、建設工事の施工計画の作成、工程管理、品質管理その他の技術上の管理などを行います。労務管理は含まれていません。

主任技術者および監理技術者の職務について、誤りの選択肢として、下請契約に関する業務（契約書、見積書の作成など）がよく出ます。しかし、これは職務に含まれていません。下請契約の内容が出たら、誤りの選択肢と疑おう！

実践問題

No.1 建設業法全般、主任技術者・監理技術者（H30 後期）

建設業法に関する次の記述のうち、**誤っているもの**はどれか。

(1) 建設業者は、その請け負った建設工事を施工するときは、当該工事現場における建設工事の施工の技術上の管理をつかさどる主任技術者等を置かなければならない。

(2) 建設業者は、施工技術の確保に努めなければならない。

(3) 公共性のある施設に関する重要な工事である場合は、請負代金額にかかわらず、工事現場ごとに専任の主任技術者を置かなければならない。

(4) 元請負人は、請け負った建設工事を施工するために必要な工程の細目、作業方法を定めようとするときは、あらかじめ下請負人の意見を聞かなければならない。

No.2 主任技術者・監理技術者（R1 後期）

建設業法に関する次の記述のうち、**誤っているもの**はどれか。

(1) 発注者から直接建設工事を請け負った特定建設業者は、主任技術者又は監理技術者を置かなければならない。

(2) 主任技術者及び監理技術者は、当該建設工事の施工計画の作成などの他、当該建設工事に関する下請契約の締結を行わなければならない。

(3) 発注者から直接建設工事を請け負った特定建設業者は、下請契約の請負代金額が政令で定める金額以上になる場合、監理技術者を置かなければならない。

(4) 工事現場における建設工事の施工に従事する者は、主任技術者又は監理技術者がその職務として行う指導に従わなければならない。

解答・解説

No.1 解答：(3) ✕

(3) 公共性のある施設に関する重要な工事の場合、請負代金の額が 4,000 万円以上のものについて、工事現場ごとに専任の主任技術者または監理技術者を置かなければなりません。

No.2 解答：(2) ✕

(2) 下請契約の締結は、「主任技術者及び監理技術者」の職務に含まれていません。

4 法規
道路関係法

出題傾向とポイント

「道路関係法」からは、毎回１問が出題されています。道路、および道路の付属物の定義と、道路占用許可について理解しておきましょう。また、車両制限令の各数値を覚えておきましょう。

過去10回の出題傾向

車両制限令 40%
道路法全般 60%

---

1 道路法全般　　　　　　　　　　　重要度 ★★★

（1）用語の定義

道路法では、道路と道路付属物を以下のように定義しています。

用語	定義
道路	一般交通の用に供する道
道路付属物	道路の保全、安全かつ円滑な道路の交通の確保その他道路の管理上必要な施設または工作物で、**道路標識**などが該当する

（2）道路管理者

道路を管理するものを**道路管理者**といいますが、道路の種類により管理するものは異なります。道路管理者は、**道路台帳**を作成し、これを保管しなければなりません。

（3）規制標識の設置

道路上の**規制標識**は、規制の内容に応じて**道路管理者**、または**都道府県公安委員会**が設置します。

（4）道路工事の実施方法

道路の掘削は、**溝掘**、**つぼ掘**、**推進工法**などとし、**えぐり掘は禁止**となっています。

（5）占用許可

　道路法では、道路に工作物を設けることや、道路を継続的に使用することを**道路の占用**と呼んでいます。道路を占用するときは、道路管理者の許可を受けなければなりません（**占用許可**）。

　占用許可が必要な場合は下記の通りです。

道路の占用許可が必要な場合

①**電柱**、**電線**、変圧塔、郵便差出箱、公衆電話所、**広告塔**その他これらに類する工作物
②**水管**、**下水道管**、**ガス管**その他これらに類する物件
③鉄道、軌道その他これらに類する施設
④歩廊、雪よけその他これらに類する施設
⑤地下街、地下室、通路、浄化槽その他これらに類する施設
⑥露店、商品置場その他これらに類する施設
⑦**看板**、**標識**、旗ざお、パーキング・メータ、幕、およびアーチを設置する場合
⑧**工事用板囲**、**足場**、**詰所**その他工事用施設を設置する場合
⑨土石、竹林、瓦その他の工事用材料
⑩トンネルの上、または**高架の道路の路面下**に**事務所**、**店舗**、**倉庫**、住宅、自転車駐車場、**広場**、**公園**、**運動場**その他これらに類する施設を設置する場合

　道路管理者に提出する申請書には下記の事項を記載します。

申請書類の記載事項

☐ 道路の占用の**目的**、**期間**、**場所**　　☐ 工作物・物件、または施設の**構造**
☐ **工事実施の方法**、**時期**　　　　　　☐ 道路の**復旧方法**

知識チェック（R1 前期 選択肢）

道路管理者に提出する申請書に記載する事項に該当しないものはどれ？

(1) 占用の目的
(2) 占用の期間
(3) 工事実施の方法
(4) 建設業の許可番号

解答・解説

(4)：「建設業の許可番号」は申請書に記載する必要はありません。

2 車両制限令

　道路構造の保全と危険防止のため、車両の幅、総重量、高さ、長さ、および最小回転半径の最高限度などが、車両制限令で定められています。

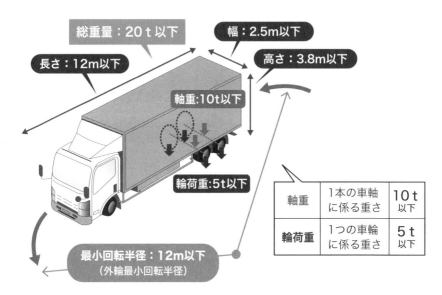

軸重	1本の車軸に係る重さ	10 t 以下
輪荷重	1つの車輪に係る重さ	5 t 以下

上のイラストで、とくに幅2.5mと高さ3.8m、長さ12m、輪荷重5tの数字は出題率が高いので、確実に覚えておきましょう

知識チェック（R3 前期 選択肢）

車両の最高限度に関して、車両制限令上、誤っているものはどれ？

(1) 車両の輪荷重は、5t である。

(2) 車両の高さは、3.8m である。

(3) 車両の最小回転半径は、車両の最外側のわだちについて 10m である。

(4) 車両の幅は、2.5m である。

解答・解説

(3)：最小回転半径は 12 m です。

実践問題

No.1 道路法全般（R3 後期）

道路法令上、道路占用者が道路を掘削する場合に**用いてはならない方法**は、次のうちどれか。

(1) えぐり掘
(2) 溝掘
(3) つぼ掘
(4) 推進工法

No.2 車両制限令（H30 後期）

車両の総重量等の最高限度に関する次の記述のうち、車両制限令上、**正しいもの**はどれか。
ただし、高速自動車国道又は道路管理者が道路の構造の保全及び交通の危険防止上支障がないと認めて指定した道路を通行する車両、及び高速自動車国道を通行するセミトレーラ連結車又はフルトレーラ連結車を除く車両とする。

(1) 車両の総重量は、10t
(2) 車両の長さは、20m
(3) 車両の高さは、4.7m
(4) 車両の幅は、2.5m

| 解答・解説 |

No.1 解答：(1) ×

(1) 道路を掘削する場合、えぐり掘は禁止です。

No.2 解答：(4) ○

(1) ×車両の総重量は 20 t です。

(2) ×車両の長さは 12 m です。

(3) ×車両の高さは 3.8 m です。

河川関係法

出題傾向とポイント

「河川関係法」からは、毎回1問が出題されています。河川の区分と河川管理者を理解し、河川管理者の占用許可が必要な行為について整理しておきましょう。

過去10回の出題傾向

河川法全般 48%
河川管理者の許可 53%

1 河川法全般　　　　重要度 ★★☆

（1）河川法の目的

河川法の目的は、河川について、**洪水や高潮などによる災害の発生が防止（洪水防御）**され、**河川が適正に利用（水利用）**され、**流水の正常な機能が維持**され、および**河川環境の整備と保全（河川環境の整備）**がされるように総合的に管理することです。

（2）河川管理者

河川法における河川には、一級河川と二級河川があります。また、一級・二級河川以外で、市町村が指定したものを準用河川といいます。

それぞれの河川管理者は、原則として下の表の通りです。

河川の区分	河川の区間	河川管理者
一級河川	一級水系のうち、国土交通大臣が指定した区間	国土交通大臣
二級河川	一級水系以外の水系の河川のうち、都道府県知事が指定した区間	都道府県知事
準用河川	一級河川および二級河川以外の河川で、市町村長が指定した区間	市町村長

（3）河川管理施設

河川法上の河川には、**ダム**、**堰**、**水門**、**堤防**、**護岸**、**床止め**などの**河川管理施設**も含まれます。

次の文章は正しい？

すべての河川は、国土交通大臣が河川管理者として管理している。

▌解答・解説

誤り：一級河川は国土交通大臣、二級河川は都道府県知事、準用河川は市町村長です。

（4）河川区域・河川保全区域

河川区域は、**堤防に挟まれた区域（堤防の川裏法尻から対岸の堤防の川裏法尻**まで）と、**河川管理施設の敷地**である土地の区域が含まれます。河川管理者は、河川管理施設を保全するために必要があると認めるときは、河川区域に隣接する一定の区域を**河川保全区域**に指定することができます。

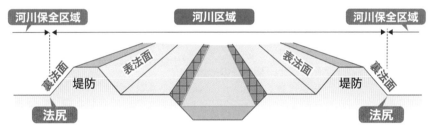

河川区域は、堤防の川裏側の法尻（のりじり）から法尻までです（上図）。
河川区域に河川保全区域は含まれませんので、ご注意ください

次の文章は正しい？

河川保全区域とは、河川管理施設を保全するために河川管理者が指定した一定の区域である。

▌解答・解説

正しい：河川保全区域の説明は、記載の通りです。

2 河川管理者の許可

重要度 ★★★

河川管理者以外の者が河川区域、および河川保全区域で行う工事については、**河川管理者**の**許可**が必要となります。許可が必要な行為は次の通りです。

行為		許可	
		必要	不要
河川区域における行為	土地の占用	・国有地の占用 【例】上空の送電線、 　　　下水道トンネル	・民有地の占用
	土石などの採取	・国有地における採取	・民有地における採取（掘削をともなう行為は掘削の許可が必要）
	工作物の新築など	・仮設工作物、現場事務所等も対象 【例】**工事資材置き場の設置**、 　　　トイレの撤去	・河川工事のための資材運搬施設、足場、仮囲い、標識 …など
	土地の掘削など	・掘削、切土、盛土等の形状の変更行為 ・耕うん以外は河川管理施設の敷地から5m以内にあるもの	・河川管理施設の敷地から10m以上離れた土地での耕うん ・**取水施設・排水施設の機能を維持するために行う取水口または排水口の付近に積もった土砂などの排除**
河川保全区域における行為			・高さ3m以内の堤防にそう盛土 ・高さ1m以内の切土、掘削

「河川管理者の許可」に関してよく出題されるのは、許可が必要なケースの「上空の送電線」と「地下の水道管」、「工事資材置き場」です

知識チェック（R4 前期 選択肢）

次の文章は正しい？

河川区域内の土地において推進工法で地中に水道管を設置する時は、許可は必要ない。

解答・解説

誤り：水道管は、上の表の「下水道トンネル」にあたるので、許可が必要です。

実践問題

No.1 河川法全般（R1 前期）

河川法に関する次の記述のうち、**誤っているもの**はどれか。

(1) 河川の管理は、原則として、一級河川を国土交通大臣、二級河川を都道府県知事がそれぞれ行う。

(2) 河川は、洪水、津波、高潮等による災害の発生が防止され、河川が適正に利用され、流水の正常な機能が維持され、及び河川環境の整備と保全がされるように総合的に管理される。

(3) 河川区域には、堤防に挟まれた区域と堤内地側の河川保全区域が含まれる。

(4) 河川法上の河川には、ダム、堰、水門、床止め、堤防、護岸等の河川管理施設も含まれる。

No.2 河川管理者の許可（H30 後期）

河川法に関する次の記述のうち、**河川管理者の許可を必要としないもの**はどれか。

(1) 河川区域内の上空に設けられる送電線の架設

(2) 河川区域内に設置されている下水処理場の排水口付近に積もった土砂の排除

(3) 新たな道路橋の橋脚工事に伴う河川区域内の工事資材置き場の設置

(4) 河川区域内の地下を横断する下水道トンネルの設置

解答・解説

No.1 解答：(3) ✕

(3) 河川保全区域とは、河川区域に隣接する一定の区域のことで、河川区域が河川保全区域を含むわけではありません。

No.2 解答：(2) ✕

(2) 排水口付近に積もった土砂の排除は、許可を必要としません。

建築基準法

出題傾向とポイント

「建築基準法」からは、毎回1問が出題されています。用語の定義（とくに建築物に何が含まれるか）を理解し、その他の規定についても、しっかり整理しておきましょう。

都市計画区域内 45%
用語の定義 55%

1 用語の定義　　　　重要度 ★★★

建築基準法で押さえておきたい用語の定義は、下記の通りです。

用語	定義
建築	建築物を新築し、増築し、改築し、または移転することをいう
建築物	土地に定着する工作物のうち、**屋根**、および**柱**、もしくは**壁**を有するもの、これに附属する**門**、もしくは**塀**などをいう
特殊建築物	**学校、病院、劇場**その他これらに類する用途に供する建築物をいう
建築設備	建築物に設ける電気、**ガス**、給水、排水、**換気、冷暖房、汚物処理、煙突**などの設備をいう
主要構造部	**壁、柱、床、はり、屋根または階段**をいう （構造上重要でない間仕切壁、間柱、付け柱は、主要構造部ではない）
建築主	建築物に関する工事の請負契約の**注文者**、または請負契約によらないで**自らその工事をする者**をいう
居室	**居住、執務、作業、集会、娯楽**その他これらに類する目的のために継続的に使用する室をいう
特定行政庁	原則として、建築主事を置く市町村の区域については当該市町村の長をいい、その他の市町村の区域については**都道府県知事**をいう

2 都市計画区域内等で適用される規定　　重要度 ★★☆

　都市計画区域とは、一体の都市として総合的に整備、開発、および保全する必要のある区域として、都道府県が指定した区域をいいます。

（1）建築物の敷地と道路

　都市計画区域内の道路は、原則として幅員（幅のこと）**4m以上**のものをいい、建築物の敷地は、原則として道路に**2m以上接**しなければなりません。

建築基準法では用語の定義をしっかり覚えておきましょう。赤シートを活用するとよいですよ！

（2）容積率と建ぺい率

　容積率と建ぺい率の定義は、次ページの通りです。

項目	定義
容積率	建築物の延べ面積の敷地面積に対する割合をいう 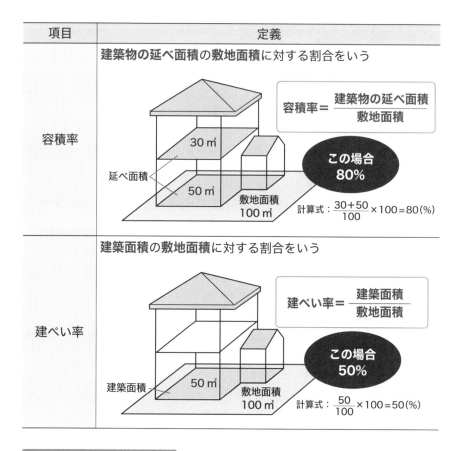
建ぺい率	建築面積の敷地面積に対する割合をいう

知識チェック（R5 後期）

敷地面積 1,000㎡の土地に、建築面積 500㎡の 2 階建ての倉庫を建築しようとする場合、建築基準法上、建ぺい率（%）として正しいものは次のうちどれか。

(1) 50

(2) 100

(3) 150

(4) 200

解答・解説

⑴：建ぺい率は、500（㎡）／1,000（㎡）× 100 ＝ 50（%）です。

実践問題

No.1 用語の定義、都市計画区域内等で適用される規定（R1 前期）

建築基準法に関する次の記述のうち、**誤っているもの**はどれか。

(1) 建築物に附属する塀は、建築物ではない。
(2) 学校や病院は、特殊建築物である。
(3) 都市計画区域内の道路は、原則として幅員 4m 以上のものをいう。
(4) 都市計画区域内の建築物の敷地は、原則として道路に 2m 以上接しなければならない。

No.2 用語の定義、都市計画区域内等で適用される規定（R1 後期）

建築基準法に関する次の記述のうち、**誤っているもの**はどれか。

(1) 容積率は、敷地面積の建築物の延べ面積に対する割合をいう。
(2) 建築物の主要構造部は、壁、柱、床、はり、屋根又は階段をいう。
(3) 建築設備は、建築物に設ける電気、ガス、給水、冷暖房などの設備をいう。
(4) 建ぺい率は、建築物の建築面積の敷地面積に対する割合をいう。

解答・解説

No.1 **解答：**(1) ✕

(1) 塀は建築物です。

No.2 **解答：**(1) ✕

(1) 容積率は、建築物の延べ面積の敷地面積に対する割合をいいます。

火薬類取締法

出題傾向とポイント

「火薬類取締法」からは、毎回1問が出題されています。火薬類の運搬と貯蔵、取扱いの基準を理解し、火薬類取扱所と火工所の役割を整理しておきましょう。

過去10回の出題傾向

貯蔵、運搬 28%

消費 73%

1 火薬類の定義　　　　重要度 ★☆☆

（1）用語

　火薬類には、**火薬**（黒色火薬など推進的爆発に用いるもの）、**爆薬**（ダイナマイトなどの破壊的爆発に用いるもの）、**火工品**（導火線、雷管など）があります。

通常の装薬方法

火工品(導火線)

発破器

火薬　　火工品(雷管)　　爆薬(ダイナマイトなど)

（2）火薬類の消費（発破）の流れ

　火薬類は**火薬庫**に貯蔵します。消費場所においては、火薬類の管理、および発破の準備をするために**火薬類取扱所**を設け、かつ薬包に雷管を取り付ける作業のために**火工所**を設けます。

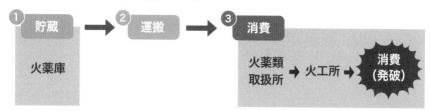

1 貯蔵　→　2 運搬　→　3 消費

火薬庫　　　　　　　　　　火薬類取扱所 → 火工所 → 消費(発破)

（1）貯蔵のルール

火薬類の貯蔵のルールは下記の通りです。

火薬類の貯蔵のルール

①火薬庫内には、**火薬類以外の物**を貯蔵しない
②火薬庫の境界内には、爆発、発火、または燃焼しやすい物を**堆積しない**
③火薬庫内では**換気**に注意し、できるだけ温度の変化を小さくする
④火薬庫の境界内には、**必要がある者**以外は立ち入らない
⑤火薬庫を設置しようとする者は、**都道府県知事の許可**を受けなければならない

知識チェック（R3 前期 選択肢）

次の文章は正しい？

火薬庫内では、温度変化を少なくするため夏季は換気をしてはならない。

┃ 解答・解説

誤り：火薬庫内では換気をします。

（2）運搬

火薬類を存置（そのまま残しておくこと）または運搬するときは、火薬、爆薬、導火線と火工品とをそれぞれ**異なった容器**に収納します。

知識チェック（H30 後期 選択肢）

次の文章は正しい？

火薬類を存置し、又は運搬するときは、火薬、爆薬、導火線と火工品とを同一の容器に収納すること。

┃ 解答・解説

誤り：火薬類を存置または運搬するときは、火薬、爆薬、導火線と火工品とを、異なった容器に収納します。

1
3 法規

3 消費

火薬類の消費の留意点は下記の通りです。

火薬類の消費の留意事項

火薬類の取扱い

①**18歳未満**の者は、火薬類の取扱いをしてはならない

②火薬類を収納する容器は、**木その他電気不良導体**でつくった**丈夫な構造**のものとし、**内面には鉄類を表さない**

③固化したダイナマイトなどは、**もみほぐす**

④火薬類の取扱いにおいて、**盗難予防**に留意する

火薬類取扱所

①火薬類取扱所を設ける場合、**1つの消費場所**に**1箇所**とする

②火薬類取扱所に存置することのできる火薬類の数量は、**1日の消費見込量以下**である

③火薬類取扱所内には、**見やすい所**に**取扱いに必要な法規**、および**心得**を掲示する

④責任者は、火薬類の受払い、および消費残数量をそのつど明確に**帳簿に記録**する

火工所

①火工所以外の場所においては、薬包に雷管を取り付ける作業を行ってはならない

②火工所に火薬類を存置する場合には、**見張人を常時配置**する

③火工所として建物を設ける場合には、適当な**換気**の措置を講じ、床面はできるだけ**鉄類を表さず**、安全に作業ができるような措置を講じる

④火工所の周囲には、適当な柵を設け、「**火気厳禁**」等と書いた警戒札を掲示する

⑤火工所は、通路、通路となる坑道、動力線、火薬類取扱所、他の火工所、火薬庫、火気を取り扱う場所、人の出入りする建物等に対し**安全**で、かつ**湿気の少ない**場所に設ける

消費

①火薬類の発破を行う場合には、**前回の発破孔**を利用して、削岩し、または装てんしてはいけない

実践問題

No.1 貯蔵、運搬、消費（R1 前期）

火薬類の取扱いに関する次の記述のうち、火薬類取締法上、**誤っているも**のはどれか。

(1) 火薬庫の境界内には、必要がある者のほかは立ち入らない。
(2) 火薬類取扱所を設ける場合は、1つの消費場所に1箇所とする。
(3) 火工所以外の場所において、薬包に雷管を取り付ける作業を行わない。
(4) 火工所に火薬類を存置する場合には、必要に応じて見張人を配置する。

No.2 貯蔵、運搬、消費（R1 後期）

火薬類の取扱いに関する次の記述のうち、火薬類取締法上、**誤っているも**のはどれか。

(1) 火薬庫内には、火薬類以外の物を貯蔵しない。
(2) 火薬庫の境界内には、爆発、発火、又は燃焼しやすい物を堆積しない。
(3) 火薬類を収納する容器は、木その他電気不良導体で作った丈夫な構造のものとし、内面には鉄類を表さない。
(4) 固化したダイナマイト等は、もみほぐしてはならない。

解答・解説

No.1 解答：(4) ✕

(4) 火工所に火薬類を存置する場合には、見張人を常時配置します。

No.2 解答：(4) ✕

(4) 固化したダイナマイト等はもみほぐします。

8 法規
騒音・振動規制法

出題傾向とポイント

「**騒音・振動規制法**」からは、毎回**2問**が出題されています。とくに、**特定建設作業の対象作業**について理解し、**届出、規制基準**について整理しておきましょう。

規制基準 25%
特定建設作業 40%
届出 35%

1 特定建設作業

重要度 ★★☆

(1) 特定建設作業

特定建設作業とは、**著しい騒音・振動**を発生する作業として指定されているもの（**8種類の騒音**と、**4種類の振動**）で、**2日間以上**にわたる作業です。

騒音・振動規制法では騒音や振動を規制する必要があると認められた地域を指定し（**指定地域**）、特定建設作業について規制基準等が定められています。

騒音 の特定建設作業（8種類）	**振動** の特定建設作業（4種類）
①杭打機（**もんけん以外**）、**杭抜機**または**杭打杭抜機（圧入式以外）**の作業（アースオーガ併用のものは除外）	①杭打機（**もんけん、圧入式以外**）、**杭抜機**または**杭打杭抜機（圧入式、油圧式以外）**の作業
②**びょう打機**を使用する作業	②**鉄球**を使用する工作物の破壊作業
③**削岩機**を使用する作業	③**舗装版破砕機**を使用する作業
④**空気圧縮機**を使用する作業（コンプレッサーともいう）	④**ブレーカー**を使用する作業（**手持ち式を除く**）
⑤**コンクリートプラント**、または**アスファルト・コンクリートプラント**	「騒音」の特定建設作業を解答させる問題で、誤った選択肢としてよく出るのが「舗装版破砕機」。これは振動でのみ指定されていて、騒音では指定されていません。注意してください！
⑥**バックホゥ**を使用する作業	
⑦**トラクターショベル**を使用する作業	
⑧**ブルドーザ**を使用する作業	

2 届出

特定建設作業を行う場合は、**届出**義務が発生します。作業の開始日の**7日前**までに、次の事項を**市町村長**に届け出ます。

特定建設作業の届出の記載事項

①建設工事を施工しようとする者の**氏名**、または**名称**、および**住所**
②建設工事の目的に関わる施設、または工作物の種類
③特定建設作業の**場所**、および**実施期間**
④**騒音**、または**振動の防止方法**
⑤その他環境省令で定める事項

貼付する書類　・**工事工程表**　・作業場所の**見取り図**

市町村長に**作業開始の7日前までに届け出る**

3 規制基準

（1）地域の指定

先述した指定地域には、とくに静穏の保持を必要とする区域などを**1号区域**、またこれに準じる**2号区域**があり、1号区域については、都市計画区域の用途地域などによってさらに細かく区分されます。これらの指定地域は、**都道府県知事または市長**が指定します。

（2）規制基準

1号区域と2号区域の騒音・振動の規制基準は、下の表の通りです。

区域	基準値	作業禁止の時間帯	最大作業時間	最大連続作業日数	作業禁止日
1号区域	敷地の境界線で　騒音　**85デシベル**　振動　**75デシベル**	PM7:00～翌AM7:00	10時間を超えない	連続6日を超えない	日曜日、その他休日
2号区域		PM10:00～翌AM6:00	14時間を超えない		

振動の基準値は75デシベル（dB）です。誤りの選択肢として「85デシベル」がよく出ますので、騒音と振動の基準値をしっかり区別して覚えましょう

実践問題

No.1 特定建設作業（R5 後期）

騒音規制法上、建設機械の規格等にかかわらず特定建設作業の**対象とならない作業**は、次のうちどれか。
ただし、当該作業がその作業を開始した日に終わるものを除く。

(1) さく岩機を使用する作業
(2) 圧入式杭打杭抜機を使用する作業
(3) バックホゥを使用する作業
(4) ブルドーザを使用する作業

No.2 特定建設作業（H30 後期）

振動規制法上、特定建設作業の**対象とならない建設機械の作業**は、次のうちどれか。
ただし、当該作業がその作業を開始した日に終わるものを除くとともに、1日における当該作業に係る2地点間の最大移動距離が50mを超えない作業とする。

(1) ディーゼルハンマ
(2) 舗装版破砕機
(3) ソイルコンパクタ
(4) ジャイアントブレーカ

No.3 届出（H30 後期）

騒音規制法上、指定地域内において特定建設作業を伴う建設工事を施工しようとする者が、作業開始前に市町村長に届け出なければならない事項として、**該当しないもの**は次のうちどれか。

(1) 建設工事の概算工事費
(2) 工事工程表
(3) 作業場所の見取り図
(4) 騒音防止の対策方法

No.4 届出（R3 前期）

振動規制法上、指定地域内において特定建設作業を施工しようとする者が行う特定建設作業の実施に関する届出先として、**正しいもの**は次のうちどれか。

(1) 国土交通大臣
(2) 環境大臣
(3) 都道府県知事
(4) 市町村長

No.5 規制基準（R4 前期）

振動規制法上、特定建設作業の規制基準に関する「測定位置」と「振動の大きさ」との組合せとして、次のうち**正しいもの**はどれか。

［測定位置］ ［振動の大きさ］
(1) 特定建設作業の場所の敷地の境界線 ……… 85dB を超えないこと
(2) 特定建設作業の場所の敷地の中心部 ……… 75dB を超えないこと
(3) 特定建設作業の場所の敷地の中心部 ……… 85dB を超えないこと
(4) 特定建設作業の場所の敷地の境界線 ……… 75dB を超えないこと

解答・解説

No. 1 解答：(2) ✕
(2) 圧入式杭打杭抜機を使用する作業は、対象となりません。

No. 2 解答：(3) ✕
(3) ソイルコンパクタは特定建設作業の対象となる建設機械には該当しません。なお、(1)のディーゼルハンマは、杭打機に分類されます。

No. 3 解答：(1) ✕
(1) 建設工事の概算工事費については、届出の義務は定められていません。

No. 4 解答：(4) 〇
(4) 届出先は、市町村長です。

No. 5 解答：(4) 〇
(4) 測定位置は、敷地の境界線になります。騒音は 85dB を超えないこと、振動は 75dB を超えないこととされています。

出題傾向とポイント

「港則法」からは、毎回1問が出題されています。港長の許可を受ける必要のあるものや、港長への届出の必要なものを整理しておきましょう。また、航路および航法の規定についても理解しておきましょう。

過去10回の出題傾向

許可 30%
航路 70%

---

1 用語　　　　　重要度 ★☆☆

港則法で用いられる用語の定義を以下に示します。

用語	定義
特定港	喫水（船体が沈む深さ）の深い船舶が出入りできる港。または外国船舶が常時出入りする港
汽艇等	汽艇、はしけ、および端船その他ろかい（櫓と櫂）で運転する船舶
投びょう	いかりをおろして船をとどめること。漢字では「投錨」
えい航	船が、ほかの船をひいて航行すること。漢字では「曳航」

---

2 許可・届出　　　　　重要度 ★★☆

（1）港長の許可を受ける必要があるもの

特定港内、または特定港で工事などをする場合、港長の**許可**が必要です。港長の許可を受ける必要があるものは次の通りです。

> **港長の許可を受ける必要があるもの**
>
> ①特定港内、または特定港の**境界附近**で、工事、または作業をしようとする者
> ②特定港において**危険物の積込**、**積替**、または**荷卸**をするとき
> ③特定港内において**危険物を運搬**しようとするとき
> ④特定港内において使用すべき**私設信号**を定めようとする者

（2）港長への届出が必要なもの

　特定港、または特定港内では、下記の項目について港長への届出が必要です。

港長への届出が必要なもの

①特定港に**入港**したとき、または**出港**しようとするとき

②特定港内で、汽艇などを含めた船舶を**修繕**し、または**係船**(けいせん)しようとする者

選択肢を読んで、許可か届出かを判断できるようになっておきましょう。試験対策としては、届出の必要がある項目だけを覚えて、「それ以外はすべて許可が必要」という覚え方もあり！

知識チェック（R5 前期 選択肢）

次の文章は正しい？

　船舶は、特定港において危険物の積込、積替又は荷卸をするには、その旨を港長に届け出なければならない。

▎**解答・解説**

誤り：特定港での上記ケースで必要なのは、港長の「許可」です。

▎**3　航路・航法**　　　　　　　　　　　　重要度　★★★

（1）航路

　航路内において船舶は、原則として**投びょう**し、または**えい航**している船舶を放してはなりません。

　また、**汽艇等以外の船舶**は、特定港に出入し、または特定港を通過するときは、国土交通省令で定める**航路**を通らなければなりません。

知識チェック（R2 選択肢）

次の文章は正しい？

　汽艇等を含めた船舶は、特定港を通過するときは、国土交通省令で定める航路を通らなければならない。

▎**解答・解説**

誤り：「汽艇等を含めた船舶」ではなく「汽艇等以外の船舶」です。汽艇とは、蒸気機関で動く小型船（総トン数20トン未満）です。

（2）航法

航法については、次に示すルールがあります。

「航法」のルール

① **航路内優先**

航路外から航路への**出入り**の際は、航路を航行するほかの**船舶の進路を避けなければならない**

② **右側通行**

船舶は、航路内においてほかの船舶と行き会うときは、**右側**を航行しなければならない

③ **追越し禁止**

船舶は、航路内においては、ほかの船舶を**追い越してはならない**

④ **並列航行禁止**

船舶は、航路内において、**並列**して航行してはならない

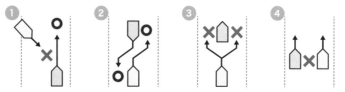

⑤ **障害物の対応**

船舶は、港内において障害物（防波堤、埠頭、または停泊船舶など）を**右げん**に見て航行するときは、できるだけこれに**近寄り**、**左げん**に見て航行するときは、できるだけこれに**遠ざかって**航行しなければならない

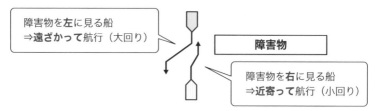

障害物を**左**に見る船
⇒**遠ざかって**航行（大回り）

障害物

障害物を**右**に見る船
⇒**近寄って**航行（小回り）

知識チェック（R3 前期 選択肢）

次の文章は正しい？

船舶は、航路内においては、他の船舶を追い越してはならない。

解答・解説

正しい：記載の通り、航路内においては、追越しは禁止です。

実践問題

No.1 許可・届出 (R4 前期)

特定港における港長の許可又は届け出に関する次の記述のうち、港則法上、**正しいもの**はどれか。

(1) 特定港内又は特定港の境界付近で工事又は作業をしようとする者は、港長の許可を受けなければならない。
(2) 船舶は、特定港内において危険物を運搬しようとするときは、港長に届け出なければならない。
(3) 船舶は、特定港を入港したとき又は出港したときは、港長の許可を受けなければならない。
(4) 特定港内で、汽艇等を含めた船舶を修繕し、又は係船しようとする者は、港長の許可を受けなければならない。

No.2 航路・航法 (R3 後期)

港則法上、特定港内での航路、及び航法に関する次の記述のうち、**誤っているもの**はどれか。

(1) 航路から航路外に出ようとする船舶は、航路を航行する他の船舶の進路を避けなければならない。
(2) 船舶は、港内において防波堤、埠頭、又は停泊船舶などを右げんに見て航行するときは、できるだけこれに遠ざかって航行しなければならない。
(3) 船舶は、航路内においては、原則として投びょうし、またはえい航している船舶を放してはならない。
(4) 船舶は、航路内において他の船舶と行き会うときは、右側を航行しなければならない。

解答・解説

No. 1 解答：(1) ○

(2)、(3)、(4) ✕ (2)は届出ではなく「許可」、(3)と(4)は許可ではなく「届出」です。

No. 2 解答：(2) ✕

(2) 右げんに見て航行するときは、これに近寄って航行します。

施工管理等

「施工管理等」は必須問題のみ。19問すべてに答えます！

いよいよ第1次検定の終盤です！　全部を答える必須問題だからといって、あわてる必要はありません。「知識チェック」や「実践問題」で実力を身につけていけばクリアできるはずです！

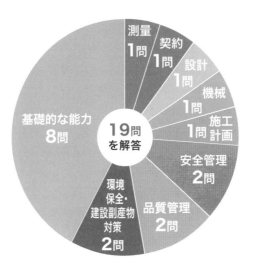

測量 1問
契約 1問
設計 1問
機械 1問
施工計画 1問
安全管理 2問
品質管理 2問
環境保全・建設副産物対策 2問
基礎的な能力 8問
19問を解答

各分野の出題数

測量

出題傾向とポイント

「測量」からは、毎回 1 問が出題されています。前は「水準測量」の計算の出題が多かったのですが、近年は「トラバース測量」の計算問題が出題されやすくなっています。水準測量は地盤高の計算、トラバース測量は方位角と閉合誤差の計算を実際にやっておきましょう。

過去10回の出題傾向

トラバース測量 40%
水準測量 60%

1 トラバース測量　　　重要度 ★★★

(1) 測量の方法

　トラバース測量とは、測量する区域を骨組みで覆って、**測点の角度**と**測線の長さ**を測ることです。出発点から始まり出発点に戻り、右図のような多角形をつくります（これを閉合トラバースといいます）。右図では A が出発点です。

　まずは、全部の測点において**観測角を測量**します。観測角を測るのと同時に、全部の測線の**距離も測量**します。

　観測角と距離だけでは平面図が描けないため、各測点の観測角を**方位角**で表す必要があります。測点 A（出発点）を原点として、北を基準として測点 B までの角度（方位角）を測量します。次に、その出発点の方位角をもとに、残りのすべての測点の方位角を計算します（方位角は出発点しか測量せず、残りは観測角と前の測点の方位角から計算して求めていくということです）。

　出発点から方位角と距離をもとに平面図を描いていき、最後に出発点に閉合させたとき、測定誤差のために点が完全に一致しない距離が生じてしまいます。これを**閉合誤差**といいます。**閉合比**は、全測線長に対する閉合誤差の大きさの比で表します。

> 難しそうな専門用語が連続で出てきますが、何が測量から得られるもので、何を計算から求めなければならないものか、を意識して測量の手順を理解すると、何をすればよいかがわかってくるでしょう

(2) 方位角の計算

方位角は、**「前の方位角」＋180°＋「観測角」**で求めることができます。足し算の結果、360°を超える場合は、1周して元の位置に戻ったということなので、360°を引いた値とします。

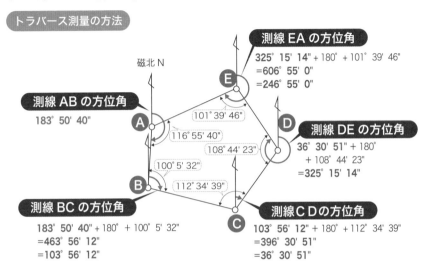

トラバース測量の方法

磁北 N

測線 AB の方位角

183° 50' 40"

116° 55' 40"

100° 5' 32"

測線 BC の方位角

183° 50' 40" + 180° + 100° 5' 32"
=463° 56' 12"
=103° 56' 12"

112° 34' 39"

101° 39' 46"

108° 44' 23"

測線 EA の方位角

325° 15' 14" + 180° + 101° 39' 46"
=606° 55' 0"
=246° 55' 0"

測線 DE の方位角

36° 30' 51" + 180°
+ 108° 44' 23"
=325° 15' 14"

測線ＣＤの方位角

103° 56' 12" + 180° + 112° 34' 39"
=396° 30' 51"
=36° 30' 51"

(3) 閉合比の計算

閉合比は、**全測線長**に対する**閉合誤差**の大きさの**比**で表します。

閉合比＝閉合誤差／全測線長

= 0.007 ／ 197.257 ≒ 1 ／ 28180 ≒ 1 ／ 28100

測線	距離 I (m)	方位角	緯距L(m)	経距D(m)
AB	37.373	183° 50′ 40″	−37.289	−2.506
BC	40.625	103° 56′ 12″	−9.785	39.429
CD	39.078	36° 30′ 51″	31.407	23.252
DE	38.803	325° 15′ 14″	31.884	−22.115
EA	41.378	246° 55′ 0″	−16.223	−38.065
計	197.257		−0.005	−0.005

閉合誤差＝ 0.007m

2 水準測量

（1）測量の方法

　水準測量とは、レベル（水準測量で用いられる器械）と標尺（「スタッフ」ともいう。水準測量で用いられるものさし）を使って、地表面の2点間の**高低差**を求め、これらを連続的に行って、目的地の**地盤高（標高）**を求める測量のことです。

　すでに地盤高がわかっているところが出発点（**既知点**。下図ではNo.0）になり、そこと、地盤高を求める地点（**未知点**。下図ではNo.1）とに標尺を立て、その間にレベルを据え付けます。

　レベルから2本の標尺をのぞき込み、目盛りを読み取ります（下図では2.7mと0.6m）。この際、既知点側から読み取るのを**後視**、未知点側から読み取るのを**前視**といいます。

　それぞれの目盛りを読み取ったら、その**目盛り差**を出します（下図では2.7 m − 0.6 m = 2.1m）。この数値はNo.0とNo.1の標高差と同値ですから、No.1の地盤高は「No.0 ＋目盛り差」で算出でき、下図では「10.0m ＋ 2.1m = 12.1 m」であることがわかります。

　つまり、既知点の標高と、後視と前視の目盛り差とを使って、未知点の標高を求めていくわけです。これが水準測量での地盤高の計算で、この計算を繰り返しながら、目的地の地盤高を求めていきます。

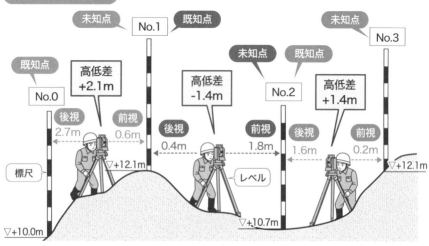

水準測量の方法

実践問題

トラバース測量（R5 前期）

閉合トラバース測量による下表の観測結果において、測線 AB の方位角が 182° 50′ 39″のとき、測線 BC の方位角として、**適当なもの**は次のうちどれか。

測点	観測角		
A	115°	54′	38″
B	100°	6′	34″
C	112°	33′	39″
D	108°	45′	25″
E	102°	39′	44″

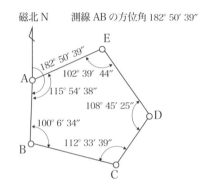

磁北 N　　　測線 AB の方位角 182° 50′ 39″

(1) 102° 51′ 5″
(2) 102° 53′ 7″
(3) 102° 55′ 10″
(4) 102° 57′ 13″

1

4 施工管理等

173

No.2 トラバース測量 (R5 後期)

閉合トラバース測量による下表の観測結果において、閉合誤差が0.008m
のとき、**閉合比**は次のうちどれか。

ただし、閉合比は有効数字4桁目を切り捨て、3桁に丸める。

測線	距離I (m)	方位角			緯距L (m)	経距D (m)
AB	37.464	183°	43′	41″	−37.385	−2.486
BC	40.557	103°	54′	7″	−9.744	39.369
CD	39.056	36°	32′	41″	31.377	23.256
DE	38.903	325°	21′	0″	32.003	−22.119
EA	41.397	246°	53′	37″	−16.246	−38.076
計	197.377				0.005	−0.006

閉合誤差＝0.008m

(1) 1 ／ 24400

(2) 1 ／ 24500

(3) 1 ／ 24600

(4) 1 ／ 24700

No. 1 **解答：⑷** ○

⑷ 方位角は、「前の方位角」＋ 180°＋「観測角」で求められます。

182° 50′ 39″＋ 180°＋ 100° 6′ 34″

＝ 462° 57′ 13″

＝ 102° 57′ 13″

No. 2 **解答：⑶** ○

⑶ 閉合比は、全測線長に対する閉合誤差の大きさの比で表します。

閉合比＝閉合誤差／全測線長

＝ 0.008m/197.377m

≒ 1/24672

≒ 1/24600

2 契約

出題傾向とポイント

「契約」からは、毎回1問が出題されています。
公共工事の請負契約の主な規定についての内容を整理
し、受注者と発注者の権限、材料の取扱いについて理
解しておきましょう。

過去10回の出題傾向

発注者側 20%
品質・検査 28%
受注者側 25%
基本事項 28%

1 基本事項　　　　　　　　重要度 ★★☆

　公共工事の請負契約には、**契約書**と**設計図書**が必要です。また、契約書と設計図書を合わせて**契約図書**といいます。

　公共工事の請負契約では**公共工事標準請負契約約款**が使用されます。これは、公共工事における契約関係の明確化、適正化のために、発注者と受注者間の権利義務の内容を定めたものです（契約約款の基本となる規定は次ページ以降で解説します）。

　設計図書は、**図面**、**仕様書**、**現場説明書**、**質問回答書**の4つで構成されます。なお、仕様書は、各工事に共通する共通仕様書と、各工事で規定される特記仕様書に区別されます。

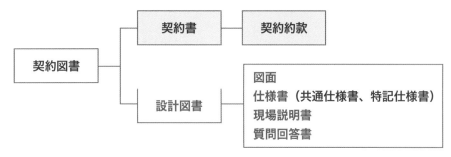

```
                  ┌─ 契約書 ──── 契約約款
契約図書 ─────────┤
                  │            図面
                  └─ 設計図書   仕様書（共通仕様書、特記仕様書）
                               現場説明書
                               質問回答書
```

設計図書に関しては、上の4つ以外のもの（たとえば、実行予算、契約書など）が紛れ込んでいる選択肢が出されることがあります。引っかからないように、上の4つをしっかりインプットしておきましょう！

2 公共工事標準請負契約約款

ここからは、公共工事標準請負契約約款の規定について見ていきます。

公共工事標準請負契約約款の規定① 発注者側

①発注者は、必要があるときは、設計図書の変更内容を受注者に通知して、**設計図書を変更できる**

②発注者は、**天災等の受注者の責任でない理由**により工事を施工できない場合は、受注者に**工事の一時中止**を命じなければならない

③発注者は、**現場代理人**の工事現場における運営などに支障がなく、発注者との連絡体制が確保される場合には、現場代理人について工事現場に**常駐を要しない**こととする

④発注者は、**設計図書**において定められた**工事の施工上必要な用地**を、受注者が工事の施工上必要とする日までに確保しなければならない

⑤発注者は、特別の理由により**工期を短縮**する必要があるときは、工期の短縮変更を受注者に請求することができる

⑥**請負代金額の変更**については、原則として発注者と受注者とが**協議して定める**

公共工事標準請負契約約款の規定② 受注者側

①受注者は、一般に工事の全部、もしくはその主たる部分を**一括して第三者に請け負わせてはならない**

②**現場代理人**と主任技術者（監理技術者）、および専門技術者は、これを兼ねても工事の施工上支障はないので、**兼任できる**

③受注者は、**不用となった支給材料**、または**貸与品**を**発注者に返還**しなければならない

④建設工事の施工にあたり、次の事項のいずれかに該当する事実を発見したときは、受注者が監督員に通知し、その確認を請求しなければならない

・図面、仕様書、現場説明書、および現場説明に対する質問回答書が一致しないとき

・設計図書に誤謬、または脱漏があるとき

・設計図書の表示が明確でないとき

・設計図書に示された自然的、または人為的な施工条件と、実際の工事現場が一致しないとき

・設計図書で明示されていない施工条件について、予期することのできない特別な状態が生じたとき

用語もチェック！

現場代理人…契約を取り交わした会社の代理として、任務を代行する責任者

次の文章は正しい？

受注者は、工事の完成、設計図書の変更等によって不用となった支給材料は、発注者に返還を要しない。

解答・解説

誤り：受注者は不用となった支給材料等を返還しなければなりません。

3 品質・検査　　　　　　　　重要度 ★★☆

工事材料の品質や検査などの主な規定は、以下の通りです。

品質に関する規定

①工事材料の品質については、設計図書にその品質が明示されていない場合は、**中等の品質**を有するものでなければならない

②受注者は、工事現場内に搬入した工事材料を、監督員の承諾を受けないで工事現場外に**搬出することができない**

③**受注者**は、工事の施工部分が設計図書に適合しない場合、監督員がその改造を請求したときは、その請求に従わなければならない

検査に関する規定

①設計図書において監督員の検査を受けて使用すべきものと指定された**検査**に直接要する費用は、**受注者**が負担しなければならない

②発注者は、工事完成検査において、必要があると認められるときは、その理由を受注者に通知して、**工事目的物**を**最小限度破壊**して検査することができる

③前項の場合において、**検査**、および**復旧**に直接要する費用は**受注者**が負担する

次の文章は正しい？

監督員は、いかなる場合においても、工事の施工部分を破壊して検査することができる。

解答・解説

誤り：「いかなる場合においても」ではなく、「必要があると認められるとき」に、「最小限度破壊」して検査することができます。

実践問題

No.1 基本事項 (R5 後期)

公共工事で発注者が示す設計図書に**該当しないもの**は、次のうちどれか。

(1) 現場説明書
(2) 現場説明に対する質問回答書
(3) 設計図面
(4) 施工計画書

No.2 全般 (R4 前期)

公共工事標準請負契約約款に関する次の記述のうち、**誤っているもの**はどれか。

(1) 設計図書とは、図面、仕様書、現場説明書及び現場説明に対する質問回答書をいう。
(2) 工事材料の品質については、設計図書にその品質が明示されていない場合は、上等の品質を有するものでなければならない。
(3) 発注者は、工事完成検査において、必要があると認められるときは、その理由を受注者に通知して、工事目的物を最小限度破壊して検査することができる。
(4) 現場代理人と主任技術者及び専門技術者は、これを兼ねることができる。

解答・解説

No.1 解答：(4) ✕

(4) 施工計画書は該当しません。

No.2 解答：(2) ✕

(2) 「上等」の品質ではなく、「中等」の品質を有するものです。

出題傾向とポイント

「設計」からは、毎回１問が出題されています。土木設計図の読み方についてしっかり学習しておくことが求められます。各構造物の一般図、断面図から部位の名称を答えられるようにしておきましょう。

過去10回の出題傾向

ブロック積擁壁 20%
道路橋断面図 40%
橋梁一般図 20%
逆T型擁壁 20%

1 橋梁の一般図
重要度 ★★☆

橋梁（きょうりょう）の一般図（下図）では、各長さの名称を覚えておきましょう。

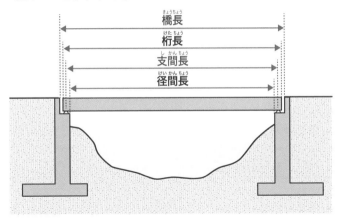

橋長（きょうちょう）
桁長（けたちょう）
支間長（しかんちょう）
径間長（けいかんちょう）

R4 後期に、上の４つの長さを表す名称を問う問題が出題されました。上図のそれぞれの定義も理解しておきましょう

2 道路橋の断面図
重要度 ★★★

道路橋の断面図については、次ページの図に示す４つの構造名称を覚えておきましょう。

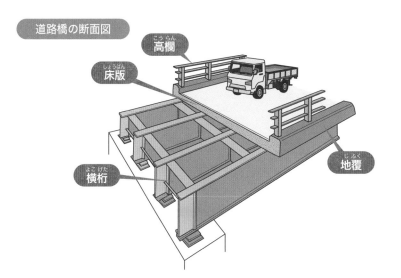

道路橋の断面図

高欄（こうらん）

床版（しょうばん）

横桁（よこげた）

地覆（じふく）

3 逆Ｔ型擁壁の断面図

重要度 ★★☆

　擁壁（ようへき）とは崖などにおいて、地盤が盛土など高低差のある土地において、側面が崩れるのを防ぐために築く壁のことです。

　擁壁にはいくつかの種類がありますが、その１つの**逆Ｔ型擁壁**について、下に示す各部の名称を覚えておきましょう。

逆Ｔ型擁壁

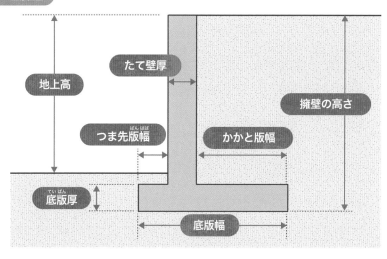

地上高

たて壁厚

擁壁の高さ

つま先版幅（ばんばば）

かかと版幅

底版厚（ていばん）

底版幅

4 ブロック積擁壁の断面図

重要度 ★★☆

　擁壁には、ブロック積擁壁もあります。これについても、下に示す各部の名称を覚えておきましょう。

ブロック積擁壁の断面図

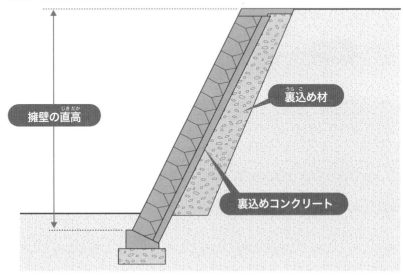

擁壁の直高（じきだか）

裏込め材（うらごめ）

裏込めコンクリート

ここで取り上げたどの構造物についても、図面に描かれている各部名称や寸法の意味を理解しているかが、試験では問われています。各部の名称をイラストとセットにして覚えるのが、この「設計」の分野で得点するポイントになります！

実践問題

No.1 **橋梁の一般図（R4 後期）**

下図は橋の一般的な構造を表したものであるが、（イ）〜（ニ）の橋の長さを表す名称に関する組合せとして、**適当なもの**は次のうちどれか。

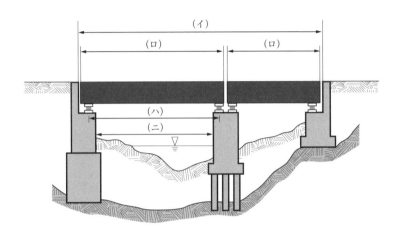

	（イ）	（ロ）	（ハ）	（ニ）
(1)	橋長	桁長	径間長	支間長
(2)	桁長	橋長	支間長	径間長
(3)	橋長	桁長	支間長	径間長
(4)	支間長	桁長	橋長	径間長

下図は道路橋の断面図を示したものであるが、（イ）～（ニ）の構造名称に関する組合せとして、**適当なもの**は次のうちどれか。

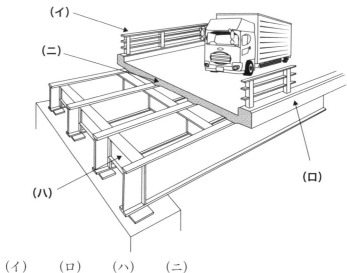

```
        （イ）　　 （ロ）　　 （ハ）　　 （ニ）
(1) 高欄 ……… 地覆 ……… 横桁 ……… 床版
(2) 地覆 ……… 横桁 ……… 高欄 ……… 床版
(3) 高欄 ……… 地覆 ……… 床版 ……… 横桁
(4) 横桁 ……… 床版 ……… 地覆 ……… 高欄
```

No.3 逆T型擁壁の断面図（R3 前期）

下図は逆T型擁壁の断面図であるが、逆T型擁壁各部の名称と寸法記号の表記として2つとも**適当なもの**は、次のうちどれか。

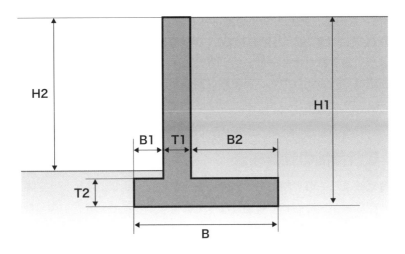

(1) 擁壁の高さ H2、つま先版幅 B1
(2) 擁壁の高さ H1、たて壁厚 T1
(3) 擁壁の高さ H2、底版幅 B
(4) 擁壁の高さ H1、かかと版幅 B

解答・解説

No. 1 **解答：(3)** ○

(3) 選択肢の通りです。

No. 2 **解答：(1)** ○

(1) 選択肢の通りです。

No. 3 **解答：(2)** ○

(2) 選択肢の通りです。解答以外の各部の名称についても復習しておいてください。

第**4**章 施工管理等
機械

出題傾向とポイント

過去10回の出題傾向

「機械」からは、毎回1問が出題されています。
建設機械の性能表示と用途について整理しておきま
しょう。第1章「土木一般」の「1 土工」で学習した
建設機械の知識だけでも、ある程度対応が可能です。

性能
表示
10
%

用途
90%

┃1 建設機械の性能表示　　　　重要度 ★☆☆

　建設機械は、その種類ごとに用途や構造が異なります。そのため、それぞ
れの**性能表示**が定められて規格になっています。覚えておきたい建設機械ご
との性能表示は下記の通りです。

建設機械		性能表示
ショベル系	バックホゥ	バケット容量（m^3）
	ショベル	
	クラムシェル	
	ドラグライン	
トラクタ系	ブルドーザ	質量（t）
運搬機械	ダンプトラック	最大積載量（t）
	不整地運搬車	
締固め機械	ロードローラ	質量（t）
	タイヤローラ	
	振動ロ　ラ	
	タンピングローラ	
	モータグレーダ	ブレード長（m）
クレーン	クレーン	最大つり上げ性能（t）

┃2 建設機械の用途　　　　重要度 ★★★

　建設機械は種別ごとに適した作業があります。建設機械はショベル系、ト
ラクタ系、運搬機械、締固め機械の4つに大別できます。

（1）ショベル系

建設機械	用途
バックホゥ	● バケットが手前オペレータ側を向いており、手前に引き寄せるように掘削する ● 機械の位置よりも**低い**位置の掘削に適し、硬い地盤、基礎の掘削や溝掘りなどに使用される
ショベル	● バケットが進行方向側を向いており、押し出すように掘削する ● 機械の位置よりも**高い**位置の掘削に使用される ● **ローディングショベル**や**トラクターショベル**がある
クラムシェル	● バケットを垂直に下ろして、土砂をつかみ取る ● シールド工事の立坑掘削など、**狭い**場所での**深い**掘削に適する
ドラグライン	● ワイヤロープによってつり下げたバケットを手前に引き寄せて掘削する ● 機械の位置より**低い**場所の掘削に適し、**水路の掘削**、**砂利の採取**などに使用される

> 全建設機械の中でも、**バックホゥ**、**クラムシェル**、**ドラグライン**の3つはとくに出題率が高いので、形態・用途ともに確実に覚えておきましょう

知識チェック（R5 前期 選択肢）

次の文章は正しい？

モーターグレーダは、路面の精密な仕上げに適しており、砂利道の補修、土の敷均し等に用いられる。

| 解答・解説

正しい：記載の通りです。

（2）トラクタ系

建設機械	用途
ブルドーザ	● トラクタに土工板（ブレード）を取り付けた機械 ● 土砂の**掘削・押土**、および**短距離の運搬**に適しているほか、除雪にも用いられる
スクレーパ	● 鉄製容器(土留め)の前方下部に取り付けた刃板で路面を削って土をすくい込み、運搬し、捨てる ● **掘削・積込み**、**運搬**、**敷均し**を一連の作業として行う
スクレープドーザ	● ブルドーザとスクレーパの両方の機能を備え、掘削、運搬、敷均しを行う ● **狭い**場所や**軟弱地盤**での施工に使用される

（3）運搬機械

建設機械	用途
不整地運搬車	● 車輪式（ホイール式）と履帯式（クローラ式）がある（左のイラストは、クローラ式） ● トラックなどが入れない**軟弱地**や、**整地されていない場所**に使用される

（4）締固め機械

建設機械	用途
ロードローラ	● もっとも一般的な締固め機械。**鉄輪**で地面を押し固める ● マカダム型（三輪）とタンデム型（二輪）がある（左のイラストはタンデム型） ● アスファルト混合物や路盤の締固め、路床の仕上げに使用される
タイヤローラ	● タイヤで地面を押し固める ● **接地圧の調節**や**自重を加減**することができ、**路盤**などの締固めに使用される
振動ローラ	● 起振装置による**振動エネルギー**を利用して締め固める
タンピングローラ	● たくさんの突起のついたローラで締め固める ● ローラの表面に多数の突起をつけた機械で、**礫混じり粘性土**や**風化岩**の締固めなどに使用される
モータグレーダ	● 前後の車軸の間に**土工板（ブレード）**を備え、ブレードによって地表面を平滑に切削、敷き均し締め固める ● **路面の精密な仕上げ**に適しており、**砂利道の補修**、土の敷均しなどに使用される
ランマ（タンパ）	● 振動や打撃を与えて、**路肩**や**狭い**場所などの締固めに使用される

実践問題

No.1 建設機械の性能表示 （R5 前期）

建設工事における建設機械の「機械名」と「性能表示」に関する次の組合せのうち、**適当なもの**はどれか。

　　［機械名］　　　　　　　　［性能表示］
(1) バックホゥ …………… バケット質量 （kg）
(2) ダンプトラック ……… 車両重量 （t）
(3) クレーン ……………… ブーム長 （m）
(4) ブルドーザ …………… 質量 （t）

No.2 建設機械の用途 （R4 前期）

建設機械に関する次の記述のうち、**適当でないもの**はどれか。

(1) トラクターショベルは、土の積込み、運搬に使用される。
(2) ドラグラインは、機械の位置より低い場所の掘削に適し、砂利の採取等に使用される。
(3) クラムシェルは、水中掘削など広い場所での浅い掘削に使用される。
(4) バックホゥは、固い地盤の掘削ができ、機械の位置よりも低い場所の掘削に使用される。

No.3 建設機械の用途 （R1 後期）

建設機械に関する次の記述のうち、**適当でないもの**はどれか。

(1) 振動ローラは、鉄輪を振動させながら砂や砂利などの転圧を行う機械で、ハンドガイド型が最も多く使用されている。
(2) スクレーパは、土砂の掘削・積込み、運搬、敷均しを一連の作業として行うことができる。
(3) ブルドーザは、土砂の掘削・押土及び短距離の運搬に適しているほか、除雪にも用いられる。
(4) スクレープドーザは、ブルドーザとスクレーパの両方の機能を備え、狭い場所や軟弱地盤での施工に使用される。

建設機械に関する次の記述のうち、**適当でないもの**はどれか。

(1) ランマは、振動や打撃を与えて、路肩や狭い場所等の締固めに使用される。

(2) タイヤローラは、接地圧の調節や自重を加減することができ、路盤等の締固めに使用される。

(3) ドラグラインは、機械の位置より高い場所の掘削に適し、水路の掘削等に使用される。

(4) クラムシェルは、水中掘削等、狭い場所での深い掘削に使用される。

解答・解説

No. 1 解答：(4) ○

(1) ✕ バックホゥは、バケット容量（㎥）です。

(2) ✕ ダンプトラックは、最大積載量（t）です。

(3) ✕ クレーンは、最大つり上げ性能（t）です。

No. 2 解答：(3) ✕

(3) クラムシェルは、シールド工事の立坑掘削など、狭い場所での深い掘削に適します。

No. 3 解答：(1) ✕

(1) 振動ローラは、ハンドガイド型のような小型機械ではなく、大型機です。

No. 4 解答：(3) ✕

(3) ドラグラインは、機械の位置より「低い」場所の掘削に適します。

1

4 施工管理等

2

2

出題傾向とポイント

「施工計画」からは、毎回１問が出題されています。施工計画の基本事項と事前調査項目ごとの目的、仮設工事、建設機械の作業能力の計算法を理解しておきましょう。また、「基礎的な能力」の分野からも出題される可能性が高いです。

過去10回の出題傾向

- 事前調査 10%
- 施工体制台帳 7%
- 建設機械 40%
- 仮設工事 27%
- 施工計画の作成 17%

1 施工計画の作成　　重要度 ★★★

（1）施工計画の基本方針

施工計画を作成する目的は、**工事対象の構造物**を、**設計図書**に基づいて、**所定期間内**に、**最小の費用**で**安全**に施工する条件と方法を生み出すことです。

施工計画を作成する手順は、①**事前調査**の結果をもとに、②施工順序や調達計画を検討する**基本・詳細計画**を立案し、③最後に安全管理などの**管理計画**を立てて施工計画書とします。

ステップ1 事前調査	
①契約条件の確認	※193～194ページで解説
②現場条件の確認	

ステップ2 基本・詳細計画	
①施工技術計画	作業計画、工程計画が主な内容
②仮設備計画	仮設備の設計、仮設備の配置、安全管理計画が主な内容
③調達計画	労務計画、機械計画、資材計画が主な内容

ステップ3 管理計画	
①品質管理計画	設計図書に基づく規格値内に収まるよう計画する（要求する品質を満足させるために、設計図書に基づく規格値内に収まるよう計画することが主な内容）
②環境保全計画	設計図書に基づく規格値内に収まるよう計画する（公害問題、交通問題、近隣環境への影響等に対し、十分な対策を立てることが主な内容）
③安全衛生計画	法規に基づく規制基準に適合するように計画する

（2）留意事項

施工計画を作成する際の留意事項は、以下の通りです。

施工計画作成での留意事項

①過去の**同種工事を参考**にして、**新しい工法**や**新技術**も積極的に考慮し、検討する

②企業内の組織を活用して、**全社的な技術水準**で検討する

③必要な場合には、研究機関などにも相談し、**技術的な指導**を受ける

④**経済性**、**安全性**、**品質**の確保を考慮して検討する

⑤1つのみでなく、**複数の案**を立て、代替案を考えて比較検討する

2 事前調査

重要度 ★★☆

建設工事では、自然条件や立地条件などを事前に調査し、十分に把握する必要があります。そのために実施するのが、先述した**事前調査**です。事前調査では大きく、**契約条件の確認**と**現場条件の確認**の2つを行っていきます。

（1）契約条件の確認

契約条件の確認では、契約書の内容のほか、工事内容の把握のため、**設計図書**および**仕様書**の内容などの調査を行います。

「契約条件の確認」での検討事項

契約内容の確認

□ 不可抗力による損害の取扱い　　□ かし担保の範囲

□ 工事中止に伴う損害の取扱い　　□ 工事代金の支払い条件

□ 資材、労務費の変動の取扱い　　□ 数量の増減による変更の取扱い

設計図書の確認

①現場と図面の相違点、数量の違算有無の確認

②図面、仕様書、施工管理基準などによる規格値、基準値の確認

③現場説明事項の内容

（2）現場条件の確認

　現場条件の確認では、主に**現地調査**を行っていきます。現地調査で行う主な内容は下記の通りです。

現地調査で行う内容

①**地形、地質、土質、地下水、湧水**などの状況
②施工に関連する**水文**や**気象**データ
┤自然条件の把握

③施工法、仮設規模、施工機械の選択方法
④動力源、工業用水の入手方法
⑤**材料の供給源、価格や運搬路** → 資機材、輸送の把握
⑥労務の供給、労務環境、賃金等の状況
⑦工事によって支障を生じるような問題
⑧**用地**買収の進捗 → 用地の把握
⑨付帯工事、関連工事、隣接工事の状況
⑩**騒音・振動**など環境保全に関する基準
⑪現場周辺の状況、文化財や**地下埋設物**に関する情報
⑫現場周辺の状況、近隣施設、交通量等
┤近隣環境の把握
⑬建設副産物の処理方法　　……など

3　施工体制台帳および施工体系図　　重要度 ★☆☆

　下請、再下請などを含む現場の施工体制を明確にするため、受注者には**施工体制台帳**の作成・提出、および**施工体系図**の掲示が義務付けられています。

（1）施工体制台帳の作成・提出

　公共工事を受注した建設業者が、**下請契約を締結**するときは、その下請金額にかかわらず、**施工体制台帳**を作成し、その写しを**発注者**に提出します。また、下請負人が**再下請**に出すときは、施工体制台帳に記載する再下請負人の名称等を**元請負人**に通知しなければなりません。

（2）施工体系図の掲示

　施工体系図は、作成された施工体制台帳に基づいて、各下請負人の施工分担関係が一目でわかるようにした図のことです。施工体系図は、工事関係者および公衆が**見やすい場所**に掲げ、当該建設工事の目的物の引渡しをしたときから**10年間**は保存しなければなりません。

4 仮設工事

　ここでは、施工計画の手順の第2ステップである「基本・詳細計画」のうちの**仮設備計画**について見ていきます。

　仮設備（以下、**仮設**という）とは、目的とする構造物を建設するために必要な施設のことです。原則として工事完成時に取り除かれます。

（1）仮設の種類

　仮設の種類には、**指定**仮設と**任意**仮設の2つがあります。

　任意仮設については、**施工者独自の技術と工夫や改善の余地が多いので、より合理的な計画**を立てることが重要です。

指定仮設と任意仮設

指定仮設	・**発注者**が、設計図書で、その**構造や仕様を指定**する ・**発注者の承諾を受けなければ、構造変更ができない** ・契約により工種、数量、方法は決められており、仮設の変更が必要になった場合には、発注者の承認を得て**契約変更の対象となる**
任意仮設	・規模や構造などを、**受注者に任せている仮設**である ・**発注者の承諾を受けなくても、構造変更ができる** ・**契約変更の対象とならない**

（2）仮設の内容

　仮設の内容には、**直接仮設工事**と**間接仮設工事**の2つがあります。

　それぞれ、どういった工事が当てはまるのかは、下記の通りです。

直接仮設工事と間接仮設工事

分類	内容	工事の種類
直接仮設工事	本体工事の作業や工程の一つひとつに個別に関わる仮設工事のこと	・**支保工足場** ・**型枠支保工** ・**材料置き場** ・**土留め工** ・**安全施設**　……など
間接仮設工事	本体工事の仕上がりには関与しない仮設工事のこと	・**現場事務所** ・**労務宿舎**　……など

次の文章は正しい？

仮設には、直接仮設と間接仮設があり、現場事務所や労務宿舎などの快適な職場環境をつくるための設備は、直接仮設である。

｜ 解答・解説

誤り：設問の内容は、間接仮設工事の説明です。

（3）仮設計画の留意事項

仮設計画の留意事項は、以下の通りです。

仮設計画での留意事項

①仮設は、使用目的や期間に応じて構造計算を行い、**労働安全衛生規則**の基準に**合致**するかそれ以上の計画とする

②材料は、一般の市販品を使用し、可能な限り規格を統一し、**他工事**にも**転用**できるような計画にする

上記「仮設計画での留意事項」の①の内容は、このあと学習する「7 安全管理」（208 ページ）とつながっています。両者のつながりを意識して学習していくと覚えやすいでしょう

5 建設機械計画　　　　　　　　　　　重要度 ★★★

（1）建設機械の走行に必要なコーン指数

施工計画の作成手順のステップ2「基本・詳細計画」の中には、調達計画というのもあります。ここではこのうちの**建設機械計画**（機械計画）について見ていきます。

施工計画において、どのような建設機械を選択し、組み合わせていくかは非常に重要です。そうした選択・組合せの際のポイントの1つとなるのが、**トラフィカビリティー**（走行性）です。

建設機械が土の上を走行するときに、建設機械の接地圧により走行不能に

なることがあります。工事をスムーズに進めていくには、建設機械がこうした事態に陥らないことが不可欠です。それを知るためのものがトラフィカビリティーなのです。

これは、それぞれの地面が建設機械の走行にどれだけ耐えられるかを示す数値で、一般に**コーン指数 q_c** で表されます。基本的に、**コーン指数 q_c が大きい**地面ほど、**走行しやすく**なります。

下の表は、それぞれの建設機械の走行に必要なコーン指数 q_c を示していますが、地面との接地面積の小さい「タイヤタイプ」よりも、接地面積の大きい「キャタピラタイプ」のほうが、コーン指数 q_c が小さいことがわかります。これはタイヤタイプよりもキャタピラタイプのほうが、**トラフィカビリティーを確保しやすい**ということです。

走行頻度の多い現場では、より大きなコーン指数を確保する必要があります。また、粘性土では、建設機械の走行にともなうこね返しにより土の強度が低下し、走行不可能になることもありますので注意が必要です。

建設機械の走行に必要なコーン指数

タイプ	建設機械	コーン指数q_c（kN/m^2）
キャタピラ	超湿地ブルドーザ	200以上
	湿地ブルドーザ	**300以上**
	スクレープドーザ	600以上
	普通ブルドーザ（21t級）	**700以上**
タイヤ	自走式スクレーパ	1,000以上
	ダンプトラック	**1,200以上**

トラフィカビリティー

キャタピラタイプ　＞　タイヤタイプ

コーン指数 q_c：**小**

ブルドーザ

コーン指数 q_c：**大**

ダンプトラック

次の文章は正しい？

トラフィカビリティーとは、建設機械の走行性をいい、一般に N 値で判断される。

▌解答・解説▷

誤り：トラフィカビリティーは、N 値ではなく、コーン指数 q_c で判断されます。

（2）建設機械の作業能力

建設機械の選択・組合せの際のポイントには、**建設機械の作業能力**も重要です。建設機械の作業能力は、単独、または組み合わされた機械の**時間当たり**の平均作業量で表します。

その計算式ですが、建設機械の標準的な作業条件のもとでの 1 時間当たり作業量 Q（m³/h）を、以下の計算式で算出していきます。

$$Q = \frac{q \times f \times E}{C_m} \times 60$$

　Q：作業量（m³/h）
　q：1 作業サイクル当たりの標準作業量（m³）
　f：土量換算係数
　E：作業効率
　C_m：サイクルタイム（分）

なお、**作業効率 E** は、**気象条件、工事の規模、土質の種類、運転員の技量、運搬路の沿道条件、路面状態、昼夜の別**などにより変化します。

たとえば、ブルドーザの作業効率 E は、土質により変化し、**砂**のほうが、岩塊・玉石より作業効率 E が**大きく**、作業がはかどりやすいといえます。

ちなみに、ブルドーザに関する用語の**リッパビリティー**とは、大型ブルドーザに

ブルドーザの作業効率 E

土質	作業効率 E
砂	0.4 ～ 0.7
普通土	0.35 ～ 0.6
岩塊・玉石	0.2 ～ 0.35

装着されたリッパ（ブルドーザに爪を取り付けた装置）によって作業できる程度をいいます。

実践問題

No.1 施工計画の作成（R3 後期）

施工計画の作成に関する下記の文章中の ＿＿＿ の（イ）〜（ニ）に当てはまる語句の組合せとして、**適当なもの**は次のうちどれか。

・事前調査は、契約条件・設計図書の検討、 (イ) が主な内容であり、また調達計画は、労務計画、機械計画、 (ロ) が主な内容である。

・管理計画は、品質管理計画、環境保全計画、 (ハ) が主な内容であり、また施工技術計画は、作業計画、 (ニ) が主な内容である。

	（イ）	（ロ）	（ハ）	（ニ）
(1)	工程計画	安全衛生計画	資材計画	仮設備計画
(2)	現地調査	安全衛生計画	資材計画	工程計画
(3)	工程計画	資材計画	安全衛生計画	仮設備計画
(4)	現地調査	資材計画	安全衛生計画	工程計画

No.2 事前調査（R3 前期）

施工計画作成のための事前調査に関する下記の文章中の ＿＿＿ の（イ）〜（ニ）に当てはまる語句の組合せとして、**適当なもの**は次のうちどれか。

・ (イ) の把握のため、地域特性、地質、地下水、気象等の調査を行う。

・ (ロ) の把握のため、現場周辺の状況、近隣構造物、地下埋設物等の調査を行う。

・ (ハ) の把握のため、調達の可能性、適合性、調達先等の調査を行う。また、 (ニ) の把握のため、道路の状況、運賃及び手数料、現場搬入路等の調査を行う。

	（イ）	（ロ）	（ハ）	（ニ）
(1)	近隣環境	自然条件	資機材	輸送
(2)	自然条件	近隣環境	資機材	輸送
(3)	近隣環境	自然条件	輸送	資機材
(4)	自然条件	近隣環境	輸送	資機材

仮設工事に関する次の記述のうち、**適当でないもの**はどれか。

(1) 材料は、一般の市販品を使用し、可能な限り規格を統一し、他工事にも転用できるような計画にする。
(2) 直接仮設工事と間接仮設工事のうち、安全施設や材料置場等の設備は、間接仮設工事である。
(3) 仮設は、使用目的や期間に応じて構造計算を行い、労働安全衛生規則の基準に合致するかそれ以上の計画とする。
(4) 指定仮設と任意仮設のうち、任意仮設では施工者独自の技術と工夫や改善の余地が多いので、より合理的な計画を立てることが重要である。

No.4 **建設機械計画（R3 後期）**

建設機械の走行に必要なコーン指数に関する下記の文章中の　　　　　の（イ）～（ニ）に当てはまる語句の組合せとして、**適当なもの**は次のうちどれか。

・建設機械の走行に必要なコーン指数は、　(イ)　より　(ロ)　の方が小さく、　(イ)　より　(ハ)　の方が大きい。
・走行頻度の多い現場では、より　(ニ)　コーン指数を確保する必要がある。

	(イ)	(ロ)	(ハ)	(ニ)
(1)	ダンプトラック	自走式スクレーパ	超湿地ブルドーザ	大きな
(2)	普通ブルドーザ(21t級)	自走式スクレーパ	ダンプトラック	小さな
(3)	普通ブルドーザ(21t級)	湿地ブルドーザ	ダンプトラック	大きな
(4)	ダンプトラック	湿地ブルドーザ	超湿地ブルドーザ	小さな

No.5 建設機械計画（R4 前期）

平坦な砂質地盤でブルドーザを用いて掘削押土する場合、時間当たり作業量 Q（m³/h）を算出する計算式として下記の　　　　　の（イ）～（ニ）に当てはまる数値の組合せとして、**適当なもの**は次のうちどれか。

・ブルドーザの時間当たり作業量 Q（m³/h）

$$Q = \frac{(イ) \times (ロ) \times E}{(ハ)} \times 60 = \boxed{(ニ)} \ m³/h$$

q：1 回当たりの掘削押土量（3m³）
f：土量換算係数 =1/L（土量の変化率　ほぐし土量 L = 1.25）
E：作業効率（0.7）
Cm：サイクルタイム（2 分）

	（イ）	（ロ）	（ハ）	（ニ）
(1)	2	0.8	3	22.4
(2)	2	1.25	3	35.0
(3)	3	0.8	2	50.4
(4)	3	1.25	2	78.8

解答・解説

No.1　解答：(4)　○

(4)　記載の通りです。

No.2　解答：(2)　○

(2)　各事前調査項目の目的を覚えておきましょう。

No.3　解答：(2)　×

(2)　安全施設や材料置き場は、工事の仕上がりに関与するため、直接仮設工事です。

No.4　解答：(3)　○

(3)　記載の通りです。

No.5　解答：(3)　○

(3)　建設機械の作業能力の式です。土量換算係数は、1/L ですから、1/1.25 = 0.8 となります。

「工程管理」からは、主に「基礎的な能力」から出題されます。工程管理における基本事項を整理し、各工程表の種類と特徴を理解しておきましょう。ネットワーク式工程表については、クリティカルパスの日数計算ができるようにしておきましょう。

過去10回の出題傾向

バナナ曲線 10%
種類と特徴 15%
ネットワーク式工程表 50%
工程管理全般 25%

1 基本事項 重要度 ★★★

工程管理とは、**予定（工程計画）**と**実績（実施工程）**を**比較**して、その間に差が生じた場合は、その**原因を追及**して改善を図ることです。

工程管理計画の留意事項

①工程計画と実施工程の間に差が生じた場合は、あらゆる方面から検討し、また原因がわかったときは、速やかにその**原因を除去**する

②工程管理では、実施工程が工程計画よりも**やや上回る**程度に管理する

③工程管理においては、つねに工程の**進行状況**を全作業員に周知徹底させて、全作業員に**作業能率**を高めるように努力させることが大切である

知識チェック（R3 後期 選択肢）

次の □ に当てはまる語句は？

工程管理にあたっては、 (イ) が、 (ロ) よりも、やや上回る程度に管理をすることが最も望ましい。

解答・解説

（イ）実施工程 （ロ）工程計画

工程表とは、工事の**施工順序**と**所要日数**をわかりやすく図表化したものです。工程表には、下記に示す通り、多くの種類がありますが、目的別に見ると、**各作業の進捗状況**と**全体の進捗状況**の2つに大別されます。

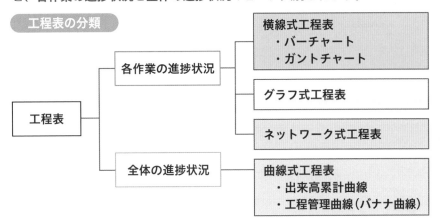

(1) 横線式工程表

横線式工程表には、**バーチャート**と**ガントチャート**があります。

バーチャートは、縦軸に**作業名**（工種）を示し、横軸にその作業に必要な**日数**（工期）を**棒線**で表した図表です。

一方のガントチャートは、縦軸に**作業名**を示し、横軸に**各作業の出来高比率**（出来高：施工が完了した部分に相当する金額分のことなど）を**棒線**で表した図表です。

バーチャート

作業名＼日数	（日）5 10 15 20 25
準備工	▰▰
支保工組立	▰
鉄筋加工	▰▰
型枠製作	▰▰
型枠組立	▰
鉄筋組立	▰

ガントチャート

作業名＼出来高比率	（%）20 40 60 80 100
準備工	▰▰▰▰▰
支保工組立	▰▰▰▰▰
鉄筋加工	▰▰▰
型枠製作	▰▰▰▰
型枠組立	▰▰▰
鉄筋組立	▰

（2）グラフ式工程表

グラフ式工程表とは、各作業の工程を**斜線**で表した図です。

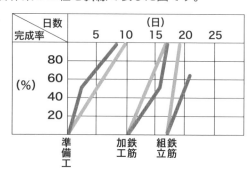

グラフ式工程表

予定工程
実施工程

（3）ネットワーク式工程表

ネットワーク式工程表は、矢印（→）と丸印（○）によって工事順序を表示した図です。

全体工事と**部分工事**が明確に表現でき、各工事間の調整が円滑にできます。1つの作業の遅れが、工期全体に与える影響を迅速・明確に把握できます。

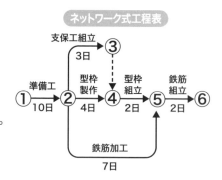

ネットワーク式工程表

（4）曲線式工程表

曲線式工程表には、**出来高累計曲線**と**工程管理曲線（バナナ曲線）**があります。前者は、作業全体の**出来高比率の累計**をグラフ化した図表で、理想的な工程は**S字**カーブを描く特徴があります。後者は、工程曲線について、許容範囲として**上方許容限界線**と**下方許容限界線**を示したものです。

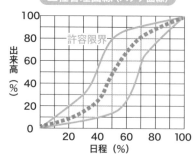

出来高累計曲線

作業名 \ 日数	（日）					出来高率（%）
	5	10	15	20	25	
鉄筋組立						100
型枠組立						
型枠製作						50
鉄筋加工						
支保工組立						
準備工						0

工程管理曲線（バナナ曲線）

3 クリティカルパスの計算

重要度 ★ ★ ★

あらかじめ作成されたネットワーク式工程表を用いて、**クリティカルパス（最長経路）**と**全体の工期**を求めます。クリティカルパスとは、全体の作業をすべて終了させるのに最低限必要な日数のことです。

クリティカルパスを求めるには、作成されたネットワーク式工程において、すべての経路での所要日数を計算していき（下図参照）、もっとも所要日数のかかる経路を明らかにしていきます。そして、その経路が全体の工期となります。

たとえば、下の図でいえば、①→②→④→⑤→⑥の所要日数は18日なのに対して①→②→⑤→⑥は19日となるため、後者がクリティカルパスとなります。

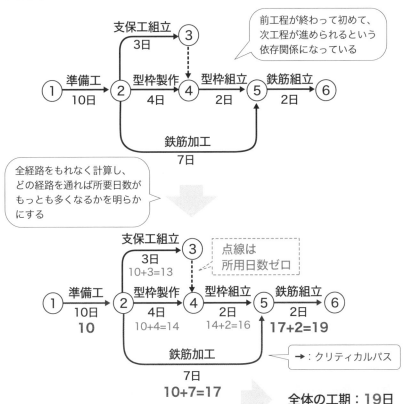

実践問題

基本事項（R4 前期）

工程管理に関する下記の文章中の _____ の（イ）～（ニ）に当てはまる語句の組合せとして、**適当なもの**は次のうちどれか。

・工程表は、工事の施工順序と ___(イ)___ をわかりやすく図表化したものである。

・工程計画と実施工程の間に差が生じた場合は、その ___(ロ)___ して改善する。

・工程管理では、___(ハ)___ を高めるため、常に工程の進行状況を全作業員に周知徹底する。

・工程管理では、実施工程が工程計画よりも ___(ニ)___ 程度に管理する。

	（イ）	（ロ）	（ハ）	（ニ）
(1)	所要日数	原因を追及	経済効果	やや下回る
(2)	所要日数	原因を追及	作業能率	やや上回る
(3)	実行予算	材料を変更	経済効果	やや下回る
(4)	実行予算	材料を変更	作業能率	やや上回る

工程表の種類と特徴（R3 前期）

工程表の種類と特徴に関する下記の文章中の _____ の（イ）～（ニ）に当てはまる語句の組合せとして、**適当なもの**は次のうちどれか。

・ ___(イ)___ は、縦軸に作業名を示し、横軸にその作業に必要な日数を棒線で表した図表である。

・ ___(ロ)___ は、縦軸に作業名を示し、横軸に各作業の出来高比率を棒線で表した図表である。

・ ___(ハ)___ 工程表は、各作業の工程を斜線で表した図表であり、___(ニ)___ は、作業全体の出来高比率の累計をグラフ化した図表である。

	（イ）	（ロ）	（ハ）	（ニ）
(1)	ガントチャート	出来高累計曲線	バーチャート	グラフ式
(2)	ガントチャート	出来高累計曲線	グラフ式	バーチャート
(3)	バーチャート	ガントチャート	グラフ式	出来高累計曲線
(4)	バーチャート	ガントチャート	バーチャート	出来高累計曲線

下図のネットワーク式工程表について記載している下記の文章中の
◻️ の（イ）～（ニ）に当てはまる語句の組合せとして、**適当なもの**は次のうちどれか。

ただし、図中のイベント間のA～Gは作業内容、数字は作業日数を表す。

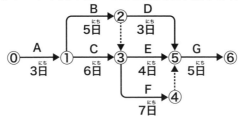

・◻️(イ) 及び ◻️(ロ) は、クリティカルパス上の作業である。
・作業Dが ◻️(ハ) 遅延しても、全体の工期に影響はない。
・この工程全体の工期は、◻️(ニ) である。

	（イ）	（ロ）	（ハ）	（ニ）
(1)	作業C	作業F	5 日	21 日間
(2)	作業B	作業D	5 日	16 日間
(3)	作業B	作業D	6 日	16 日間
(4)	作業C	作業F	6 日	21 日間

解答・解説

No.1 解答：(2) ◯

(2) 選択肢の通りです。

No.2 解答：(3) ◯

(3) 選択肢の通りです。

No.3 解答：(1) ◯

(1) ・クリティカルパスは、⓪→①→③→④→⑤→⑥です。

・作業Dが5日遅延しても、ちょうど現在のクリティカルパスと同じ日数になります。

・全体の工期は、3日＋6日＋7日＋5日＝21日です。

安全管理

「安全管理」からは、毎回2問が出題されています。型枠支保工の組立て、解体時の留意点と、明り掘削作業時の留意事項と規定を整理しておきましょう。また、「基礎的な能力」からも出題される可能性が高いのでまんべんなく勉強しておきましょう。

過去10回の出題傾向

解体作業 25%
足場・作業床 20%
地山掘削 15%
車両系建設機械 13%
移動式クレーン 10%
その他 18%

---

1 安全衛生管理体制　　　重要度 ★☆☆

（1）用語

安全衛生管理体制において、押さえておきたい用語と定義は以下の通りです。

安全衛生管理体制の用語と定義

用語	定義
事業者	事業を行う者で、労働者を使用する者
元方事業者	1つの場所で行う事業で、その一部を関係請負人（協力会社）に請け負わせている最先次の注文者
特定元方事業者	元方事業者のうち、建設業などの事業を行う者

（2）特定元方事業者が講ずべき措置など

労働安全衛生法で規定されている「**特定元方事業者が講ずべき措置等**」の主なものは、次の通りです。

特定元方事業者が講ずべき措置等

・特定元方事業者と関係請負人が参加する**協議組織**を設置する
・労働災害を防止するため、**協議組織の運営や作業場所の巡視は、毎作業日**に行う
・労働者の安全または衛生のための**教育**について、関係請負人に**指導**および**援助**を行う
・特定元方事業者と関係請負人との間や関係請負人相互間の**連絡**、および**調整**を行う

2 足場の安全管理

重要度 ★★★

（1）作業床の設置

　高所での建設工事においては**足場**が設けられますが、それを構成する１つが**作業床**です。作業床は、労働安全衛生規則により、**高さ２m以上**の作業場所には、墜落防止のために設けなければならないと規定されています。

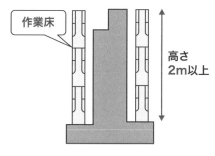

作業床

高さ
2m以上

　高さ**5m以上**の足場の組立て、解体等の作業を行う場合は、**足場の組立て等作業主任者**が指揮をとります。

（2）作業床の安全対策

　作業床の安全対策に関する規定には、主に次のものがあります。

作業床の安全対策に関する規定

①幅は**40cm以上**とする

②床材間の隙間は**3cm以下**とする

③床材と建地との隙間を**12cm未満**とする

④床材が転位し脱落しないように取り付ける支持物の数は、**2つ以上**とする

⑤物体の落下を防ぐ幅木の高さは**10cm以上**とする（墜落防止用は15cm以上）

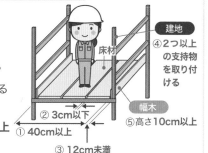

床材
建地
④2つ以上の支持物を取り付ける
幅木
⑤高さ10cm以上
② 3cm以下
① 40cm以上
③ 12cm未満

（3）架設通路

　架設通路については、主に次の規定があります。

架設通路の安全対策に関する規定

①足場の作業床の手すりの高さは、**85cm以上**とする

②足場の作業床の**手すり**には、**中さん**を設置する

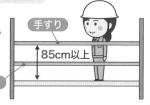

手すり
85cm以上
中さん

(4) 労働者の危険防止

つり足場、張出し足場または**高さ 2m 以上の足場**の組立て、解体等の作業を行うときは、次のような労働者の危険を防止するための措置を講じます。

労働者の安全対策に関する規定

①**要求性能墜落制止用器具**を安全に取り付けるための**設備**等を設け、かつ、**要求性能墜落制止用器具**を使用する
②**防網**（安全ネット）を張る

防網（安全ネット）に関する主な項目

・材料は、**合成繊維**とする
・人体またはこれと同等以上の重さを有する**落下物による衝撃を受けたもの**を使用しない
・紫外線、油、有害ガスなどのない**乾燥した場所**に保管する
・網目の大きさは、1辺を**10cm 以下**とする

要求性能墜落制止用器具
（フルハーネス型）

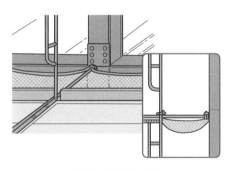

防網（安全ネット）
出典：「『型枠施工業務』安全衛生のポイント」（厚生労働省）をもとに作成

出題は、解体作業や足場・作業床が多めですが、バランスよく、かつまんべんなく勉強しておくことが大切です

型枠支保工とは、コンクリートが所定の強度になるまでの間、型枠の位置を正確に支えるために用いる仮設構造物です。

労働安全衛生規則で規定されている型枠支保工の主な安全管理は、下記の通りです。

型枠支保工の安全管理に関する規定

材料・構造について

①使用する材料は、**著しい損傷**、**変形**、または**腐食**があるものを使用してはならない

②構造は、型枠の形状、コンクリートの打設の方法などに応じた**堅固な構造**のものでなければならない

組立て・解体について

①**型枠支保工の組立て等作業主任者**は、作業の方法を決定し、作業を直接指揮しなければならない

②事業者は、型枠支保工を組み立てるときは、**組立図**を作成し、かつ、この**組立図**により**組み立て**なければならない

③型枠支保工の支柱の継手は、**突合せ継手**、または**差込み継手**としなければならない

④コンクリートの打設を行うときは、その日の**作業を開始する前**に型枠支保工について点検しなければならない

⑤型枠支保工の組立て等の作業で、**悪天候**により作業の実施について**危険が予想される**ときは、当該作業に**労働者を従事させない**

【型枠支保工の設置状況】

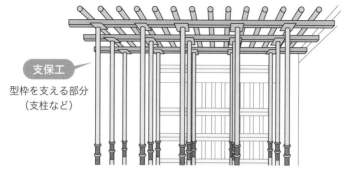

支保工
型枠を支える部分
（支柱など）

（1）調査と掘削面の勾配基準

　トンネル工事や立坑工事ではない、露天での掘削のことを**明（あか）り掘削**といいます。明り掘削作業についても、安全確保のために事業者が講じるべき措置が労働安全衛生規則で規定されています。主な内容は下記の通りです。

明り掘削作業の安全管理に関する規定

調査について

地山の崩壊、埋設物等の損壊などにより、労働者に危険を及ぼすおそれのあるときは、**あらかじめ**作業箇所、およびその周辺の地山について**調査**を行う

掘削面の勾配基準

手掘りにより地山掘削を行うときは、掘削面の勾配を下の表の値以下にすること

地山の種類	掘削面の高さ	掘削面の勾配
岩盤、または堅い粘土からなる地山	5m未満	90度
	5m以上	75度
その他の地山	2m未満	90度
	2m以上5m未満	75度
	5m以上	60度
砂（下図参照）	掘削面の勾配を**35度以下**または掘削面の高さを**5m未満**	
発破などにより倒壊しやすい状態になっている地山	掘削面の勾配を**45度以下**または掘削面の高さを**2m未満**	

35度以下　　砂からなる地山　　5m未満

明り掘削は、第1章「土木一般」の「3 基礎工」（48ページ）に出てくる「開削」と同じものを指します。「安全管理」では、法令用語上、「開削」のことを「明り掘削」と表現します

（2）掘削時の留意事項

掘削時の留意事項は、下記の通りです。

掘削時の留意事項

点検
- 地山の崩壊、または土石の落下による労働者の危険を防止するため、点検者を指名し、作業箇所などについて、**その日の作業を開始する前**に点検させる

作業主任者の選任
- 掘削面の高さが規定の高さ（2m）以上の場合は、**地山の掘削**、および**土止め支保工作業主任者技能講習**を修了した者のうちから、**地山の掘削作業主任者**を選任する

地山の掘削作業主任者の職務
- 掘削面の高さが規定の高さ以上の場合は、**地山の掘削作業主任者**に地山の作業方法を決定させ、作業を直接指揮させる

地山の崩壊等による危険の防止
- 地山の崩壊等により労働者に危険を及ぼすおそれのあるときは、あらかじめ、**土止め支保工**を設け、**防護網**を張り、労働者の**立入りを禁止**するなどの措置を講じる

埋設物等による危険の防止
- 埋設物等に近接して行い、これらの損壊などにより労働者に危険を及ぼすおそれのあるときは、危険防止のための**措置を講じた後**でなければ、作業を行ってはならない
- 掘削により露出したガス導管のつり防護や受け防護の作業については、当該**作業を指揮する者を指名**して、その者の指揮のもとに当該作業を行う

運搬機械等の運行の経路など
- 明り掘削作業では、あらかじめ運搬機械等の**運行の経路**や土石の積卸し場所への出入りの方法を定めて、**関係労働者に周知**させる

誘導者の配置
- 運搬機械等が労働者の作業箇所に後進して接近するときは、**誘導者**を配置し、その者にこれらの機械を誘導させる

照明の確保
- 明り掘削の作業を行う場所は、当該作業を安全に行うため**必要な照度**を保持しなければならない

1

4 施工管理等

次の文章は正しい？

明り掘削の作業を行う場所は、当該作業を安全に行うため必要な照度を保持しなければならない。

解答・解説

正しい：明り掘削作業での照度に関しては、記載の通りです。

（3）土止め支保工

事業者は、土止め支保工を組み立てるときは、あらかじめ、組立図を作成し、その組立図により組み立てなければなりません。

土止めは、第1章「土木一般」の「3 基礎工」(48 ページ)に出てくる「土留め」と同じものを指します。漢字が違いますが、安全管理では、法令用語上、「土留め」のことを「土止め」と表現します

土止め支保工

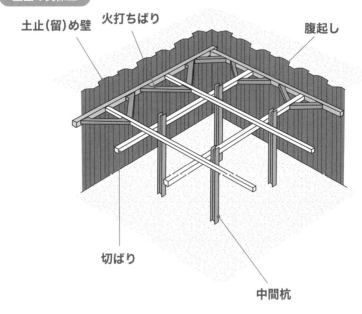

土止(留)め壁　火打ちばり　腹起し

切ばり

中間杭

5 コンクリート構造物解体の危険防止　重要度 ★★★

　高さ5m以上のコンクリート造の工作物を解体、または発破の作業時に関して、事業者には以下の危険防止措置が規定されています。

コンクリート構造物の解体・発破時の危険防止措置に関する規定

調査および作業計画について

①事業者は、工作物の倒壊等による労働者の危険を防止するため、**作業計画を定める**

②労働者の危険を防止するために作成する**作業計画**は、**作業の方法**および順序、**使用する機械等の種類**および**能力**などが示されているものでなければならない

③**作業計画**を定めたときは、作業の方法および順序、控えの設置、立入禁止区域の設定などの危険を防止するための方法について、**関係労働者に周知**させる

コンクリート造の工作物の解体等の作業について

①**強風**、**大雨**、**大雪等の悪天候**のため、**作業の実施について危険**が予想されるときは、当該作業を**中止**しなければならない

②**器具**、**工具等を上げる**、または**下ろす**ときは、**つり綱**、**つり袋**等を労働者に使用させる

③解体用機械を用いた作業で物体の飛来などにより、労働者に危険が生ずるおそれのある箇所に、**運転者以外**の労働者を**立ち入らせない**

引倒し作業の合図について

①**外壁**、**柱等の引倒し**などの作業を行うときは、引倒しなどについて一定の合図を定め、**関係労働者に周知**させなければならない

コンクリート造の工作物の解体等作業主任者の選任について

①**作業主任者**を選任するときは、コンクリート造の工作物の解体等作業主任者**技能講習**を修了した者のうちから選任する

コンクリート造の工作物の解体等作業主任者の職務について

①**作業の方法**、および**労働者の配置**を決定し、作業を**直接指揮**する

②器具、工具、要求性能墜落制止用器具(旧安全帯等)および保護帽の機能を**点検**し、**不良品を取り除く**

③要求性能墜落制止用器具(旧安全帯)等および保護帽の**使用状況**を監視する

6 車両系建設機械を用いた作業の安全　重要度 ★★★

　労働安全衛生規則により、車両系建設機械を用いた作業での安全対策として、事業者には次のことが規定されています。

車両系建設機械の安全対策に関する規定

作業計画について

①あらかじめ、地形や地質を調査により知り得たところに適応する作業計画を定める

前照燈の設置について

①車両系建設機械には、原則として**前照燈**（ぜんしょうとう）を備えなければならない

ヘッドガードについて

①岩石の落下等の危険が予想される場合、堅固な**ヘッドガード**を装備しなければならない

【タイヤローラの場合】　ヘッドガード　前照燈

制限速度について

①地形や地質に応じた適正な**制限速度**を定め、それにより作業を行わなければならない

転落等の防止などについて

①転倒、または転落の危険が予想される作業では、運転者に**シートベルト**を使用させるよう努めなければならない

接触の防止について

①車両系建設機械に接触することにより労働者に危険が生ずるおそれのある箇所には、原則として**労働者を立ち入れさせてはならない**

合図について

①運転について**誘導者**を置くときは、**一定の合図**を定めて合図させ、運転者はその合図に従わなければならない（誘導者に合図方法を定めさせるわけではない）

運転位置から離れる場合の措置について

①運転者が運転席を離れる際は、**バケット等を地上に下ろし**、**原動機を止め**、かつ**走行ブレーキをかける**などの措置を講じさせなければならない

搭乗の制限について

①**乗車席**以外の箇所に、労働者を乗せてはならない

①**その日の作業を開始する前**に、ブレーキやクラッチの機能について**点検**する

修理などについて

①ブームやアームを上げ、その下で修理等の作業を行う場合は、不意に降下することによる危険を防止するため、労働者に**安全支柱**や**安全ブロック**等を使用させなければならない

②機械の修理やアタッチメントの装着や取り外しを行う場合は、**作業指揮者**を定め、**作業手順**を決めさせるとともに、**作業の指揮**等を行わせなければならない

【安全支柱の例】　　　　　　　　　　【安全棒の例】

安全支柱

安全ブロック
サブフレーム

ただ読み流してしまわないように、できるだけ作業の様子をイメージしながら読んでいくといいですよ！　記憶にも残りやすくなります

7　移動式クレーンを用いた作業の安全　　重要度 ★★★

クレーン等安全規則により、移動式クレーンを用いた作業での安全対策として、事業者には次のことが規定されています。

移動式クレーンの安全対策に関する規定

定格荷重の表示等について

①クレーンの運転者、および**玉掛け者**が、**定格荷重**（フックなどの**つり具の重量を含まない最大つり上げ荷重のこと**）を常時知ることができるよう、表示等の措置を講じなければならない

使用の禁止について

①移動式クレーンが転倒するおそれのある場所では、原則として作業を行ってはならない

②軟弱な地盤で作業を行う場合は、アウトリガーに**敷鉄板**を敷く必要がある

アウトリガー等の張出しについて

①アウトリガー、または拡幅式のクローラは、
原則として**最大限**に張り出さなければならない

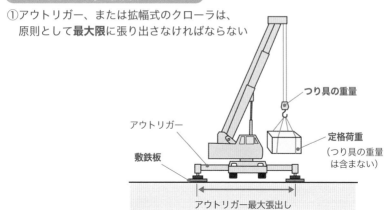

つり具の重量

アウトリガー

定格荷重
（つり具の重量
は含まない）

敷鉄板

アウトリガー最大張出し

運転の合図について

①原則として**合図を行う者**を指名しなければならない

転落位置からの離脱禁止について

①クレーンの運転者は荷を吊ったままで運転位置を**離れてはならない**

強風時の作業中止について

①**強風**のため**作業に危険**が予想されるときには、当該作業を**中止**しなければならない

玉掛け(不適格なワイヤロープの使用禁止)について

①ワイヤロープは、**著しい形崩れ**や**腐食**、または**キンク**（よじれのこと）のあるものは使用不可

実践問題

No.1 足場の安全管理（R4 前期）

高さ2m以上の足場（つり足場を除く）の安全に関する下記の文章中の
　　　　　の（イ）～（ニ）に当てはまる数値の組合せとして、労働安全
衛生法上、**正しいもの**は次のうちどれか。

・足場の作業床の手すりの高さは、　（イ）　cm以上とする。
・足場の作業床の幅は、　（ロ）　cm以上とする。
・足場の床材間の隙間は、　（ハ）　cm以下とする。
・足場の作業床より物体の落下を防ぐ幅木の高さは、　（ニ）　cm以上と
する。

　　　（イ）　　（ロ）　　（ハ）（ニ）
(1) 75 ……… 30 ……… 5 ……… 10
(2) 75 ……… 40 ……… 5 ……… 5
(3) 85 ……… 30 ……… 3 ……… 5
(4) 85 ……… 40 ……… 3 ……… 10

No.2 地山掘削の安全確保（R4 前期）

地山の掘削作業の安全確保に関する次の記述のうち、労働安全衛生法上、
事業者が行うべき事項として**誤っているもの**はどれか。

(1) 地山の崩壊、埋設物等の損壊等により労働者に危険を及ぼすおそれの
あるときは、あらかじめ、作業箇所及びその周辺の地山について調査
を行う。
(2) 地山の崩壊又は土石の落下による労働者の危険を防止するため、点検
者を指名し、作業箇所等について、前日までに点検させる。
(3) 掘削面の高さが規定の高さ以上の場合は、地山の掘削作業主任者に地
山の作業方法を決定させ、作業を直接指揮させる。
(4) 明り掘削作業では、あらかじめ運搬機械等の運行の経路や土石の積卸
し場所への出入りの方法を定めて、関係労働者に周知させる。

No.3 コンクリート構造物解体の危険防止 （R3 後期）

コンクリート造の工作物（その高さが5m以上であるものに限る。）の解体又は破壊の作業における危険を防止するため事業者が行うべき事項に関する次の記述のうち、労働安全衛生法上、**誤っているもの**はどれか。

(1) 解体用機械を用いた作業で物体の飛来等により労働者に危険が生ずるおそれのある箇所に、運転者以外の労働者を立ち入らせないこと。

(2) 外壁、柱等の引倒し等の作業を行うときは、引倒し等について一定の合図を定め、関係労働者に周知させること。

(3) 強風、大雨、大雪等の悪天候のため、作業の実施について危険が予想されるときは、当該作業を注意しながら行うこと。

(4) 作業主任者を選任するときは、コンクリート造の工作物の解体等作業主任者技能講習を修了した者のうちから選任する。

No.4 車両系建設機械を用いた作業の安全 （R3 後期）

車両系建設機械を用いた作業において、事業者が行うべき事項に関する下記の文章中の ☐ の（イ）～（ニ）に当てはまる語句の組合せとして、労働安全衛生法上、**正しいもの**は次のうちどれか。

・車両系建設機械には、原則として ☐（イ）☐ を備えなければならず、また転倒又は転落の危険が予想される作業では運転者に ☐（ロ）☐ を使用させるよう努めなければならない。

・岩石の落下等の危険が予想される場合、堅固な ☐（ハ）☐ を装備しなければならない。

・運転者が運転席を離れる際は、原動機を止め、☐（ニ）☐、走行ブレーキをかける等の措置を講じさせなければならない。

	（イ）	（ロ）	（ハ）	（ニ）
(1)	前照燈	要求性能墜落制止用器具	バックレスト	または
(2)	回転燈	要求性能墜落制止用器具	バックレスト	かつ
(3)	回転燈	シートベルト	ヘッドガード	または
(4)	前照燈	シートベルト	ヘッドガード	かつ

移動式クレーンを用いた作業に関する下記の文章中の ［　　　］ の（イ）～（ニ）に当てはまる語句の組合せとして、クレーン等安全規則上、**正しい**ものは次のうちどれか。

・クレーンの定格荷重とは、フック等のつり具の重量を ［ (イ) ］ 最大つり上げ荷重である。
・事業者は、クレーンの運転者及び ［ (ロ) ］ 者が定格荷重を常時知ることができるよう、表示等の措置を講じなければならない。
・事業者は、原則として ［ (ハ) ］ を行う者を指名しなければならない。
・クレーンの運転者は、荷をつったままで、運転位置を ［ (ニ) ］ 。

	（イ）	（ロ）	（ハ）	（ニ）
(1)	含まない	玉掛け	合図	離れてはならない
(2)	含む	合図	監視	離れて荷姿や人払いを確認するのがよい
(3)	含まない	玉掛け	合図	離れて荷姿や人払いを確認するのがよい
(4)	含む	合図	監視	離れてはならない

| 解答・解説

No.1 **解答：(4)** 〇
(4) 記載の通りです。

No.2 **解答：(2)** ✕
(2) 点検者の検査については、「前日」ではなく、「その日の作業を開始する前」に点検させます。

No.3 **解答：(3)** ✕
(3) 設問のケースの場合、当該作業を「中止」しなければなりません。

No.4 **解答：(4)** 〇
(4) 記載の通りです。

No.5 **解答：(1)** 〇
(1) 記載の通りです。

出題傾向とポイント

「品質管理」からは、毎回 2 問が出題されています。ヒストグラムの見方、および盛土の品質管理項目、レディーミクストコンクリートの現場受入れ検査の規格値についての整理は、必須です。「基礎的な能力」からも出題される可能性が高いです。

過去10回の出題傾向

ヒストグラム 8%
品質管理の手順
レディーミクストコンクリート 25%
盛土 25%
管理図 20%
品質特性 13%
ヒストグラム 10%

1 品質管理の手順

重要度 ★★☆

(1) 品質管理

品質管理とは、商品やサービスを提供するにあたり、一定の品質を備えていることを**検査・検証**し、**保証**することを指します。主に製造業の現場などで不良品などを出さないために欠かせない管理方法です。

(2) 品質管理の手順

品質管理の手順は、**PDCA サイクル**と呼ばれる生産管理や品質管理などの管理業務を継続的に改善していく手法が用いられています。PDCA サイクルでは、下図が示す通り、**計画（Plan）→実行（Do）→評価（Check）→新たな行動（Action）**を繰り返していきます。

PLAN（計画）
品質特性の選定と、
品質標準（品質規格）を決定する

Do（実行）
作業標準に基づき、
作業を実施する

このサイクル
を繰り返す

ACTION（新たな行動）
異常原因を追究し、
除去する処置を取る

CHECK（評価）
統計的手法により
解析・検討を行う

P⇒D⇒C⇒Aと順番を覚えるだけでなく、それぞれの説明文だけで順番通りに並び替えられるようにしておきましょう

2 ヒストグラム

重要度 ★★★

　ヒストグラムとは、データがどのような分布になっているかを見やすく表した**柱状図**で、測定値の**ばらつき**を知るのにもっとも簡単で効率的な統計手法です。具体的には、横軸に<u>測定値</u>を取り、データ全体の範囲をいくつかの区間に分け、各区間に入るデータの数を数え、これを縦軸に**度数**として示します。ばらつきの状態が安定の状態にあるとき、測定値の分布は下図のように**正規分布**になります。

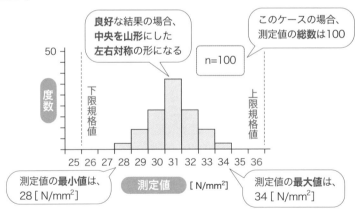

3 管理図

(1) 管理図

管理図とは、縦軸に測定値、横軸に製造時間を取り、**折れ線グラフ**で示したもので、管理線として**中心線**、**上方管理限界線**（UCL）、**下方管理限界線**（LCL）を記入します。適用範囲が広く便利で、ヒストグラムではわからない「時間が経過しても品質が安定しているか」を判定するために用いられます。建設工事では、x－R 管理図を用いて、**計量値**を扱うことが多いです。x－R 管理図は、もっとも一般的な管理図で、データの平均値とばらつきの範囲を管理する図です。

管理図の例

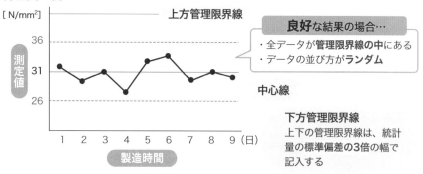

用語もチェック！

計量値…連続量として測定されるデータ

計数値…個数で数えられるデータ

(2) データシート

管理図を作成する際は、最初に次のようなデータシートを作成します。測定値 x と、平均値 x̄、最大値と最小値の差 R を記入します。

データシートの例

組番号	x1	x2	x3	x̄	R
A組	23	28	24	**25**	5
B組	23	25	24	**24**	2
C組	27	27	30	**28**	3

品質管理では、工程の安定性を確認するため、x̄ 管理図や R 管理図が用いられます。前者は工程平均を各組ごとのデータの平均値によって管理するもの、R 管理図は工程のばらつきを最大値・最小値の差によって管理するものです。

4 品質特性と試験方法　　　　重要度 ★★★

品質管理における品質特性と試験方法は、以下の通りです。

（1）土工の品質特性と試験方法

	品質特性	試験方法
土工	締固め度	密度試験（砂置換法、RI計器）を用いた試験法
	支持力値	平板載荷試験
	最適含水比	突固めによる土の締固め試験

（2）コンクリート工の品質特性と試験方法

	品質特性	試験方法
コンクリート工	粒度	ふるい分け試験
	スランプ	スランプ試験
	空気量	空気量試験
	混合割合	洗い分析試験

（3）道路工の品質特性と試験方法

	品質特性	試験方法
路盤工	CBR※	CBR試験
	粒度	ふるい分け試験
	たわみ	プルーフローリング試験
アスファルト舗装工	安定度	マーシャル安定度試験
	厚さ	コア採取で測定
	平坦性	平坦性試験

※CBR：路床土支持力比のこと。路床や路盤の支持力の大きさ（強度）を表す

5 盛土の品質管理

重要度 ★★★

（1）品質管理の方式

　盛土の締固めの品質管理の方式には、**工法規定方式**と**品質規定方式**の２つがあります。

方式	概要
工法規定方式	使用する締固め機械の**機種**や**締固め回数**などを規定するもの
品質規定方式	盛土の**締固め度**などを規定する方法 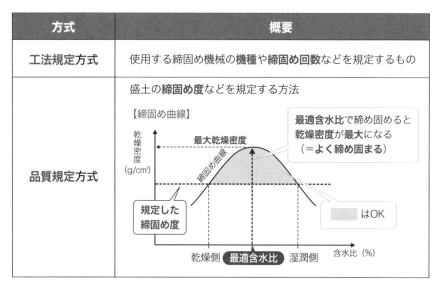

（2）盛土の品質管理の留意事項

　盛土の品質管理での留意事項は、下記の通りです。

盛土の品質管理での留意事項

①締固めの目的は、土の空気間隙<ruby>間隙<rt>かんげき</rt></ruby>を**少なくし**透水性を低下させるなどして土を安定した状態にすることである

②盛土の締固めの効果や性質は、**土の種類**や**含水比**、施工方法で**変化する**

③盛土がもっともよく締まる含水比は、**最大乾燥密度**が得られる含水比で**最適含水比**である

盛土の品質管理は、第１章「土木一般」の「１ 土工」（18ページ）や、第２章「専門土木」の「２ 河川」（72ページ）、「４ 道路舗装」（84ページ）でも出てきます。あわせて覚えておきましょう

次の文章は正しい？

締固めの目的は、土の空気間隙を多くし透水性を低下させるなどして土を安定した状態にすることである。

┃ 解答・解説

誤り：盛土の締固めでは、空気間隙は少なくします。

6 レディーミクストコンクリート　重要度 ★★★

レディーミクストコンクリートの品質管理項目は、**強度**、**スランプまたはスランプフロー**、**塩化物含有量**、**空気量**の4つです。品質検査はすべて荷下ろし地点で行います。

（1）強度

圧縮強度試験は、一般に**材齢28日**で行います。1回の試験結果は**呼び強度の85%以上**で、かつ3回の試験結果の**平均値は呼び強度以上**でなければなりません（下線部の用語説明は次ページ参照）。

試験結果の合否判定の例

3箇所の工事現場（A〜C工区）で、呼び強度 24 N/mm² のレディーミクストコンクリートを購入し、各工区の圧縮強度の試験結果が下表のように得られたとき、各工区での合否判定はどのようになるか。[R2 後期改題]

各工区の試験結果　　　　　　　　　　　　単位（N/mm²）

試験回数 ＼ 工区	A工区	B工区	C工区
1回目	21	33	24
2回目	26	20	23
3回目	28	20	25
平均値	25	24.3	24
合否判定	○	✕	○

毎回の圧縮強度値は、3個の供試体の平均値

［合否判定の根拠］

・呼び強度 24N/mm² の 85%は 20.4N/mm² だが、B工区はこれ以下のものがある

・A〜C工区の平均値はともに、呼び強度 24N/mm² 以上である

用語もチェック！

材齢…コンクリートを打設してからの養生日数（経過日数）のこと

呼び強度…生コン工場に発注する強度のこと

（2）スランプ

スランプの許容差は、スランプが 8 〜 18cm の場合、**± 2.5cm** 以内とします。

スランプの許容差	スランプ	許容差
	8 〜 18cm	±2.5cm

スランプの試験値から合否判定させる問題がよく出るので、許容差はしっかり覚えておきましょう

（3）塩化物含有量

塩化物含有量は、塩化物イオン量として **0.30kg/m³** 以下とします。

誤りの選択肢として、塩化物イオン量 3.0kg/m³ というのがよく出ます。数字だけをなんとなく覚えていると引っかかってしまうので、単位までキチンと覚えておきましょう

（4）空気量

空気量は、凍結融解抵抗性を高め（凍結融解とは、凍結と融解を繰り返すこと）、施工性をよくするため、AE 剤という混和剤を用いて一般に 4.5% とします。なお、空気量が多くなると強度や耐久性は低下します。

空気量の許容差は**± 1.5%**とし、3.0 〜 6.0%の範囲内とします。

空気量の許容差	空気量	許容差
	4.5%	±1.5%

実践問題

No.1 品質管理の手順 (R3 前期)

工事の品質管理活動における (イ) ～ (ニ) の作業内容について、品質管理の PDCA (Plan、Do、Check、Action) の手順として、**適当なもの**は次のうちどれか。

(イ) 異常原因を追究し、除去する処置をとる。
(ロ) 作業標準に基づき、作業を実施する。
(ハ) 統計的手法により、解析・検討を行う。
(ニ) 品質特性の選定と、品質規格を決定する。

(1) (ロ) → (ハ) → (イ) → (ニ)
(2) (ニ) → (イ) → (ロ) → (ハ)
(3) (ロ) → (ニ) → (イ) → (ハ)
(4) (ニ) → (ロ) → (ハ) → (イ)

No.2 ヒストグラム (R4 前期)

品質管理に用いられるヒストグラムに関する下記の文章中の [ ] の (イ) ～ (ニ) に当てはまる語句の組合せとして、**適当なもの**は次のうちどれか。

・ヒストグラムは、測定値の [(イ)] を知るのに最も簡単で効率的な統計手法である。
・ヒストグラムは、データがどのような分布をしているかを見やすく表した [(ロ)] である。
・ヒストグラムでは、横軸に測定値、縦軸に [(ハ)] を示している。
・平均値が規格値の中央に見られ、左右対称なヒストグラムは [(ニ)] いる。

	(イ)	(ロ)	(ハ)	(ニ)
(1)	ばらつき	折れ線グラフ	平均値	作業に異常が起こって
(2)	異常値	柱状図	平均値	良好な品質管理が行われて
(3)	ばらつき	柱状図	度数	良好な品質管理が行われて
(4)	異常値	折れ線グラフ	度数	作業に異常が起こって

229

No.3 **管理図（R4 後期）**

品質管理に用いられる x̄ 管理図に関する下記の文章中の ☐ の(イ) 〜 (ニ) に当てはまる語句の組合せとして、**適当なもの**は次のうちどれか。

・データには、連続量として測定される ☐(イ) がある。
・x̄ 管理図は、工程平均を各組ごとのデータの ☐(ロ) によって管理する。
・R管理図は、工程のばらつきを各組ごとのデータの ☐(ハ) によって管理する。
・x̄ 管理図の管理線として、☐(ニ) 及び上方・下方管理限界がある。

	（イ）	（ロ）	（ハ）	（ニ）
(1)	計数値 ……	平均値 …………	最大・最小の差 …	バナナカーブ
(2)	計量値 ……	平均値 …………	最大・最小の差 ……	中心線
(3)	計数値 ……	最大・最小の差 ……	平均値 …………	中心線
(4)	計量値 ……	最大・最小の差 ……	平均値 …………	バナナカーブ

No.4 **品質特性と試験方法（H30 後期）**

品質管理における「品質特性」と「試験方法」に関する次の組合せのうち、**適当でないもの**はどれか。

　　　［品質特性］　　　　　　　　　　　　　［試験方法］
(1) フレッシュコンクリートの空気量 …… プルーフローリング試験
(2) 加熱アスファルト混合物の安定度 …… マーシャル安定度試験
(3) 盛土の締固め度 ……………………… 砂置換法による土の密度試験
(4) コンクリート用骨材の粒度 ………… ふるい分け試験

No.5 **盛土の品質管理（R3 後期）**

盛土の締固めにおける品質管理に関する下記の文章中の ☐ の（イ） 〜 （ニ） に当てはまる語句の組合せとして、**適当なもの**は次のうちどれか。

・盛土の締固めの品質管理の方式のうち工法規定方式は、使用する締固め機械の ☐(イ) や締固め回数等を規定するもので、品質規定方式は、盛土の ☐(ロ) 等を規定する方法である。
・盛土の締固めの効果や性質は、土の種類や含水比、施工方法によって ☐(ハ) 。
・盛土が最もよく締まる含水比は、☐(ニ) 乾燥密度が得られる含水比で最適含水比である。

	(イ)	(ロ)	(ハ)	(ニ)
(1)	台数 ……	材料 ………	変化する ………	最適
(2)	台数 ……	締固め度 ……	変化しない ……	最大
(3)	機種 ……	締固め度 ……	変化する ………	最大
(4)	機種 ……	材料 ………	変化しない ……	最適

No.6 レディーミクストコンクリート（R4 前期）

レディーミクストコンクリート（JIS A 5308）の品質管理に関する次の記述のうち、**適当でないもの**はどれか。

(1) 1回の圧縮強度試験結果は、購入者の指定した呼び強度の強度値の75% 以上である。
(2) 3回の圧縮強度試験結果の平均値は、購入者の指定した呼び強度の強度値以上である。
(3) 品質管理の項目は、強度、スランプ又はスランプフロー、塩化物含有量、空気量の4つである。
(4) 圧縮強度試験は、一般に材齢 28 日で行う。

解答・解説

No.1 解答：(4) ○

(4) 記載の通りです。設問中の「品質規格」は品質標準と同じ意味です。

No.2 解答：(3) ○

No.3 解答：(2) ○

No.4 解答：(1) ✕

(1) フレッシュコンクリートとレディーミクストコンクリートは、基本的に同じもので、その空気量については、空気量試験を行います。ただし両者は、使われ方や定義がやや異なり、前者は、まだ固まらない状態にあるコンクリート、後者は、荷下ろし地点での品質を指定して購入できるフレッシュコンクリートです。

No.5 解答：(3) ○

No.6 解答：(1) ✕

(1) 1回の試験結果は、呼び強度の 85%以上です。

第4章 施工管理等

9 環境保全・建設副産物対策

出題傾向とポイント

「環境保全・建設副産物対策」からは、毎回2問が出題されています。施工での騒音・振動対策について理解し、第3章「法規」の「8 騒音・振動規制法」（160ページ）とあわせて学習しておきましょう。また、建設リサイクル法での特定建設資材の4種類を覚えておきましょう。

過去10回の出題傾向

環境保全対策 9%
騒音・振動対策 41%
建設副産物対策 50%

1 環境保全対策

重要度 ★☆☆

　環境保全対策としてここでは、基本対策と大気汚染対策、土壌汚染対策について、次の内容を押さえておきましょう。

環境保全対策のポイント

基本対策

①工事の作業時間は、できるだけ地域住民の生活に**影響の少ない時間帯**とする
②**建設公害**の要因別分類では、**掘削工、運搬・交通、杭打ち・杭抜き工、排水工**の苦情が多い
③施工にあたっては、あらかじめ付近の居住者に**工事概要を周知**し、**協力**を求めるとともに、付近の**居住者の意向**を十分に考慮する必要がある

大気汚染対策

①土運搬による土砂の飛散を防止するには、**過積載の防止、荷台のシート掛け**を行う
②造成工事などの土工事にともなう土ぼこりの防止には、防止対策として容易な**散水養生**が採用される
③広い土地の掘削や整地での**粉塵対策**では、**散水**や**シートで覆う**ことは効果が高い

土壌汚染対策

①**土壌汚染対策法**では、一定の要件に該当する**土地所有者**に、土壌の汚染状況の**調査**と**都道府県知事への報告**を義務付けている

232

2 騒音・振動対策

重要度 ★★★

（1）施工計画

施工計画の段階での騒音・振動対策は、次の3つを押さえておきましょう。

施工計画段階での騒音・振動対策のポイント

①騒音・振動の防止対策として、騒音・振動の絶対値を下げるとともに、**発生期間の短縮**を検討する

②工事に使用する建設機械は、**低騒音・低振動**のものを使用する

③建設工事では、土砂、残土などを多量に運搬する場合、**運搬経路**が工事現場の内外を問わず**騒音が問題**となることがある

（2）建設機械

建設機械の騒音・振動対策で押さえておきたいのは、次の5つです。

建設機械の騒音・振動対策のポイント

①ブルドーザの騒音・振動の発生状況は、押土作業の際、前進より**後進**のほうが、車速が速くなる分、騒音・振動が**大きい**

②アスファルトフィニッシャは、敷均しのための**スクリード部**（下図）の締固め機構において、**バイブレータ式**のほうがタンパ式よりも騒音が**小さい**

③履帯式（クローラ式）の建設機械は、移動時の騒音・振動が大きいので、**車輪式（ホイール式）**の建設機械を用いる

④舗装の部分切取りに用いられる**カッター作業**では、振動ではなく**ブレード**（下図）による切削音が問題となるため、エンジンルーム、カッター部を全面カバーで覆うなどの騒音対策を行う

⑤運搬車両の騒音・振動の防止のためには、道路および付近の状況によって必要に応じて走行速度に制限を加える

アスファルトフィニッシャ

↑
スクリード部

コンクリートカッター

ブレード ←

1

4 施工管理等

233

次の文章は正しい？

ブルドーザの騒音振動の発生状況は、前進押土より後進が、車速が速くなる分小さい。

解答・解説

誤り：後進のほうが騒音・振動は大きいです。

3 建設副産物対策　　　重要度 ★★★

建設副産物とは、建設工事にともなって副次的に得られたすべての物品のことです。建設副産物対策とは、「建設副産物の発生の抑制、ならびに分別解体など」「再使用・再資源化など」「適正な処理、および再資源化されたものの利用の推進など」を総称したものです。

（1）建設リサイクル法

建設工事においては、環境への配慮が求められるとともに、資源の有効活用に積極的に取り組まなければならないため、廃棄物を適切に処理しなければなりません。これについては、「建設工事に係る資源の再資源化等に関する法律」（**建設リサイクル法**）などの関係法令があります。

（2）特定建設資材

建設リサイクル法では、**特定建設資材（コンクリート、木材、コンクリートおよび鉄からなる建設資材、アスファルト・コンクリート**の4品目が該当）を用いた構造物の解体工事や新築工事等であって一定規模以上のものについく、「分別解体など」および「再資源化など」を行うことを義務付けています。

> **特定建設資材の4品目**はとくに出題率が高いので、確実に覚えておきましょう。ちなみに、誤りの選択肢として登場しやすいのが、「建設発生土」や「土砂」です

実践問題

No.1 環境保全対策 (R3 前期)

建設工事における環境保全対策に関する次の記述のうち、**適当でないもの**はどれか。

(1) 土工機械は、常に良好な状態に整備し、無用な摩擦音やガタつき音の発生を防止する。
(2) 空気圧縮機や発動発電機は、騒音、振動の影響の少ない箇所に設置する。
(3) 運搬車両の騒音・振動の防止のためには、道路及び付近の状況によって必要に応じて走行速度に制限を加える。
(4) アスファルトフィニッシャは、敷均しのためのスクリード部の締固め機構において、バイブレータ式の方がタンパ式よりも騒音が大きい。

No.2 建設副産物対策 (R4 前期)

「建設工事に係る資材の再資源化等に関する法律」(建設リサイクル法) に定められている特定建設資材に**該当するもの**は、次のうちどれか。

(1) 土砂
(2) 廃プラスチック
(3) 木材
(4) 建設汚泥

解答・解説

No.1 解答:(4) ✕

(4) バイブレータ式のほうが騒音が小さくなります。

No.2 解答:(3) ○

(3) 特定建設資材は、コンクリート、木材、コンクリートおよび鉄からなる建設資材、アスファルト・コンクリートの4品目です。

PART

2

第2次検定対策

経験記述

「経験記述」の出題は1問。
【問題1】で出される
必須問題なので、必ず答えます！

「経験記述」は、第2次検定試験の最初の【問題1】で出題され、〔設問1〕と〔設問2〕から構成されています。第2次検定試験の中ではもっとも重要度の高い問題です。準備には時間がかかるので早めに着手し、しっかり準備ができた状態で試験本番にのぞみましょう。

1 経験記述問題の概要

出題傾向とポイント

経験記述は、毎回必須問題として出題されます。受検者本人が担当した土木工事に関する現場施工管理の経験を記述します。毎回、〔設問1〕では工事概要の記述、〔設問2〕ではその工事での課題への対応の記述が出題されます。

過去10回の出題傾向

品質管理 30%
安全管理 35%
工程管理 35%

1 出題形式

（1）〔設問1〕：工事概要を記述する

〔設問1〕は、毎回、下記の内容で固定化されています。

⑴ 工事名
⑵ 工事の内容（発注者名、工事場所、工期、主な工種、施工量）
⑶ 工事現場における施工管理上のあなたの立場

（2）〔設問2〕：「技術的課題」に対する対応を記述する

〔設問2〕は、2つの管理項目から1つを選んで記述する形式になっています。毎回まったく同じではありませんが、出題率の高い以下の3つの管理項目を押さえておきましょう。

| 出題率の高い 3つの 「管理項目」 | ① **安全管理**：現場で工夫した安全対策
② **品質管理**：現場で工夫した品質管理
③ **工程管理**：現場で工夫した工程管理 |

理想は、3つの管理項目それぞれについて、「取り上げる工事」を用意しておくことです。ただ、勉強時間が足りない場合は、出題率上位2つの**安全管理**と**工程管理**だけは必ず用意しておきましょう

（3）「過去問」を確認してみよう

令和5年度は、次の内容で出題されました。

過去問題

【問題 1】あなたが経験した土木工事の現場において、工夫した安全管理又は工夫した工程管理のうちから1つ選び、次の〔設問1〕、〔設問2〕に答えなさい。

〔注意〕あなたが経験した工事でないことが判明した場合は失格となります。

〔設問1〕 あなたが**経験した土木工事**に関し、次の事項について解答欄に明確に記述しなさい。

〔注意〕 「経験した土木工事」は、あなたが工事請負者の技術者の場合は、あなたの所属会社が受注した工事内容について記述してください。従って、あなたの所属会社が二次下請業者の場合は、発注者名は一次下請業者名となります。

なお、あなたの所属が発注機関の場合の発注者名は、所属機関名となります。

(1) 工 事 名

(2) 工事の内容
　① 発注者名
　② 工事場所
　③ 工　　　期
　④ 主な工種
　⑤ 施 工 量

(3) 工事現場における施工管理上のあなたの立場

〔設問2〕 上記工事で実施した**「現場で工夫した安全管理」**又は**「現場で工夫した工程管理」**のいずれかを選び、次の事項について解答欄に具体的に記述しなさい。

ただし、安全管理については、交通誘導員の配置のみに関する記述は除く。

(1) 特に留意した**技術的課題**

(2) 技術的課題を解決するために**検討した項目と検討理由及び検討内容**

(3) 上記検討の結果、**現場で実施した対応処置とその評価**

2 〔設問1〕の答え方のポイント

（1）工事名

工事名は、「**土木工事**と判断できること」を意識した名称で記入します。

「工事名」のポイント

①正式な**契約工事名**で記載することを基本とする

②契約工事名が土木工事であるか判断しにくい場合は、**種類**（舗装工事、築堤工事等）、**工事の対象**（路線名、河川名等）などを併記する

③あまりにも規模の小さい工事や特殊な工事を取り上げることは避ける

【工事名のOK例・NG例】

OK例	NG例
・「都営地下鉄〇号線〇工区の軌道修繕工事」 OKな理由 正式な契約工事名と思わせる工事名のため（工事の対象、場所、工事の種類などが具体的にわかる名称）	・「地下鉄工事」 NGな理由 明らかに正式な契約工事名ではないため（路線名や地区などの固有名詞がない）
・「国道〇号線 配水管敷設工事」 OKな理由 『受検の手引』において、実務経験として「認められる」工事に該当するため（「認められない」工事も掲載されているので、これも要確認のこと）	・「〇〇発電所敷地内の給水設備等の配管工事」 NGな理由 『受検の手引』において、実務経験として「認められる」工事に該当しないため（水道管・下水道管等工事が認められているのは公道埋設のみ）

（2）工事の内容

工事の内容は、「**本当に実施されたもの**」と採点官に判断してもらえるように、という点を意識して記入します。

「工事の内容」のポイント

① 発注者名：**発注機関名**（役所名、元請けの工事会社名）とする

② 工事場所：地図で確認できるよう**都道府県**、**市町村**、**番地**まで記入する（番地が不明な場合は「**地内**」と記入する）

③ 工期：**請け負った工期**を記入する（試験日には完了している工事でなければならない）

④ 主な工種：請け負った範囲の工種のうち、**代表的な工種**を記載する（代表的な工種には、**（設問2）で取り扱うネタ〈題材〉と関連するもの**がよい）

⑤ 施工量：**施工数量**（種別、規格、数値、単位）を正確に記入する

（3）工事現場における施工管理上のあなたの立場

工事現場において**施工管理を行った立場**（工事係、工事主任、主任技術者、発注者側監督員など）を記入します。施工管理を行う立場にない「作業主任者」や「設計者」、会社内の立場である「係長」等は記入しないこと。

（4）〔設問1〕の記入方法

　2級土木施工管理技術検定を受検される方の多くは、工事の責任者ではなく、ある程度若手で、上司がいる環境で実務経験を積まれた方が大半でしょう。そうした若手技術者でも必ず行うべき管理項目は「**安全管理**」と「**品質管理**」だと思います。

　ここでは、安全管理 → 品質管理 → 工程管理の順で、記入例を記載していきますので、参考にしてください。

「安全管理」の記入例

(1) 工事名

工事名	〇〇川河川改修工事（地区、〇〇工区）

(2) 工事の内容

①	発注者名	国土交通省〇〇地方整備局〇〇河川事務所
②	工事場所	〇〇県〇〇市〇〇町 ×× 地内
③	工期	令和〇年〇月〇日〜令和〇年〇月〇日
④	主な工種	河川土工、法覆護岸工 等
⑤	施工量	築堤盛土（施工幅員〇m）：〇m³ 連節ブロック張（ブロック規格）：〇m²

(3) 工事現場における施工管理上のあなたの立場

立場	工事係

「品質管理」の記入例

(1) 工事名

工事名	国道〇線　道路改良工事

(2) 工事の内容

①	発注者名	国土交通省〇〇地方整備局〇〇国道事務所
②	工事場所	〇〇県〇〇市〇〇町 ×× 地内
③	工期	令和〇年〇月〇日〜令和〇年〇月〇日
④	主な工種	道路土工、擁壁工 等
⑤	施工量	路体・路床盛土（施工幅員 6m）：〇m³ 場所打擁壁（ L 型・24-12-20_BB）：〇m

(3) 工事現場における施工管理上のあなたの立場

立場	工事係

(1) 工事名

工事名	県道〇線　道路修繕工事(災害復旧)　△工区

(2) 工事の内容

①	発注者名	〇〇県〇〇局〇〇管理事務所
②	工事場所	〇〇県〇〇市〇〇町 ×× 地内
③	工期	令和〇年〇月〇日～令和〇年〇月〇日
④	主な工種	舗装工、排水構造物工 等
⑤	施工量	舗装打換え(舗装種別、舗装厚等)：〇m² 場所打ち水路(内幅 × 内高)：〇m

(3) 工事現場における施工管理上のあなたの立場

立場	施工監督

▌3 〔設問2〕の答え方のポイント

(1) 各管理項目で求められる記述内容とは？

〔設問2〕の経験記述では、回答する管理項目(安全管理、品質管理、工程管理)に対し、下記の内容について記述します。

（1）特に留意した**技術的課題**

（2）技術的課題を解決するために**検討した項目と検討理由及び検討内容**

（3）上記検討の結果、**現場で実施した対応処置とその評価**

各管理項目について、求められる基本的な内容を下の表にまとめました。内容を検討する際の参考にしてください。

「(1) 技術的課題」のネタ例

管理項目	考え方
安全管理	事故発生の予測段階での施工上の安全確保や、現場およびその周辺の安全対策について記述する
品質管理	品質管理基準のあるものにする。その現場で行った具体的な品質管理の方法と工夫について記述する
工程管理	工程遅れの原因に対し、どのようにして工期短縮をしたかについて記述する

（2）得点につながる書き方のコツ

　ここからは、〔設問２〕で記述を求められる３つの内容について、文章量や構成のポイントなど、書き方のコツを確認していきます。

　なお、ここに示した文章量はあくまでも目安としてください。年度によって解答用紙の行数には増減等がありますので、柔軟に対応できるようにしておきましょう。

⑴ 特に留意した技術的課題

●目安の文字数

　ここで記述する文章量は、約25字×7行＝**約170字**が目安となります。

●構成のポイント

　文章の構成では、**3ブロック**に分けて、下図に示す通りの順番で書いていきます。

　ただし、書く内容を抽出していく作業の流れは、これとは**逆**です。まず、「③技術的課題」を先に決め、その後に、「②その課題を選定した理由」→「①課題選定の理由が採点官にイメージできる状況」の順で内容を抽出していきます。

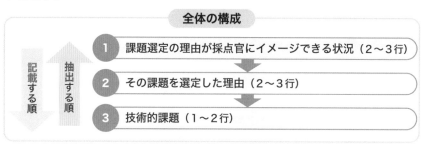

⑵ 技術的課題を解決するために検討した項目と検討理由及び検討内容

●目安の文字数

　ここで記述する文章量は、約25字×9行＝**約220字**が目安となります。

●構成のポイント

　⑴で取り上げた技術的課題に対して、それと関連性のある検討項目・理由・内容を記述します。文章の構成は、次ページに示す通り、**2ブロック**に分けて記述するのがよいでしょう。

1	前文	・1～2行 【例】「～のため」「以下の検討を実施した」など

ここでは**検討結果は記述しないように！**

2	本文	・7～8行 ・検討項目と、それに対する具体的な検討理由と検討内容 ・検討項目の数は**2～3つ**（1項目当たり2～3行程度）

⑶ 上記検討の結果、現場で実施した対応処置とその評価

●目安の文字数

　ここで記述する文章量は、約25字×9行＝**約220字**が目安となります。

●構成のポイント

　⑵で検討した結果、現場で実施した対応処置を記述します。

　⑴の技術的課題への対応処置なので、記述する内容について、**論旨に一貫性**があるかは、必ず確認するようにしてください。

全体の構成

1	前文	・1～2行 【例】「検討の結果、以下の対応処置を実施した」など

2	本文	・5～6行 ・現場で実施した内容（現場特有の具体的な内容とする）

3	結論	・1～2行 ・結果の評価 【例】「～ができた」「～を満足した」「～を行った」など

（4）論文作成で求められるのは、リアリティーと応用能力

　経験記述の論文では、実務に基づいたリアリティーをアピールしつつ、処置にいたるまでに、「どのように考えたのか（**応用能力**）」が評価されます。そのため、論文を作成する際に意識してほしいのは、「すごいこと」ではなく、「ごく当たり前のこと」を書けばよい、ということです。つまり、本書で学習した知識を書いていけばよいのです。

ここで、あらためて第2次検定の検定基準を確認しておきましょう。

第2次検定・「施工管理法」での検定基準

①主任技術者として、土木一式工事の施工の管理を適切に行うために必要な知識を有すること

②主任技術者として、土質試験及び土木材料の強度等の試験を正確に行うことができ、かつ、その試験の結果に基づいて工事の目的物に所要の強度を得る等のために必要な措置を行うことができる**応用能力**を有すること

③主任技術者として、設計図書に基づいて工事現場における施工計画を適切に作成すること、又は施工計画を実施することができる**応用能力**を有すること

※『令和4年度 2級土木施工管理技術検定 第二次検定 受検の手引 』（一般財団法人 全国建設研修センター）より

実際に受検する際は、その年の『受検の手引』を必ず確認しておきましょう！（一財）全国建設研修センターのホームページで閲覧できます

（5）論文作成でとくに気をつけたいポイント

論文を作成する際には、とくに次のポイントに気をつけましょう。

論文作成でとくに気をつけたいポイント

①機械で読み取る第1次検定の採点と違い、第2次検定の採点は人が行うので、雑な字だと印象が悪くなりかねない。**文字は丁寧に書く**ようにする

②〔**設問2**〕では、〔**設問1**〕で**記述した工事**について書くこと

③**余白を多くしない**ようにする。最後の行にかかる程度がおすすめ

④箇条書きで記入するか、文章で記入するかは、書きたい文章量と解答用紙の空欄のバランスから使い分ける。文章で書くと空欄が多くなりそうな場合は、箇条書きで書き換えることができるか検討してみる

⑤できるだけ**専門用語**や**具体的な数値**を用いる。その際、漢字が書けずにひらがなで書いたり、間違った数値を書くといったことがないようにする

⑥数値目標の数値を忘れてしまった場合は、「**所定の数値**」という言い回しで記述するのもテクニックの1つである

⑦**指定された管理項目**の趣旨に合った内容とし、「課題検討対応処置」の**論旨に一貫性**があるようにする

⑧実際に経験した工事について書くので、文章は**過去形**にする

2

1 経験記述

第1章
2
経験記述
論文を書く手順と論文例

出題傾向とポイント

多くの答案を読む採点官には、テキストの例文をそのまま記述したような経験記述論文は、すぐにわかります。実務経験が重視される第2次検定では、そのような論文ではなかなか合格できません。自分の経験に基づいたリアリティーのある草案を準備しておきましょう。「文章は苦手」という方もここで紹介する手順で進めれば、書きやすくなると思います。

1　論文作成の準備

（1）「経験記述」の作成過程を体験してみよう

　この項では、〔設問2〕の経験記述問題について、管理項目ごとに論文の作成過程を解説するとともに、実際の論文例を紹介します。それらを参考に、ご自身の工事の経験に合わせた解答をつくってみましょう。

　なお、ここで取り上げる論文例の「工種」と「特に留意した技術的課題」は下記の通りです。いずれも「1 経験記述問題の概要」（238ページ）の記入例とリンクしています。

管理項目	工種	特に留意した技術的課題
安全管理	河川工事	「いかにして移動式クレーンに起因した事故を防止するか」
品質管理	道路改良工事（L型擁壁部）	「いかに高品質なコンクリートを施工するか」
工程管理	道路修繕工事（災害復旧）	「いかに遅れを挽回し、当初の道路開通日までに完工させるか」

どの管理項目についても、合格につながる論文が書ける実力を身につけてもらうべく、3つの管理項目それぞれについて、丁寧に説明していきます

〔設問2〕

題　　　材：河川工事
技術的課題：いかにして移動式クレーンに起因した事故を防止するか

（1）「（1）技術的課題」はこう作成する

〔設問2〕では、下記の事項について具体的に記述していきます。

（1）特に留意した**技術的課題**

（2）技術的課題を解決するために**検討した項目と検討理由及び検討内容**

（3）上記検討の結果、**現場で実施した対応処置とその評価**

　最初に取り組むのは、「（1）特に留意した技術的課題」です。この箇所は、先述のように「①課題選定の理由が採点官にイメージできる状況」→「②その課題を選定した理由」→「③技術的課題」の順に書きます（243ページ）。

　そして、記述する内容を抽出していく作業は、これとは逆のプロセスで進めます。つまり、まずすべきことは、③技術的課題の抽出であり、その後に②→①の順に内容を抽出していきます。

　そうした抽出過程を経て、今回の場合、以下のような記述例となります。

●抽出する順とその内容

③技術的課題
　　➡いかにして移動式クレーンに起因した事故を防止するか
②その課題を選定した理由
　　➡工事の特性上、移動式クレーンによる施工ウェートが大きくなるため
①課題選定の理由が採点官にイメージできる状況

●記述例

（1）特に留意した技術的課題

　本工事は、1級河川○○の改修を目的とした河川工事である。施工内容は、河川土工と護岸工事を施工するものであった。護岸工では、大型法覆ブロックを○m²分も据え付ける必要があった。つまり、工事の特性上、移動式クレーンによる施工ウェートが大きくなるため、いかにして移動式クレーンに起因した事故を防止させるかが、安全管理上の技術的課題となった。

①課題選定の理由が採点官にイメージできる状況

②その課題を選定した理由

③技術的課題

（2）「（3）対応処置とその評価」はこう作成する

「（1）技術的課題」を作成し終えたら、次は〔設問2〕の（2）と（3）の記述に取りかかりますが、まず着目してほしいのは **(2) ではなく (3)** です。つまり、「現場で実施した対応処置とその評価」を考えていきます。

記入する「対応処置」は、**あなた自身が実務で経験した施工計画書などの書類**から処置事項を抽出することが原則です。ただし、当時の書類が手に入らない場合は、「技術的課題」のテーマとして選んだ事項に関する「安全管理」の内容を、本書の PART 1 と PART 2 から抽出して書いていくのがいいでしょう。

ここでのテーマは移動式クレーンなので、本書の PART 1・2 にある移動式クレーンの安全管理の内容を整理します（下図）。

本書で学ぶ「移動式クレーン」の安全管理
（217、285 ページ）

❶玉掛けの作業を行うときは、その日の作業を開始する前にワイヤロープなどの玉掛用具の点検を行う

❷玉掛作業は、つり上げ荷重が1t以上の移動式クレーンの場合は、技能講習を修了した者が行うこと

❸移動式クレーンで作業を行うときは、一定の合図を定め、合図を行う者を指名する

❹移動式クレーンの上部旋回体と接触することにより、労働者に危険が生ずるおそれのある箇所に、労働者を立ち入らせてはならない

❺移動式クレーンに、その定格荷重を超える荷重をかけて使用してはならない

❻軟弱な地盤で作業を行う場合は、アウトリガーに敷鉄板を敷く必要がある

❼アウトリガー、または拡幅式のクローラは、原則として最大限に張り出さなければならない

❽クレーンの運転者は、荷をつったままで、運転位置を離れてはならない

❾強風のため作業に危険が予想されるときには、当該作業を中止しなければならない

上記すべてを対応処置として〔設問2〕の（3）に記載する必要はありません。ただし、❶～❾の安全管理の内容について、**「どういった目的で規定されているのか」** を整理する必要があります。じつは、そうした **「目的」こそが（2）で記述する「検討項目」** となるため、これは大事な作業となります。

移動式クレーンの安全管理において想定される「目的」として挙げられる内容は、次ページの通りです。

ⅰ）クレーンの転倒防止　ⅱ）つり荷落下災害の防止　ⅲ）手指の挟まれ防止 ……など

　前ページの表の❶〜❾の安全管理について、ⅰ）〜ⅲ）の目的別にグループ分けしてみると、下記のようになります。

ⅰ）クレーンの転倒防止	ⅱ）つり荷落下災害の防止	ⅲ）手指の挟まれ防止
❺❻❼❾	❷❸❽❾	❶❷❸❹

※上記のグループ分けはあくまで一例です

　解答用紙のスペースの制限もありますので、上記の「想定される目的」のうち、2つの項目を取り上げ、そこにあなた自身が現場で経験した**リアリティー**を加えて、「対応処置」の記述を作成していきます。下記はその記述例です。

●記述例

(3) 上記検討の結果、現場で実施した対応処置とその評価

　　検討項目1：クレーン転倒防止対策

　　　　定格荷重を超えないように、25t吊の移動式クレーンを調達した。また、作業時はアウトリガーを完全に張り出させ、敷鉄板による軟弱地盤補強も行った。

項目❺❻❼に、リアリティーを加えた対応処置

　　検討項目2：つり荷落下災害の防止対策

　　　　旋回範囲内をカラーコーンで囲い、関係労働者以外の立入り禁止処置を行った。また、作業計画時に合図者を指名し玉掛者の有資格者状況も確認した。

　　　　以上の処置により、無事故無災害で完工できた。

項目❷❸に、リアリティーを加えた対応処置

（3）「（2）検討した項目・検討理由・検討内容」はこう作成する

　仕上げは〔設問2〕の（2）です。ここでは、「**検討項目・検討理由・検討内容**」の3つが問われます。採点官にわかりやすい内容にするコツは、上記で抽出した「検討項目」とリンクさせた構成にすることです。つまり、（2）と（3）は密接に関わっているため、別物と考えないことが重要なのです。

　それを踏まえて、（2）の論文骨子（論文を構成する骨組み）を作成すると次ページのようになります。

　それぞれの「検討理由」については、「**なぜ検討しようと思ったのか**」を書

いていきます。その際、現場特有の状況にも触れると**リアリティー**が増します。一方、「検討内容」は、（3）で記載する**具体的な対応処置**を、**少し大まかに表現**したものにします。

論文の骨子

課題解決のため、以下の検討を実施した。

検討項目1：クレーン転倒防止対策

検討理由 と 検討内容

検討項目2：つり荷落下災害の防止対策

検討理由 と 検討内容

検討項目について、
「なぜ検討しようと思ったのか」を記す

（3）に記載する
具体的な対応処置を
大まかに表現する

では、上の骨子をベースに、検討項目1と2の「検討理由」と「検討内容」を書いてみましょう。

検討項目1：クレーン転倒防止対策
　検討理由：現場は軟弱地盤、かつ法覆ブロックが〇tと重量物で作業条件が厳し
　　　　　　かったため。
　検討内容：吊上げ能力のあるクレーンを調達すること。
　　　　　　配置場所の地盤を補強すること。
検討項目2：つり荷落下災害の防止対策
　検討理由：関係者以外の人が誤って立ち入った際、万一、つり荷が落下しても
　　　　　　ケガをさせないため。
　検討内容：立入り禁止処置と関係労働者の配置。

下記は、上記をもとに作成した〔設問2〕（2）の記述例です。

●記述例

(2) 技術的課題を解決するために検討した項目と
　　検討理由及び検討内容
検討項目1：クレーン転倒防止対策
　　現場は軟弱地盤、かつ法覆ブロックが〇tと重量物で
作業条件が厳しいと考えた。よって、吊上げ能力のある
クレーンの調達と、配置場所の地盤補強について検討す
ることとした。
検討項目2：つり荷落下災害の防止対策
　　関係者以外の人が誤って立ち入った際、万一、つり荷
が落下してもケガをさせないため、立入り禁止処置と関
係労働者の配置を検討した。

検討理由
と検討内容

（4）論文例を確認しよう

　以上の内容を整理すると、安全管理の〔設問２〕の論文例は下記のように
なります。

●記述例

(1) 特に留意した技術的課題

　本工事は、1級河川○○の改修を目的とした河川工事
である。施工内容は、河川土工と護岸工事を施工するも
のであった。護岸工では、大型法覆ブロックを○m²分も
据え付ける必要があった。つまり、工事の特性上、移動式
クレーンによる施工ウェートが大きくなるため、いかに
して移動式クレーンに起因した事故を防止させるかが、
安全管理上の技術的課題となった。

**(2) 技術的課題を解決するために検討した項目と
　　検討理由及び検討内容**

検討項目1：クレーン転倒防止対策

　現場は軟弱地盤、かつ法覆ブロックが○t と重量物で
作業条件が厳しいと考えた。よって、吊上げ能力のある
クレーンの調達と、配置場所の地盤補強について検討す
ることとした。

検討項目2：つり荷落下災害の防止対策

　関係者以外の人が誤って立ち入った際、万一、つり荷
が落下してもケガをさせないため、立入り禁止措置と関
係労働者の配置を検討した。

(3) 上記検討の結果、現場で実施した対応処置とその評価

検討項目1：クレーン転倒防止対策

　定格荷重を超えないように、25 t 吊の移動式クレーン
を調達した。また、作業時はアウトリガーを完全に張り
出させ、敷鉄板による軟弱地盤補強も行った。

検討項目2：つり荷落下災害の防止対策

　旋回範囲内をカラーコーンで囲い、関係労働者以外の
立入り禁止処置を行った。また、作業計画時に合図者を
指名し玉掛者の有資格者状況も確認した。

　以上の処置により、無事故無災害で完工できた。

（5）「技術的課題」のその他の例

　ここまで「安全管理」の論文作成過程と具体的な論文例を紹介してきました。これらを参考にして、あなた自身の経験に合わせた論文を作成してみてください。

　技術的課題について、論文例で取り上げたもの以外では、以下のものが挙げられます。

技術的課題のその他の例

　・いかにして**墜落転落災害を防止**するか
　・いかにして**車両系建設機械による事故を防止**するか
　・いかにして**地山の崩壊を防止**するか
　・いかにして**型枠支保工（土止め支保工）の倒壊を防止**するか

　これらの技術的課題に対する対応処置についても、労働安全衛生規則などから抽出し、実際の現場の状況を入れてリアリティーのある内容にまとめていくといいでしょう。

（6）避けたほうがよい技術的課題もある

　なお、技術的課題として、たとえば下記のような内容は避けたほうが無難です。これだと課題を絞りすぎて、主任技術者として現場を運営する視点が少々狭い印象を採点官に持たれる危険性があります。

✖ 避けたほうがいい技術的課題の例

　いかに安全な足場や設備を整備するかが課題となった

実際にノートを用意して、自分でも書いてみましょう。経験記述の対策は時間が必要ですから、早めに始めることが大切です

3 品質管理

(設問2)
題　　　材：道路改良工事（L型擁壁部）
技術的課題：いかに高品質なコンクリートを施工するか

(1)「(1) 技術的課題」はこう作成する

　ここからは「品質管理」での論文作成過程を解説していきます。

　〔設問2〕の「(1) 特に留意した技術的課題」から見ていきましょう。

　まずここで行うのは、「③技術的課題」の抽出です。その後に、243ペー
ジにあるように「②その課題を選定した理由」→「①課題選定の理由が採点
官にイメージできる状況」の順で内容を抽出していきます。

●抽出する順とその内容

③技術的課題
　➡いかに高品質なコンクリートを施工するか
②その課題を選定した理由
　➡擁壁は、通行車両の振動等、過酷な環境下で供用されるため
①課題選定の理由が採点官にイメージできる状況

●記述例

(1) 特に留意した技術的課題

　本工事は、傾斜地にある国道〇線の拡幅を目的とした
道路改良工事である。施工内容は、L型擁壁と路床まで
構築するものであった。擁壁の平均高さは3m、壁厚
400mmで延長は50mである。本擁壁は完成後、通行
車両の振動等、過酷な環境下で供用されることとなる。
よって、いかに高品質なコンクリートを施工するかが、
技術的課題と考え品質管理に従事した。

①課題選定の理由が
採点官にイメージ
できる状況

②その課題を選定した
理由

③技術的課題

(2)「(3) 対応処置とその評価」はこう作成する

　次に着目するのは、〔設問2〕の (2) ではなく、(3) の「現場で実施し
た対応処置とその評価」です。上記の「技術的課題」で選んだテーマに関す
る「品質管理」について、本書の PART 1・2 の内容から抽出する方法で作
成していきます。

ここでのテーマは「コンクリート施工」なので、PART 1・2の「コンクリート工」と「品質管理」から関連する内容を抽出していきましょう。

本書で学ぶ「コンクリート施工」での品質管理
(36、39、41〜43、227、275、276ページ)

❶配合の基本は、所要の強度や耐久性を持つ範囲で、単位水量をできるだけ少なくする

❷鉄筋の腐食を抑制するため防錆剤を塗布する

❸打上がり面が水平になるように打ち込み、1層当たり40〜50cm以下とする

❹許容打重ね時間間隔を守る

❺ブリーディング水はひしゃくやスポンジで取り除く

❻棒状バイブレータは下層に10cm程度挿入する

❼養生では、散水、湛水、湿布で覆うなどして、コンクリートを一定期間湿潤状態に保つ

❽型枠に接するスペーサは、モルタル製あるいはコンクリート製を原則とする

❾荷下ろし地点でレディーミクストコンクリートの品質を確認する

❿圧縮強度試験は、一般に材齢28日で行う

答案作成に際しては、❶〜❿の品質管理の内容について、**「どういった目的でこれらは規定されているのか」**を想定し、その想定された目的ごとに❶〜❿をグループ分けしていきます（ここで整理した「目的」が**(2)の「検討項目」**になります）。

この場合、下記のように、想定される目的として設定されるパターンはいくつも考えられます。そのうちの1つを整理し、論文にしていきます。

想定される目的		
パターン1	パターン2	パターン3
ⅰ）強度の確保	ⅳ）受入れ時の品質確保	…
ⅱ）耐久性の確保	ⅴ）確実な締固め	…
ⅲ）水密性の確保	ⅵ）確実な養生	…

今回はパターン1で論文例を作成していきましょう。

パターン1の「想定される目的」で❶〜❿をグループ分けしたものが下記です。

ⅰ）強度の確保	ⅱ）耐久性の確保	ⅲ）水密性の確保
❺❼❿	❶❷❸❹❺❻❽❾	❶❸❹❻

※上記のグループ分けはあくまで一例です

解答用紙の制限もあるので、前ページの「想定される目的」のうち2つの項目を取り上げ、それらについて、あなた自身が現場で経験した**リアリティー**を加えて（3）の「対応処置」に書いていきます。その際、グループ分けの表にある品質管理の項目（❶～❿）すべてについて書く必要はありません。2つくらいを取捨選択して記述していきます（下図）。

●記述例

> (3) 上記検討の結果、現場で実施した対応処置とその評価
>
> 検討項目1：強度の確保対策
> 　型枠を高めに組み立て、天端部を湛水養生し、側面部も型枠を存置し、養生日数も7日確保した。圧縮強度が設計基準値以上発現していることも材齢28日の段階で確認できた。
>
> 検討項目2：耐久性の確保対策
> 　コンクリート製のスペーサーを使い、かぶりを確保した。また、鉄筋加工段階で防錆剤を塗布した。
> 　以上の処置により、発注者からも評価された。

> 項目❼❿に、リアリティーを加えた対応処置

> 項目❷❽に、リアリティーを加えた対応処置

（3）「(2) 検討した項目・検討理由・検討内容」はこう作成する

　最後に、〔設問2〕の（2）で問われる「検討項目・検討理由・検討内容」の3つについて考えていきます。

　検討項目については、（3）で選択した検討項目1と2とリンクさせ、「強度の確保対策」と「耐久性の確保対策」にします。これらについて**なぜ検討しようと思ったのか**が「検討理由」となります。その際、現場特有の状況にも触れて、しっかりとリアリティーを出していくことを忘れずに。一方、「検討内容」については、（3）で記載する**具体的な対応処置の事項を少し大まかに表現**したものを入れていきます。

論文の骨子

> 課題解決のため、以下の検討を実施した。
> 検討項目1：強度の確保対策
> 検討理由　と　検討内容
> 検討項目2：耐久性の確保対策
> 検討理由　と　検討内容

> 検討項目について、「なぜ検討しようと思ったのか」を記す

> （3）に記載する具体的な対応処置を大まかに表現する

下記は、検討項目１と２の「検討理由」と「検討内容」を書き出したものです。

> 検討項目１：強度の確保対策
> 検討理由：強度が低ければ、通行車両の衝撃で大きな損傷を誘発する危険性があると考えたから。
> 検討内容：確実に湿潤養生を行い、強度を発現させる方法。
>
> 検討項目２：耐久性の確保対策
> 検討理由：冬場に道路に散布される融雪剤には塩分が含まれ、塩害による劣化が生じる危険性があると考えたから。
> 検討内容：かぶりを確実に確保する措置と、塩化物が浸入しても鉄筋が腐食しない対策。

下記は、上で書き出した検討理由と検討内容をもとに作成した〔設問２〕の（２）の記述例です。

●記述例

(2) 技術的課題を解決するために検討した項目と検討理由及び検討内容

検討項目１：強度の確保対策

強度が低ければ、通行車両の衝撃で大きな損傷を誘発する危険性がある。また、強度発現には養生が重要であるため、確実に湿潤養生ができる方法を検討した。 ── 検討理由と検討内容

検討項目２：耐久性の確保対策

冬場に道路に散布される融雪剤には塩分が含まれ、塩害による劣化が生じる危険性があると考えた。そこで、かぶりを確実に確保する措置と、塩化物が浸入しても鉄筋が腐食しない対策を検討した。

受検者本人の経験が問われる記述論文では、採点官によく伝わるように、わかりやすく具体的に書くことが大切です。245ページの「論文作成でとくに気をつけたいポイント」をよく読み、草案をまとめていきましょう

（4）論文例を確認しよう

以上の内容を整理すると、品質管理の〔設問2〕の論文例は下記のようになります。

●記述例

(1) 特に留意した技術的課題

　　本工事は、傾斜地にある国道〇線の拡幅を目的とした道路改良工事である。施工内容は、L型擁壁と路床まで構築するものであった。擁壁の平均高さは3m、壁厚400mmで延長は50mである。本擁壁は完成後、通行車両の振動等、過酷な環境下で供用されることとなる。よって、いかに高品質なコンクリートを施工するかが、技術的課題と考え品質管理に従事した。

(2) 技術的課題を解決するために検討した項目と検討理由及び検討内容

検討項目1：強度の確保対策

　　強度が低ければ、通行車両の衝撃で大きな損傷を誘発する危険性がある。また、強度発現には養生が重要であるため、確実に湿潤養生ができる方法を検討した。

検討項目2：耐久性の確保対策

　　冬場に道路に散布される融雪剤には塩分が含まれ、塩害による劣化が生じる危険性があると考えた。そこで、かぶりを確実に確保する措置と、塩化物が浸入しても鉄筋が腐食しない対策を検討した。

(3) 上記検討の結果、現場で実施した対応処置とその評価

検討項目1：強度の確保対策

　　型枠を高めに組み立て、天端部を湛水養生し、側面部も型枠を存置し、養生日数も7日確保した。圧縮強度が設計基準値以上発現していることも材齢28日の段階で確認できた。

検討項目2：耐久性の確保対策

　　コンクリート製のスペーサーを使い、かぶりを確保した。また、鉄筋加工段階で防錆剤を塗布した。

　　以上の処置により、発注者からも評価された。

（5）技術的課題は「大きな視点」で選んだほうが書きやすい

「品質管理」の論文作成を練習する際には、品質管理に関してあなた自身が現場で経験したことをいろいろ洗い出し、それらをネタに作成していくのがよいでしょう。

なお、技術的課題については、論文例で取り上げたもの以外に下記のものが挙げられます。

技術的課題のその他の例

- いかに**強固な盛土を構築**するか
- いかに**軟弱地盤対策の効果を確保**するか
- いかに**ひび割れが少ないコンクリート構造物を施工**するか
- いかに**アスファルト舗装の品質を確保**するか

課題は**限定しすぎず**、**大きな視点**で抽出したほうが、（2）以降の展開が楽になります。

たとえば、「寒中コンクリート」のネタで解答を準備する受検者が多いですが、（1）の「技術的課題」の段階で寒中コンクリートに限定する必要はありません。むしろ、（2）の段階で、「なぜ寒中コンクリートの検討をしたのか」を検討理由で記述し、（3）で「寒中コンクリートの対応処置」を記入する、というほうがおすすめです。

4 工程管理

（設問2）
題　　　　材：道路修繕工事（災害復旧）
技術的課題：いかに遅れを挽回し、当初の道路開通日までに完工させるか

（1）「（1）技術的課題」はこう作成する

ここからは「工程管理」の場合の論文作成の手順と論文例を見ていきましょう。

これまでと同じように、最初に取り組むのは「（1）特に留意した技術的課題」です。まず「③技術的課題」を抽出し、それに続いて「②その課題を選定した理由」→「①課題選定の理由が採点官にイメージできる状況」の順で進めていきます。

今回の論文例では、以下の技術的課題をテーマに論文の作成過程を解説していきます。

●抽出する順とその内容

③技術的課題
　➡いかに遅れを挽回し、当初の道路開通日までに完工させるか
②その課題を選定した理由
　➡道路は、生活道路として重要な役割があり、開通遅延が許されない状況であったから
①課題選定の理由が採点官にイメージできる状況

●記述例

(1) 特に留意した技術的課題
　　本工事は、台風による土砂災害で通行不可になった県道〇線の災害復旧を目的とした延長 300m の工事である。隣接工区の遅れにより、本工区の着工も 10 日遅れる状況となった。本道路は、生活道路として重要な役割があり、開通遅延が許されない状況であった。よって、いかに遅れを挽回し、当初の道路開通日までに完工させるかが、工程管理上の技術的課題となった。

①課題選定の理由が採点官にイメージできる状況

②その課題を選定した理由

③技術的課題

(2)「(3) 対応処置とその評価」はこう作成する

　次に取り組むのは、〔設問2〕の (3) です。(1) の技術的課題に対して「現場で実施した対応処置とその評価」を書いていきますが、その資料となる施工計画書などの書類が手に入らない場合は、本書の PART 1・2 の「工程管理」の内容から抽出していきます。

本書で学ぶ「工程管理」の内容
(202〜205 ページ)

❶工程計画と実施工程の間に差が生じた場合は、あらゆる方面から検討し、また原因がわかったときは、速やかにその原因を除去する
❷工程管理では、実施工程が工程計画よりもやや上回る程度に管理する
❸工程管理においては、つねに工程の進行状況を全作業員に周知徹底させて、全作業員に作業能率を高めるように努力させることが大切である
❹状況に応じた工程表を活用する

また、工程管理上の対応処置や検討項目を抽出する際は、下記の「**4Mの概念**」を参考にすることもおすすめです。

4Mの概念	具体例
Men （人員面での対策）	人員の増強、稼働時間の増強、熟練工の調達 …など
Machine （使用機械面での対策）	台数増強、規格の大型化、稼働時間の延長 …など
Method （施工方法面での対策）	工法変更、施工展開の変更 …など
Material （使用材料面での対策）	プレキャスト化、調達しやすい材料に変更 …など

4Mの概念をもとに、前ページの「本書で学ぶ『工程管理』の内容」にある❶〜❹をグループ分けしたのが、次の表です。

ⅰ）人員面 での対策	ⅱ）使用機械面 での対策	ⅲ）施工方法面 での対策	ⅳ）使用材料面 での対策
❶❷❸❹ ＋4Mの具体例	❶❷❹ ＋4Mの具体例	❶❷❹ ＋4Mの具体例	❶❷ ＋4Mの具体例

※上記のグループ分けはあくまで一例です

上記の4Mの概念に基づいたグループ分けのうち2つを取り上げ、それぞれの内容について、現場でのリアリティーを加えて「対応処置」の記述を作成します。下記はその記述例です。

●記述例

(3) 上記検討の結果、現場で実施した対応処置とその評価

検討項目1：施工方法面での対策

　人員等の調達に目途が立ったので、施工の展開を変更した。また、両エリアの進捗状況を関係者全員に周知させ、差が出た場合は、エリア間で人員等の調整も図った。

> 項目❹に、リアリティーを加えた対応処置

検討項目2：使用材料面での対策

　クリティカルパスは現場打ちの道路排水路の構築であることが判明したため、プレキャスト部材に変更して工期短縮を図った。以上より、〇日の短縮を実現し、道路開通日〇日前に完工できた。

> 項目❶に、リアリティーを加えた対応処置

具体的な数値や専門用語をしっかり文章に
入れ込んでいきましょう

（3）「（2）検討した項目・検討理由・検討内容」はこう作成する

最後に〔設問2〕の（2）の記述の作成です。〔設問2〕の（3）で取り上げた「検討項目」とリンクさせて章立てていくと、論文骨子は下記のようになります。

検討項目について、
「なぜ検討しようと
思ったのか」を記す

論文の骨子

課題解決のため、以下の検討を実施した。
検討項目1：施工方法面での対策
検討理由 と 検討内容
検討項目2：使用材料面での対策
検討理由 と 検討内容

（3）に記載する
具体的な対応処置を
大まかに表現する

この論文骨子をもとに、記述を作成していきます。「検討理由」には、「**なぜ検討しようと思ったのか**」を書いていきます。その際、現場特有の状況には必ず触れましょう。採点官にリアリティーを感じさせる記述を作成することができます。

一方の「検討内容」については、〔設問2〕の（3）で記述する**具体的な対応処置**の事項を、**少し大まかな形にしてまとめます。**

上記を踏まえた「検討理由」と「検討内容」の例が下記になります。

検討項目1：施工方法面での対策の場合
検討理由 ：延長が長い施工場所を2分割すれば、同時に施工でき、工期が短縮できると考えたから。
検討内容 ：2分割すれば、人員面と使用機械面での増強が必要となるため、それらが調達可能かを検討。
検討項目2：使用材料面での対策の場合
検討理由 ：ほかにも災害復旧工事が多く、現地での資材調達が困難になる可能性があると考えたから。
検討内容 ：クリティカルパスとなる作業の把握。

2

1
経験記述

●記述例

(2) 技術的課題を解決するために検討した項目と
　　検討理由及び検討内容

検討項目１：施工方法面での対策

　延長が長い施工場所を２分割すれば、同時に施工でき

工期が短縮できると考えた。ただし、２分割すれば、人員

面と使用機械面での増強が必要なため、それらが調達可

能かを検討した。

検討項目２：使用材料面での対策

　災害復旧の他工事が多く、資材の調達が困難となる可

能性があると考え、クリティカルパスとなる作業をネッ

トワーク工程表から把握することとした。

> 検討理由と
> 検討内容

（４）論文例を確認しよう

　以上の内容を整理すると、工程管理の〔設問２〕の論文例は以下のように

なります。

●記述例

(1) 特に留意した技術的課題

　本工事は、台風による土砂災害で通行不可になった県

道〇線の災害復旧を目的とした延長 300m の工事である。

隣接工区の遅れにより、本工区の着工も 10 日遅れる状況

となった。本道路は、生活道路として重要な役割があり、

開通遅延が許されない状況であった。よって、いかに遅

れを挽回し、当初の道路開通日までに完工させるかが、

工程管理上の技術的課題となった。

(2) 技術的課題を解決するために検討した項目と
　　検討理由及び検討内容

検討項目１：施工方法面での対策

　延長が長い施工場所を２分割すれば、同時に施工でき

工期が短縮できると考えた。ただし、２分割すれば、人員

面と使用機械面での増強が必要なため、それらが調達可

能かを検討した。

検討項目２：使用材料面での対策

　災害復旧の他工事が多く、資材の調達が困難となる可

能性があると考え、クリティカルパスとなる作業をネットワーク工程表から把握することとした。

(3) 上記検討の結果、現場で実施した対応処置とその評価

検討項目１：施工方法面での対策

　　人員等の調達に目途がたったので、施工の展開を変更した。また、両エリアの進捗状況を関係者全員に周知させ、差が出た場合は、エリア間で人員等の調整も図った。

検討項目２：使用材料面での対策

　　クリティカルパスは現場打ちの道路排水路の構築であることが判明したため、プレキャスト部材に変更して工期短縮を図った。以上より、〇日の短縮を実現し、道路開通日〇日前に完工できた。

（5）「技術的課題」のその他の例

　ここまで「工程管理」の論文作成の手順と具体的な論文例を紹介してきました。これらを参考にして、あなた自身の経験に合わせた論文を作成してみてください。

　技術的課題について、論文例で取り上げたもの以外では、以下のものが挙げられます。

技術的課題のその他の例

・いかに**工期遅延を挽回できる工程管理**を行うか
・いかに**計画通りに工事を進捗させる工程管理**を行うか
・いかに**経済的な最適工程**に近づけるか

第2章

分野別問題

「分野別問題」の出題は8問。
前半4問は必須問題なので全問答えます。
後半4問は選択問題なので2問答えます。

「分野別問題」は、「土工」「コンクリート工」「品質管理」
「安全管理」「施工計画・環境保全」から出題されます。
出題内容は、第1次検定の内容とも密接にリンクして
いますので、基本的には、本書 PART1 の知識で対応
できるはずです。

本章では、とくに出題頻度の高い内容に絞って掲載し
ています。第2次検定対策としては、まず本章を優先
して学習し、次に PART1 の赤字部分を復習して補足
するのがおすすめです。

土工

出題傾向とポイント

「土工」は必須問題で出題されることが多く、出題数は毎回1〜2問です。内容は「盛土施工」「軟弱地盤対策」「法面工」が多いです。とくに、軟弱地盤対策工法と法面工については、各工法とその特徴を記述できるようにしておきましょう。

過去10回の出題傾向

その他 21%
盛土施工 35%
法面工 21%
軟弱地盤対策 24%

1 盛土施工

（1）盛土材料

盛土材料としては、可能な限り**現地発生土**を有効利用することを原則としています。盛土材料として望ましい条件は、以下の通りです。

盛土材料として望ましい条件

① **せん断強度**（土が持っている「変形に抵抗しようとする力」）が**高い**

② **圧縮性**が**小さい**

③ 雨水などの浸食に強いとともに、吸水による**膨潤性**（ふくらむ性質）が**低い**

（2）基礎地盤の処理

基礎地盤に草木や切株がある場合は、**伐開除根**（24ページ）を行います。

（3）排水

盛土の施工にあたっては、雨水の浸入による盛土の**軟弱化**や豪雨時などの盛土自体の崩壊を防ぐため、盛土施工時の**排水**を適切に行うものとします。

（4）含水量調節

盛土材料の**含水量調節**には、敷均しの際に**曝気乾燥**（土をかき起こして、天日等で土の含水比を低下させること）や**散水**などの方法が取られます。

（5）盛土の敷均し

盛土の敷均しでは、高まき出し（厚めに敷き均すこと）を避け、薄層（はくそう）で丁寧に敷き均します。また、敷均し厚が**均等**になるように管理します。

（6）盛土の締固め

盛土の締固め作業でのポイントは、下記の通りです。

盛土の締固めのポイント

締固め作業

①盛土全体を**均等**に締め固めることが原則

②盛土**端部**や**隅部**などは、締固めが不十分になりがちであるから注意する

③締固め**機械の選定**においては、土質条件が重要なポイントとなる

④盛土材料は、破砕された岩から、**高含水比の粘性土**にいたるまで、多種にわたり、同じ土質であっても**含水比**の状態などで締固めに対する適応性が著しく異なることが多い

締固め機械

タイヤローラ

タイヤの**接地圧や総重量を変化**させられるなど、**機動性に優れ**、比較的さまざまな土質に適用できるなどの点から、締固め機械としてもっとも多く使用されている

振動ローラ

振動により土の**粒子を密な配列**に移行させる。粘性に乏しい**砂利や砂質土**の締固めに効果がある。振動による締固めのため、小さな質量で大きな効果が得られる

タイヤの**接地圧**や**総重量**を変えられる

振動で締め固めるため、小さな質量で大きな効果が得られる

受検勉強に疲れたときは、ひと息入れるのも大切ですよ。また、8割ほど続けたところであえてやめる"寸止め学習"も効果的ともいわれています（11ページ）

2 軟弱地盤対策

軟弱地盤対策の工法名と主な目的、および特徴は、下図の通りです。

サンドドレーン工法

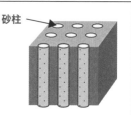
砂柱

主な目的

・**圧密沈下**の促進

特徴

粘土質地盤に砂柱を設置し、排水距離を短縮して圧密排水を促進し、あわせて粘土質地盤の強度増加を図る

サンドマット工法

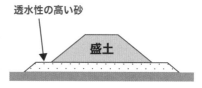
透水性の高い砂
盛土

主な目的

・**強度低下**の抑制
・**すべり抵抗**の増加

特徴

地盤上に透水性の高い砂を敷くことにより、トラフィカビリティーの確保と圧密排水を促進する

押え盛土工法

押え盛土
盛土

主な目的

・**すべり抵抗**の増加

特徴

施工中に生じるすべり破壊に対して、盛土本体の側方部を押さえて盛土の安定を図る

表層混合処理工法

主な目的

・**せん断変形**の抑制
・**すべり抵抗**の増加

特徴

地盤表層にセメントなどの固化材を攪拌混合し、地盤表層の強度を高める

セメントなど

深層混合処理工法

主な目的

・**全沈下量**の減少
・**すべり抵抗**の増加

特徴

地盤中にセメントなどの固化材を攪拌混合し、柱状体の安定処理土を形成する

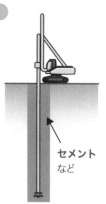
セメント
など

3 法面工

（1）切土法面の施工

切土法面の施工でのポイントは、下記の通りです。

切土法面の施工のポイント

①切土法面の施工中は、雨水などによる**法面浸食**や**崩壊**、**落石**などが発生しないように、一時的な**法面の排水**、**法面保護**、**落石防止**を行うのがよい

②切土法面の施工中は、掘削終了を待たずに、切土の施工段階に応じて順次**上方**から**保護工**を施工するのがよい

③一時的な切土法面の排水は、**ビニールシート**や**土のう**などの組合せにより、仮排水路を**法肩**の上や小段に設け、雨水を集水して**縦排水路**で法尻へ導いて排水し、できるだけ切土部への水の浸透を防止するとともに、法面に雨水などが流れないようにすることが望ましい

④露出することにより**風化**が早く進む岩は、できるだけ早くコンクリートや**モルタル吹付け**などの工法による処置を行う

⑤切土法面の施工にあたっては、丁張盛土等を施工の際の基準とする仮設の工作物に従って、仕上げ面から**余裕**を持たせて本体を掘削し、その後法面を仕上げるのがよい

⑥落石防止としては、亀裂の多い岩盤や、礫などの**浮石**の多い法面では、仮設の**落石防護網**や落石防護柵を施工することもある

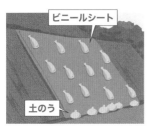

ビニールシートと土のう

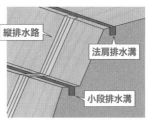

法面の排水

落石防護網

落石防護柵

（2）法面保護工

法面保護工の工法と特徴については下図の通りです。

分類	工法名	目的・特徴
植生 による 法面保護工	種子散布（吹付け）工、客土吹付け工、 張芝工、植生マット工	凍上崩落の抑制 浸食防止 全面植生（緑化）
	植生筋工、筋芝工	凍上崩落の抑制 盛土法面の浸食防止 部分植生
	土のう工、植生穴工	不良土法面の浸食防止
	樹木植栽工	環境・景観の保全
構造物 による 法面保護工	モルタル・コンクリート吹付け工、 ブロック張工、プレキャスト枠工	風化・表流水の浸食防止
	コンクリートブロック張工、アンカー工、 吹付け枠工、現場打ちコンクリート枠工	法面表層部の崩落防止
	石積、ブロック積、ふとんかご工、 井桁組擁壁、補強土工	土圧に対抗して崩落防止 （抑止工）

植生による法面保護工

種子散布工

張芝工

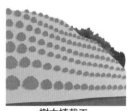

樹木植栽工

構造物による法面保護工

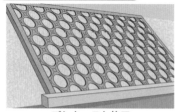

プレキャスト枠工

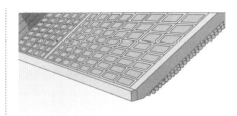

コンクリートブロック張工

法面保護工は、第1次検定でも近年は出題されるようになってきました。第1次検定で勉強した内容も活かして復習しておきましょう

実践問題

No.1　土工（R2）

切土法面の施工における留意事項に関する次の文章の　　　　　の（イ）〜（ホ）に当てはまる**適切な語句を、次の語句から選び解答欄に記入しなさい。**

(1) 切土法面の施工中は、雨水などによる法面浸食や崩壊、落石などが発生しないように、一時的な法面の　（イ）　、法面保護、落石防止を行うのがよい。

(2) 切土法面の施工中は、掘削終了を待たずに切土の施工段階に応じて順次　（ロ）　から保護工を施工するのがよい。

(3) 露出することにより　（ハ）　の早く進む岩は、できるだけ早くコンクリートや　（ニ）　吹付けなどの工法による処置を行う。

(4) 切土法面の施工に当たっては、丁張にしたがって仕上げ面から　（ホ）　をもたせて本体を掘削し、その後法面を仕上げるのがよい。

［語句］

風化	中間部	余裕	飛散	水平
下方	モルタル	上方	排水	骨材
中性化	支持	転倒	固結	鉄筋

解答・解説

No.1

（イ）排水　（ロ）上方　（ハ）風化　（ニ）モルタル　（ホ）余裕

2 コンクリート工

出題傾向とポイント

「コンクリート工」は必須問題で出題されることが多く、出題数は1〜2問で、内容は「用語・名称」「打込み・締固め」「養生」「打継目」が多いです。とくに、「施工（打込み・締固め）」の留意事項と「用語・名称」については、記述できるようにしておきましょう。

過去10回の出題傾向

その他 26%
養生 22%
打込み・締固め 13%
打継目 17%
用語・名称 22%

1 用語・名称

（1）コールドジョイント

コールドジョイントとは、コンクリートを打ち重ねて打設した場合に、**適正な時間を過ぎる**ことにより、前に打ち込まれたコンクリートの凝結が始まり、後から打ち込まれたコンクリートが一体化しない状態となって、打ち重ねた部分に**不連続な面**が生じることです。

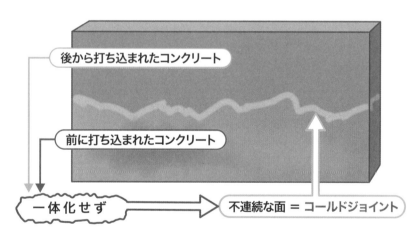

後から打ち込まれたコンクリート

前に打ち込まれたコンクリート

一体化せず

不連続な面 ＝ コールドジョイント

（2）ワーカビリティー

ワーカビリティーとは、フレッシュコンクリートの**運搬**、**打込み**、**締固め**、**仕上げ**などでの**作業のしやすさ**のことです（38ページ）。

（3）かぶり

かぶりとは、「**鉄筋の表面**から**コンクリート表面**まで」を**最短距離**で測った
コンクリートの厚さのことです。

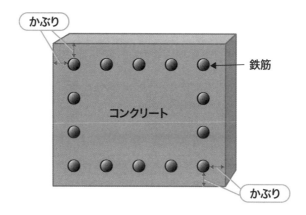

（4）ブリーディング

ブリーディングとは、フレッシュコンクリートにおいて、固体材料の沈降、
または分離によって、**練混ぜ水の一部**が浮遊して**上昇**する現象です。

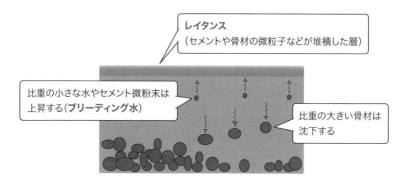

（5）AE剤

AE剤とは、**混和剤**の1つで、コンクリート中に**微細な気泡**を発生させ、
ワーカビリティーや品質の改善に使用します。

(6) スランプ

　スランプとは、フレッシュコンクリートの**軟らかさの程度**を示す指標の1つで、スランプコーンを引き上げた直後に測った頂部からの下がりのことです。

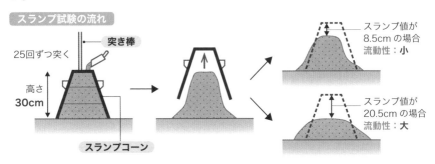

(7) アルカリシリカ反応

　アルカリシリカ反応とは、コンクリート中に**反応性骨材**が含まれると、コンクリート中のアルカリ水溶液により骨材が異常膨張する現象のことです。

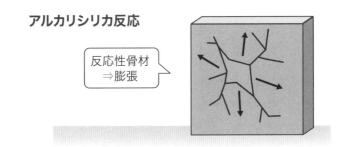

とくに「用語・名称」は、記述できるように、書きながら覚えるのがおすすめです

2 コンクリートの施工（打込み・締固め）

（1）打込み

コンクリートの打込みの留意事項は、下記の通りです。

コンクリートの打込みの留意事項

①表面に集まった**ブリーディング水**は取り除いてから打ち込む

②シュートや輸送管、バケットなどの吐出口と打込み面までの高さは**1.5m以下**が標準である（一番下の図）

③2層以上の打込みは、許容打重ね時間間隔を守る

※許容打重ね時間間隔を超えてから打ち込むと、**コールドジョイント**が発生する

	許容打重ね時間間隔
25℃以下	2.5時間
25℃超え	2.0時間

（2）締固め

コンクリートの締固めの留意事項は、下記の通りです。

コンクリートの締固めの留意事項

①使用する棒状バイブレータは、**横移動**を目的に使用してはならない

②棒状バイブレータの挿入間隔は、**50cm以下**である

③棒状バイブレータを下層のコンクリート中に**10cm**程度挿入する

④棒状バイブレータでの締固め時間の目安は、**5〜15秒**程度である

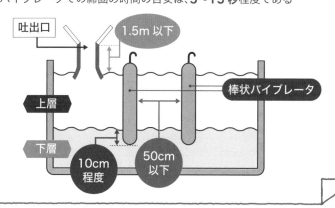

3 仕上げ・養生

（1）仕上げ

仕上げとは、打込み、締固めがなされたフレッシュコンクリートの表面を平滑に整える作業のことです。

仕上げ後は、コンクリートが固まり始めるまでに、**沈下ひび割れ**が発生することがあるので、**タンピング**や**再仕上げ**を行い修復します。タンピングとは、タンパ（23 ページ）を用いて、コンクリートの表面を繰り返し叩いて締め固めることです。

（2）養生

養生とは、打込み後一定期間、**硬化**に必要な適当な**温度**と**湿度**を与え、有害な**外力**（外から加えられる力）などから保護する作業です。養生では、**散水**、**湛水**（水をためること）、**湿布**で覆うなどで、コンクリートを**湿潤状態**に保ちます。

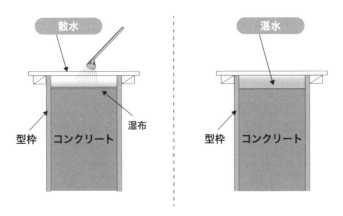

湿潤養生期間は、**セメントの種類**や**日平均気温**に応じた標準日数が定められています。

日平均気温	混合セメントB種	普通ポルトランドセメント	早強ポルトランドセメント
15℃以上	7日	5日	3日
10℃以上	9日	7日	4日
5℃以上	12日	9日	5日

4 打継目

　打継ぎとは、ある部分にコンクリートを打設した後、時間を置いて新しくコンクリートを打設することです。その継目のことを打継目といい、**水平**打継目と**鉛直**打継目とがあります。

　打継目は、構造上の弱点になりやすく、**漏水**やひび割れの原因にもなりやすいため、その配置や処理には、次のような注意が必要です。

打継目の配置や処理の留意事項

① 打継目は、できるだけ**せん断力**の**小さい**位置に設ける

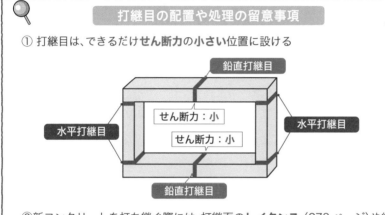

②新コンクリートを打ち継ぐ際には、打継面の**レイタンス**（273 ページ）や緩んだ骨材粒を完全に取り除き、コンクリート表面を**チッピング**（削り取ること）などにより粗にした後、十分に**吸水**させなければならない

③水密（水圧がかかっても、隙間などから水が漏れ出ないこと）を要するコンクリート構造物の鉛直打継目では、**止水板**を用いる

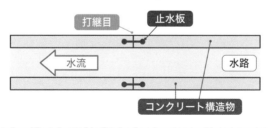

2

2 分野別問題

実践問題

No.1 コンクリート工（R1）

コンクリートの打込みにおける型枠の施工に関する次の文章の [ ] の
（イ）〜（ホ）に当てはまる**適切な語句を、下記の語句から選び解答欄に**
記入しなさい。

(1) 型枠は、フレッシュコンクリートの [(イ)] に対して安全性を確保で
きるものでなければならない。また、せき板の継目はモルタルが
[(ロ)] しない構造としなければならない。

(2) 型枠の施工にあたっては、所定の [(ハ)] 内におさまるよう、加工及
び組立てを行わなければならない。型枠が所定の間隔以上に開かない
ように、[(ニ)] やフォームタイなどの締付け金物を使用する。

(3) コンクリート標準示方書に示された、橋・建物などのスラブ及び梁の
下面の型枠を取り外してもよい時期のコンクリートの [(ホ)] 強度
の参考値は 14.0 N/mm^2 である。

［語句］

スペーサ	鉄筋	圧縮	引張り	曲げ
変色	精度	面積	季節	セパレータ
側圧	温度	水分	漏出	硬化

No.2 用語・名称（R5）

コンクリートに関する下記の用語①〜④から**2つ選び、その番号、その用
語の説明**について解答欄に記述しなさい。

① アルカリシリカ反応
② コールドジョイント
③ スランプ
④ ワーカビリティー

No.1

（イ）側圧　（ロ）漏出　（ハ）精度　（ニ）セパレータ　（ホ）圧縮

No.2

下記のいずれか2つが書ければOKです。

①アルカリシリカ反応

　　アルカリシリカ反応とは、コンクリート中に反応性骨材が含まれると、コンクリート中のアルカリ水溶液により骨材が異常膨張する現象のことです。

②コールドジョイント

　　コールドジョイントとは、コンクリートを打ち重ねて打設した場合に、適正な時間が過ぎることにより、前に打ち込まれたコンクリートの凝結が始まり、後から打ち込まれたコンクリートが一体化しない状態となって、打ち重ねた部分に不連続な面が生じることです。

③スランプ

　　スランプとは、フレッシュコンクリートの軟らかさの程度を示す指標の1つで、スランプコーンを引き上げた直後に測った頂部からの下がりのことです。

④ワーカビリティー

　　ワーカビリティーとは、フレッシュコンクリートの運搬、打込み、締固め、仕上げなどでの作業のしやすさのことです（38ページ）。

出題傾向とポイント

「品質管理」は選択問題で出題されることが多く、出題数は2問程度で、内容は「土工」「レディーミクストコンクリート」が多いです。比較的穴埋め問題が多いので、赤字にしたキーワードをしっかり覚えておきましょう。

過去10回の出題傾向

その他 16%
土工 25%
レディーミクストコンクリート 32%

1 レディーミクストコンクリートの品質管理

（1）購入時の品質の指定

購入時に指定されている数字それぞれの意味は、下記の通りです。

コンクリートの種類　　　　　セメントの種類

普通 － 24 － 12 － 20 － N

粗骨材（34ページ）の最大寸法
荷下ろし地点でのスランプ（37ページ）の値
呼び強度（227ページ）の値

（2）受入れ検査

レディーミクストコンクリートの**受入れ検査**のポイントは下記の通りです。

レディーミクストコンクリートの受入れ検査のポイント

① **スランプ**が8～18cmの場合、試験結果が **±2.5cm** の範囲に収まればよい

② **空気量**は、試験結果が **±1.5%** の範囲に収まればよい

③ **塩化物含有量**は、**塩化物イオン量**として **0.3kg/m³ 以下**の判定基準がある

④ 圧縮強度は、1回の試験結果が指定した**呼び強度**の強度値の **85%以上**で、かつ3回の試験結果の平均値が指定した**呼び強度**の強度値以上でなければならない

⑤ アルカリシリカ反応は、その対策が講じられていることを、**配合計画書**を用いて確認する

2 土工の品質管理

（1）敷均しでの品質管理

　敷均しは、盛土を**均一**に締め固めるためにもっとも重要な作業であり、**薄層**で丁寧に敷均しを行えば、**均一**でよく締まった盛土を築造することができます。

　盛土材料の含水量の調節は、材料の**自然含水比**が締固め時に規定される施工含水比の範囲内にない場合に、その範囲に入るよう調節するもので、**曝気乾燥**（266 ページ）、トレンチ掘削による含水比の低下、散水などの方法が取られます。

（2）締固めでの品質管理

　締固めの目的として、盛土法面の安定や土の**支持力**の増加など、土の構造物として必要な**強度特性**が得られるようにすることが挙げられます。

　締固め作業にあたっては、適切な締固め機械を選定し、試験施工などによって求めた施工仕様に従って、所定の**品質**の盛土を確保できるよう施工する必要があります。

　最適含水比、**最大乾燥密度**に締め固められた土は、その締固めの条件のもとでは土の間隙が最小です（226 ページ）。

（3）品質管理方法

　盛土工事の締固めの管理方法には、**品質**規定方式と**工法**規定方式があり、どちらの方法を適用するかは、工事の性格・規模・土質条件などをよく考えたうえで判断することが大切です。

方式	概要
品質規定方式	盛土に必要な品質を仕様書に規定する方法で、もっとも一般的な管理方法の1つに、**締固め度（下記）で規定する方法**がある。 $$締固め度 = \frac{現場で測定された土の乾燥密度}{室内試験から得られる土の最大乾燥密度}$$
工法規定方式	使用する締固め機械の種類や締固め回数、盛土材料の敷均し厚さなどを、仕様書に規定する方法

（4）原位置試験

　原位置試験とは、土質試験の１つです。PART１・第１章「１　土工」で学習しましたが（18ページ）、ここでは分野別問題で出題されやすいポイントを復習しておきます。

試験名	概要
標準貫入試験	・原位置における地盤の**硬軟**、締まり具合または土層の構成を判定するための**N値**を求めるために行う ・得られる情報を**土質柱状図**に整理し、その情報が複数得られている場合は、**地質断面図**にまとめる 地質断面図
平板載荷試験	・原地盤に剛な載荷板を設置して**垂直荷重**を与え、この荷重の大きさと載荷板の**沈下量**との関係から、**地盤反力係数**や極限支持力などの地盤の変形、および支持力特性を調べる ・道路、空港、鉄道の路床、路盤の設計や、締め固めた地盤の強度と剛性が確認できることから、工事現場での**品質管理**に利用される
スクリューウエイト貫入試験 （スウェーデン式サウンディング試験）	・荷重による貫入と、回転による貫入を併用した原位置試験で、土の静的貫入抵抗を求め、土の硬軟、または締まり具合を判定するとともに、**軟弱層**の厚さや分布を把握するのに用いられる
RI計器による土の密度試験	・放射性同位元素（RI）を利用して、土の湿潤密度、および**含水比**を現場において直接測定する

実践問題

盛土の施工に関する次の文章の ☐ の（イ）～（ホ）に当てはまる**適切な語句を、次の語句から選び**解答欄に記入しなさい。

(1) 敷均しは、盛土を均一に締め固めるために最も重要な作業であり ☐（イ）☐ でていねいに敷均しを行えば均一でよく締まった盛土を築造することができる。

(2) 盛土材料の含水量の調節は、材料の ☐（ロ）☐ 含水比が締固め時に規定される施工含水比の範囲内にない場合にその範囲に入るよう調節するもので、曝気乾燥、トレンチ掘削による含水比の低下、散水等の方法がとられる。

(3) 締固めの目的として、盛土法面の安定や土の ☐（ハ）☐ の増加等、土の構造物として必要な ☐（ニ）☐ が得られるようにすることがあげられる。

(4) 最適含水比、最大 ☐（ホ）☐ に締め固められた土は、その締固めの条件のもとでは土の間隙が最小である。

［語句］

塑性限界	収縮性	乾燥密度	薄層	最小
湿潤密度	支持力	高まき出し	最大	砕石
強度特性	飽和度	流動性	透水性	自然

解答・解説

No.1
（イ）薄層 （ロ）自然 （ハ）支持力 （ニ）強度特性 （ホ）乾燥密度

安全管理

出題傾向とポイント

「安全管理」の出題数は 1 ～ 2 問です。内容は「足場の安全」「移動式クレーンを用いた作業の安全」が多いです。とくに、墜落危険防止と移動式クレーンについては、労働災害防止対策を記述できるようにしましょう。

過去10回の出題傾向

足場の安全 33%
移動式クレーンを用いた作業の安全 25%
明り掘削 17%
地下埋設、架空線 17%
その他 8%

---

1 足場の安全

足場の安全において事業者が行うべき内容のうち、必須暗記事項については次の通りです。

「足場の安全」のために
事業者が実施すべき事項①

墜落危険防止

①高さが**2m以上**の箇所で作業を行う場合、足場を組み立てるなどにより**作業床**を設ける

②高さが**2m以上**の**作業床**の端や開口部などでは、**囲い**、手すり、覆い等を設ける

③**囲い**などを設けることが困難なときは、**防網**を張り、労働者に**要求性能墜落制止用器具**等を使用させるなどの措置を講じる

④労働者に**要求性能墜落制止用器具**等を使用させるときは、**要求性能墜落制止用器具**等、およびその取付け設備等の異常の有無について**随時点検**する

⑤**要求性能墜落制止用器具**のフックを掛ける位置は、**腰より高い位置**のほうが好ましい

⑥高さ、または深さが**1.5m**を超える箇所で作業を行うときは、作業に従事する労働者が安全に昇降するための設備などを設ける

要求性能墜落制止用器具
（フルハーネス型）

「足場の安全」のために事業者が実施すべき事項②

足場工

①つり足場、張出し足場、または高さが**5m以上**の構造の足場等の組立てなどの作業、解体または変更の作業を行うときは、足場の組立て等作業主任者**技能講習**を修了した者のうちから、足場の組立等作業主任者を選任しなければならない

②つり足場の作業床は、幅を**40cm以上**とし、かつ隙間がないようにすること

③架設通路で墜落の危険のある箇所には、高さ**85cm以上**の手すり、またはこれと同等以上の機能を有する設備を設けなくてはならない

2 移動式クレーンを用いた作業の安全

　移動式クレーンを用いた作業を安全に行うために事業者が行うべき内容のうち、必須暗記事項については次の通りです。

「移動式クレーンを用いた作業の安全」のために事業者が実施すべき事項

作業着手前

①玉掛けの作業を行うときは、その日の作業を開始する前にワイヤロープなど玉掛用具の**点検**を行う

②玉掛作業は、つり上げ荷重が1t以上の移動式クレーンの場合は、**技能講習**を修了した者が行う

作業中

①移動式クレーンで作業を行うときは、一定の**合図**を定め、**合図**を行う者を指名する

②移動式クレーンの上部旋回体と**接触**することにより、労働者に危険が生ずるおそれのある箇所に、労働者を立ち入らせてはならない

③移動式クレーンに、その**定格荷重**（つり具の重量を差し引いて、つり上げられる最大の荷重のこと）を超える荷重をかけて使用してはならない

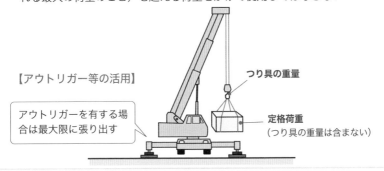

【アウトリガー等の活用】

アウトリガーを有する場合は最大限に張り出す

つり具の重量

定格荷重（つり具の重量は含まない）

3 明り掘削

地山の明り掘削の作業時に事業者が行うべき内容のうち、必須暗記事項については次の通りです。

明り掘削を安全に実施するために
事業者が実施すべき事項

①地山の崩壊または土石の落下により労働者に危険を及ぼすおそれのあるときは、あらかじめ**土止め支保工**を設け、**防護網**を張り、労働者の立入りを禁止する等の措置を講じなければならない
②点検者を指名して、その日の作業を**開始**する前、**大雨**の後および中震以上の地震の後、浮石および亀裂の有無および状態ならびに含水、湧水および凍結の状態の変化を点検させること

4 地下埋設物・架空線

道路上でガス管等の地下埋設物や架空線の工事を行う場合に、事業者が配慮すべき安全対策には、次のようなものがあります。

地下埋設物・架空線への安全対策のために
事業者が実施すべき事項

架空線損傷事故
①**監視人**を置き、作業を**監視**させる
②架空線上空施設への**防護カバー**の設置
③架空線上空施設の**位置**を明示する**看板**等の設置

地下埋設物損傷事故
①施工に先行して役所等の台帳に基づいた試掘を実施し、配管位置を目視確認する
②埋設管に近接する場合は、機械掘削を中断し、手作業掘削とする
③埋設物のつり防護、受け防護を行う

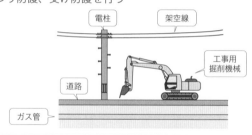

実践問題

No.1 安全管理（R2）

建設工事における高所作業を行う場合の安全管理に関して、労働安全衛生法上、次の文章の□□□の（イ）～（ホ）に当てはまる**適切な語句又は数値を、次の語句又は数値から選び解答欄に記入しなさい。**

(1) 高さが （イ） m 以上の箇所で作業を行なう場合で、墜落により労働者に危険を及ぼすおそれのあるときは、足場を組立てる等の方法により （ロ） を設けなければならない。

(2) 高さが （イ） m 以上の （ロ） の端や開口部等で、墜落により労働者に危険を及ぼすおそれのある箇所には、 （ハ） 、手すり、覆い等を設けなければならない。

(3) 架設通路で墜落の危険のある箇所には、高さ （ニ） cm 以上の手すり又はこれと同等以上の機能を有する設備を設けなくてはならない。

(4) つり足場又は高さが5m 以上の構造の足場等の組立て等の作業については、足場の組立て等作業主任者 （ホ） を修了した者のうちから、足場の組立て等作業主任者を選任しなければならない。

［語句］

特別教育	囲い	85	作業床	3
待避所	幅木	2	技能講習	95
1	アンカー	技術研修	休憩所	75

解答・解説

No.1

（イ）2 （ロ）作業床 （ハ）囲い （ニ）85 （ホ）技能講習

施工計画・環境保全

出題傾向とポイント

「施工計画・環境保全」の出題数は1～3問で、内容は「横線式工程表」「環境保全対策」が多いです。とくに、騒音防止対策についての記述、および横線式工程表の作成をできるようにしておきましょう。

その他 6%
ネットワーク式工程表 19%
横線式工程表 44%
環境保全対策 31%

1 施工計画

第2次検定の「施工計画」の分野では、工程計画が出題されやすいです。

(1) 横線式工程表

横線式工程表には、**バーチャート**と**ガントチャート**があります（203ページ）。

バーチャート

作業名＼日数	5	10	15 (日)	20	25
準備工	▨▨▨				
支保工組立		▨			
鉄筋加工			▨▨		
型枠製作		▨			
型枠組立			▨		
鉄筋組立			▨		

> 縦軸に作業名を取り、横軸に必要な**日数**を棒線で記入した図表で、**各工事の工期**がわかりやすいのが特徴

ガントチャート

作業名＼出来高比率	20	40	60 (%)	80	100
準備工	▨	▨	▨	▨	▨
支保工組立	▨	▨	▨	▨	
鉄筋加工	▨	▨	▨		
型枠製作	▨	▨	▨		
型枠組立	▨				
鉄筋組立					

> 縦軸に作業名を取り、横軸に各工事の**出来高比率**を棒線で記入した図表で、**各工事の進捗状況**がわかる

第２次検定試験では、プレキャスト製品を施工する場合のバーチャートを作成する問題が出題されることが多いので、作成できるようにしておきましょう。バーチャートは、問題文に対して下記のように作成します。

下図のようなプレキャストボックスカルバートを築造する場合、施工手順に基づき工種名を記述し、横線式工程表（バーチャート）を作成し、全所要日数を求め解答欄に記述しなさい。
各工種の作業日数は次のとおりとする。

・床掘工５日　　　・養生工７日　　　・残土処理工１日　　　・埋戻し工３日
とこぼりこう
・据付け工３日　　・基礎砕石工３日　・均しコンクリート工３日

ただし、床掘工と基礎砕石工、および据付け工と埋戻し工はそれぞれ１日間の重複作業で行うものとする。

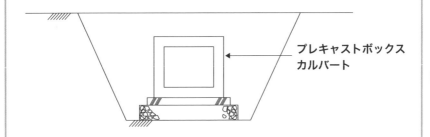

プレキャストボックス
カルバート

解　答

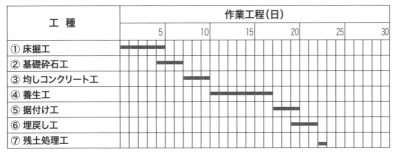

工　種	作業工程（日）					
	5	10	15	20	25	30
① 床掘工						
② 基礎砕石工						
③ 均しコンクリート工						
④ 養生工						
⑤ 据付け工						
⑥ 埋戻し工						
⑦ 残土処理工						

全所要日数：23日

（2）ネットワーク式工程表

　ネットワーク式工程表は、工事内容を系統的に明確にし、作業相互の関連や順序、施工時期を的確に判断でき、**全体工事**と部分工事の関連を明確に表現できます。また、**クリティカルパス**（最長経路）を求めることにより、重点管理作業や工事完成日の予測ができます。

▌2　環境保全（騒音・振動対策）

（1）騒音規制法

　騒音・振動対策については、とくに騒音規制法について、下記の内容を押さえておきましょう。

騒音規制法のポイント

① 騒音規制法は、住民の**生活環境**を保全することを目的に定められている
② **都道府県知事**は、住居が集合している地域などを、特定建設作業にともなって発生する騒音について規制する地域として**指定**しなければならない
③ 指定地域内で特定建設作業をともなう建設工事を施工しようとする者は、当該作業の開始日の**7日前**までに、必要事項を**市町村長**に届け出なければならない
④ **市町村長**は、当該建設工事を施工するものに対し、騒音の防止方法の改善や**作業時間**を変更すべきことを勧告することができる

（2）騒音・振動対策の具体例

　ブルドーザまたはバックホゥなどの場合の具体例は、以下の通りです。

ブルドーザ・バックホゥなどの騒音・振動防止の具体例

① **低騒音型**建設機械の使用を原則とする
② **衝撃力による施工**を避け、**無理な負荷**をかけないようにし、**不必要な高速運転やむだな空ぶかし**を避けて、丁寧に運転する
③ 直接トラックなどに積み込む場合、**不必要な騒音・振動**の発生を避けて、丁寧に行う
④ **無理な負荷**をかけないようにし、**後進時の高速走行**を避けて、丁寧に運転する

※国土交通省「建設工事に伴う騒音振動対策技術指針」をもとに作成

(3) 建設リサイクル法

リサイクルとは、廃棄物にエネルギーをかけることで、新しい製品の原材料として**再利用**することです。たとえば、**コンクリートガラ**を**再生クラッシャーラン**として利用することなどです。

建設リサイクル法で定められている、再資源化後の材料名と主な利用用途は、次の通りです。

特定建設資材	再資源化後の材料名	主な利用用途
コンクリート	・再生クラッシャーラン ・再生コンクリート砂 ・再生粒度調整砕石	・路盤材 ・埋戻し材 ・基礎材
木材	・木質ボード ・木質マルチング材	・パーティクルボード ・燃料
コンクリートおよび鉄からなる建設資材	・再生鉄筋	・鉄筋材料
アスファルト・コンクリート	・再生クラッシャーラン ・再生粒度調整砕石	・上層路盤材 ・基層用材料

用語もチェック！

コンクリートガラ…コンクリートの「がれき」のこと

第1次検定のときに暗記した4品目の特定建設資材たち（234ページ）が、どのような姿に変えて再利用されているのか、イメージしながら覚えていきましょう

実践問題

No.1 **環境保全（R4）**

　ブルドーザ又はバックホゥを用いて行う建設工事における**具体的な騒音防止対策**を、2つ解答欄に記述しなさい。

│ 解答・解説 ▶

以下から2つを選んで解答欄に記述できればよいでしょう。

①低騒音型建設機械の使用を原則とする。

②衝撃力による施工を避け、無理な負荷をかけないようにし、不必要な高速運転やむだな空ぶかしを避けて、丁寧に運転する。

③直接トラックなどに積み込む場合、不必要な騒音の発生を避けて、丁寧に行う。

④無理な負荷をかけないようにし、後進時の高速走行を避けて、丁寧に運転する。

第1次検定　模擬テスト

［試験時間：130分　正解目標：24問以上］

解答用紙ダウンロードページ
https://qrtn.jp/uugijcx

⇒解答・解説は326ページ

次の注意をよく読んでから解答してください。

【注　意】

・全部で61問題あります。

・問題番号 No. 1 〜 No. 42 までの42問題は選択問題です。

・問題番号 No. 1 〜 No. 11 までの11問題から9問題を選択し解答してください。

・問題番号 No. 12 〜 No. 31 までの20問題から6問題を選択し解答してください。

・問題番号 No. 32 〜 No. 42 までの11問題から6問題を選択し解答してください。

・問題番号 No. 43 〜 No. 53 までの11問題は，必須問題ですから全問題を解答してください。

・問題番号 No. 54 〜 No. 61 までの8問題は，施工管理法（基礎的な能力）の必須問題ですから全問題を解答してください。

・以上の結果，**全部で40問題を解答**することになります。

・それぞれの選択指定数を超えて解答した場合は，減点となります。

・解答は解答用紙（マークシート）にHBの鉛筆またはシャープペンシルで記入してください（万年筆・ボールペンの使用は不可）。正解は1問について1つしかないので，2つ以上ぬりつぶすと正解となりません。

最後に模擬テストで実力を確認しましょう！間違えたところはしっかり復習して、本試験にのぞんでください

※本テストは、重要過去問を厳選して本試験の形式にまとめたものです（一部改題）。「実践問題」と重複しているものもありますが、それはとくに重要なものといえます。なお、解答用紙は本書オリジナルのものです。

【No.1】「土工作業の種類」と「使用機械」に関する次の組合せのうち, **適当でないもの**はどれか。

[土工作業の種類] [使用機械]

(1) 溝掘り ………………………………… タンパ

(2) 伐開除根 ……………………………… ブルドーザ

(3) 掘削 …………………………………… バックホゥ

(4) 締固め ………………………………… ロードローラ

【No.2】法面保護工の「工種」とその「目的」の組合せとして, 次のうち**適当でないもの**はどれか。

[工種] [目的]

(1) 種子吹付け工 …………………………… 土圧に対抗して崩壊防止

(2) 張芝工 …………………………………… 切土面の浸食防止

(3) モルタル吹付け工 ……………………… 表流水の浸透防止

(4) コンクリート張工 ……………………… 岩盤のはく落防止

【No.3】盛土工に関する次の記述のうち, **適当でないもの**はどれか。

(1) 盛土の基礎地盤は, 盛土の完成後に不同沈下や破壊を生じるおそれがないか, あらかじめ検討する。

(2) 建設機械のトラフィカビリティ が得られない地盤では, あらかじめ適切な対策を講じる。

(3) 盛土の敷均し厚さは, 締固め機械と施工法及び要求される締固め度などの条件によって左右される。

(4) 盛土工における構造物縁部の締固めは, できるだけ大型の締固め機械により入念に締め固める。

【No.4】 地盤改良工法に関する次の記述のうち，**適当でないもの**はどれか。

(1) プレローディング工法は，地盤工にあらかじめ盛土等によって載荷を行う工法である。

(2) 薬液注入工法は，地盤に薬液を注入して，地盤の強度を増加させる工法である。

(3) ウェルポイント工法は，地下水位を低下させ，地盤の強度の増加を図る工法である。

(4) サンドマット工法は，地盤を掘削して，良質土に置き換える工法である。

【No.5】 コンクリートに用いられる次の混和剤のうち，コンクリート中に多数の微細な気泡を均等に生じさせるために使用される混和剤に**該当するもの**はどれか。

(1) 減水剤
(2) 流動化剤
(3) 防せい剤
(4) AE 剤

【No.6】 フレッシュコンクリートに関する次の記述のうち，**適当でないもの**はどれか。

(1) コンシステンシーとは，コンクリートの仕上げ等の作業のしやすさである。

(2) スランプとは，コンクリートの柔らかさの程度を示す指標である。

(3) 材料分離抵抗性とは，コンクリート中の材料が分離することに対する抵抗性である。

(4) ブリーディングとは，練混ぜ水の一部が遊離してコンクリート表面に上昇する現象である。

【No.7】 レディーミクストコンクリートの配合に関する次の記述のうち，**適当でないもの**はどれか。

(1) 単位水量は，所要のワーカビリティーが得られる範囲内で，できるだけ少なくする。

(2) 打込みの最小スランプの目安は，締固め作業高さが大きいほど，大きくなるように定める。

(3) 打込みの最小スランプの目安は，鋼材の最小あきが小さいほど，大きくなるように定める。

(4) 空気量は，凍結融解作用を受けるような場合には，できるだけ少なくするのがよい。

【No.8】 コンクリートの施工に関する次の記述のうち，**適当でないもの**はどれか。

(1) 型枠内面には，剥離剤を塗布することを原則とする。

(2) コンクリートの側圧は，コンクリート条件や施工条件によらず一定である。

(3) 養生では，コンクリートを湿潤状態に保つことが重要である。

(4) 2層以上に分けて打ち込む場合は，上層と下層が一体となるように下層コンクリート中にも棒状バイブレータを挿入する。

【No.9】 既製杭の中掘り杭工法に関する次の記述のうち，**適当でないもの**はどれか。

(1) 地盤の掘削は，一般に既製杭の内部をアースオーガで掘削する。

(2) 先端処理方法は，セメントミルク噴出撹拌方式とハンマで打ち込む最終打撃方式等がある。

(3) 杭の支持力は，一般に打込み工法に比べて，大きな支持力が得られる。

(4) 掘削中は，先端地盤の緩みを最小限に抑えるため，過大な先掘りを行わない。

【No.10】 場所打ち杭の「工法名」と「孔壁保護の主な資機材」に関する次の組合せのうち，**適当でないもの**はどれか。

　　　　［工法名］　　　　　　　　　　　　　［孔壁保護の主な資機材］
　(1)　オールケーシング工法 …………… ケーシングチューブ
　(2)　アースドリル工法 ………………… 安定液（ベントナイト水）
　(3)　リバースサーキュレーション工法 …セメントミルク
　(4)　深礎工法 ……………………………… 山留め材（ライナープレート）

【No.11】 土留めの施工に関する次の記述のうち，**適当でないもの**はどれか。

　(1)　自立式土留め工法は，支保工を必要としない工法である。
　(2)　切梁り式土留め工法には，中間杭や火打ち梁を用いるものがある。
　(3)　ヒービングとは，砂質地盤で地下水位以下を掘削した時に，砂が吹き上がる現象である。
　(4)　パイピングとは，砂質土の弱いところを通ってボイリングがパイプ状に生じる現象である。

【No.12】 鋼材に関する次の記述のうち，**適当でないもの**はどれか。

(1) 硬鋼線材を束ねたワイヤーケーブルは，吊橋や斜張橋等のケーブルとして用いられる。

(2) 低炭素鋼は，表面硬さが必要なキー，ピン，工具等に用いられる。

(3) 棒鋼は，主に鉄筋コンクリート中の鉄筋として用いられる。

(4) 鋳鋼や鍛鋼は，橋梁の支承や伸縮継手等に用いられる。

【No.13】 鋼橋の溶接継手に関する次の記述のうち，**適当でないもの**はどれか。

(1) 溶接を行う部分には，溶接に有害な黒皮，さび，塗料，油などがあってはならない。

(2) 応力を伝える溶接継手には，開先溶接又は連続すみ肉溶接を用いなければならない。

(3) 開先溶接では，溶接欠陥が生じやすいのでエンドタブを取り付けて溶接する。

(4) 溶接を行う場合には，溶接線近傍を十分に湿らせてから行う。

【No.14】 コンクリートの劣化機構に関する次の記述のうち，**適当でないもの**はどれか。

(1) 中性化は，空気中の二酸化炭素が侵入することによりコンクリートのアルカリ性が失われる現象である。

(2) 塩害は，コンクリート中に侵入した塩化物イオンが鉄筋の腐食を引き起こす現象である。

(3) 疲労は，繰り返し荷重が作用することで，コンクリート中の微細なひび割れがやがて大きな損傷になる現象である。

(4) 化学的侵食は，凍結や融解の繰返しによってコンクリートが溶解する現象である。

【No.15】 河川堤防の施工に関する次の記述のうち，**適当でないもの**はどれか。

(1) 河川堤防を施工した際の法面は，一般に総芝や筋芝等の芝付けを行って保護する。

(2) 引堤工事を行った場合の旧堤防は，新堤防の完成後，ただちに撤去する。

(3) 堤防の施工中は，堤体への雨水の滞水や浸透が生じないよう堤体横断面方向に勾配を設ける。

(4) 堤防の腹付け工事では，旧堤防との接合を高めるため階段状に段切りを行う。

【No.16】 河川護岸に関する次の記述のうち，**適当でないもの**はどれか。

(1) 高水護岸は，複断面の河川において高水時に堤防の表法面を保護するものである。

(2) 小口止工は，法覆工の上下流の端部に施工して護岸を保護するものである。

(3) 法覆工は，堤防及び河岸の法面を被覆して保護するものである。

(4) 縦帯工は，河川の横断方向に設けて，護岸の破壊が他に波及しないよう絶縁するものである。

【No.17】 砂防えん堤に関する次の記述のうち，**適当なもの**はどれか。

(1) 袖は，洪水を越流させないため，両岸に向かって水平な構造とする。

(2) 本えん堤の堤体下流の法勾配は，一般に 1：1 程度としている。

(3) 水通しは，流量を越流させるのに十分な大きさとし，形状は一般に矩形断面とする。

(4) 堤体の基礎地盤が岩盤の場合は，堤体基礎の根入れは 1m 以上行うのが通常である。

【No.18】 地すべり防止工に関する次の記述のうち，**適当でないもの**はどれか。

(1) 杭工とは，鋼管などの杭を地すべり斜面に建込み，斜面の安定性を高めるものである。

(2) シャフト工とは，大口径の井筒を地すべり斜面に設置し，鉄筋コンクリートを充填して，シャフト（杭）とするものである。

(3) 排土工とは，地すべり頭部に存在する不安定な土塊を排除し，土塊の滑動力を減少させるものである。

(4) 集水井工とは，地下水が集水できる堅固な地盤に，井筒を設けて集水孔などで地下水を集水し，原則としてポンプにより排水を行うものである。

【No.19】 道路のアスファルト舗装の施工に関する次の記述のうち，**適当でないもの**はどれか。

(1) 転圧終了後の交通開放は，舗装表面の温度が一般に 70℃以下になってから行う。

(2) 現場に到着したアスファルト混合物は，ただちにアスファルトフィニッシャ又は人力により均一に敷き均す。

(3) 敷均し終了後は，継目転圧，初転圧，二次転圧及び仕上げ転圧の順に締め固める。

(4) 締固め温度は，高いほうが良いが，高すぎるとヘアクラックが多く見られることがある。

【No.20】 道路のアスファルト舗装における路床，路盤の施工に関する次の記述のうち，**適当でないもの**はどれか。

(1) 盛土路床では，1層の敷均し厚さを仕上り厚さで 40 cm 以下とする。

(2) 切土路床では，土中の木根，転石などを取り除く範囲を表面から 30 cm 程度以内とする。

(3) 粒状路盤材料を使用した下層路盤では，1層の敷均し厚さを仕上り厚さで 20 cm 以下とする。

(4) 石灰安定処理路盤材料の締固めは，最適含水比よりやや湿潤状態で行う。

【No.21】 道路のアスファルト舗装の破損に関する次の記述のうち，**適当なもの**はどれか。

(1) 道路縦断方向の凹凸は，不定形に生じる比較的短いひび割れで主に表層に生じる。

(2) ヘアクラックは，長く生じるひび割れで路盤の支持力が不均一な場合や舗装の継目に生じる。

(3) わだち掘れは，道路横断方向の凹凸で車両の通過位置が同じところに生じる。

(4) 線状ひび割れは，道路の延長方向に比較的長い波長でどこにでも生じる。

【No.22】 道路の普通コンクリート舗装に関する次の記述のうち，**適当でないもの**はどれか。

(1) コンクリート舗装は，コンクリートの曲げ抵抗で交通荷重を支えるので剛性舗装ともよばれる。

(2) コンクリート舗装版の中の鉄網は，底面から版の厚さの1/3の位置に配置する。

(3) コンクリート舗装は，路盤の厚さが30cm以上の場合は，上層路盤と下層路盤に分けて施工する。

(4) コンクリート舗装は，車線方向に設ける縦目地，車線に直交して設ける横目地がある。

【No.23】 ダムの施工に関する次の記述のうち，**適当でないもの**はどれか。

(1) ダム工事は，一般に大規模で長期間にわたるため，工事に必要な設備，機械を十分に把握し，施工設備を適切に配置することが安全で合理的な工事を行ううえで必要である。

(2) 転流工は，ダム本体工事を確実に，また容易に施工するため，工事期間中河川の流れを迂回させるもので，仮排水トンネル方式が多く用いられる。

(3) ダムの基礎掘削工法の1つであるベンチカット工法は，長孔ボーリングで穴をあけて爆破し，順次上方から下方に切り下げ掘削する工法である。

(4) 重力式コンクリートダムの基礎岩盤の補強・改良を行うグラウチングは，コンソリデーショングラウチングとカーテングラウチングがある。

【No.24】 トンネルの山岳工法における支保工に関する次の記述のうち，**適当でないもの**はどれか。

(1) 吹付けコンクリートの作業においては，はね返りを少なくするために，吹付けノズルを吹付け面に斜めに保つ。

(2) ロックボルトは，掘削によって緩んだ岩盤を緩んでいない地山に固定し，落下を防止するなどの効果がある。

(3) 鋼アーチ式（鋼製）支保工は，H型鋼材などをアーチ状に組み立て，所定の位置に正確に建て込む。

(4) 支保工は，掘削後の断面維持，岩石や土砂の崩壊防止，作業の安全確保のために設ける。

【No.25】 海岸堤防の形式に関する次の記述のうち，**適当でないもの**はどれか。

(1) 緩傾斜型は，堤防用地が広く得られる場合や，海水浴場等に利用する場合に適している。

(2) 混成型は，水深が割合に深く，比較的軟弱な基礎地盤に適している。

(3) 直立型は，比較的良好な地盤で，堤防用地が容易に得られない場合に適している。

(4) 傾斜型は，比較的軟弱な地盤で，堤体土砂が容易に得られない場合に適している。

【No.26】 ケーソン式混成堤の施工に関する次の記述のうち，**適当でないもの**はどれか。

(1) ケーソンの底面が据付け面に近づいたら，注水を一時止め，潜水士によって正確な位置を決めたのち，ふたたび注水して正しく据え付ける。

(2) ケーソンの中詰め後は，波により中詰め材が洗い流されないように，ケーソンにふたとなるコンクリートを打設する。

(3) ケーソン据付け直後は，ケーソンの内部が水張り状態で重量が大きく安定しているので，できるだけ遅く中詰めを行う。

(4) ケーソンは，海面がつねにおだやかで，大型起重機船が使用できるなら，進水したケーソンを据付け場所までえい航して据え付けることができる。

【No.27】 鉄道の「軌道の用語」と「説明」に関する次の組合せのうち，**適当でないもの**はどれか。

　　　［軌道の用語］　［特徴］

(1)　カント量 ····· 車両が曲線を通過するときに，遠心力により外方に転倒するのを防止するために外側のレールを高くする量

(2)　緩和曲線 ··· 鉄道車両の走行を円滑にするために直線と円曲線，又は二つの曲線の間に設けられる特殊な線形のこと

(3)　軌間 ········· 両側のレール頭部間の最短距離のこと

(4)　スラック ····· 曲線上の車輪の通過をスムーズにするために，レール頭部を切削する量

【No.28】 営業線内工事における工事保安体制に関する次の記述のうち，工事従事者の配置として**適当でないもの**はどれか。

(1)　工事管理者は，工事現場ごとに専任の者を常時配置しなければならない。

(2)　軌道作業責任者は，工事現場ごとに専任の者を配置しなければならない。

(3)　軌道工事管理者は，工事現場ごとに専任の者を常時配置しなければならない。

(4)　列車見張員及び特殊列車見張員は，工事現場ごとに専任の者を配置しなければならない。

【No.29】 シールド工法に関する次の記述のうち，**適当でないもの**はどれか。

(1)　泥水式シールド工法は，巨礫の排出に適している工法である。

(2)　土圧式シールド工法は，切羽の土圧と掘削土砂が平衡を保ちながら掘進する工法である。

(3)　土圧シールドと泥土圧シールドの違いは，添加材注入装置の有無である。

(4)　泥水式シールド工法は，切削された土砂を泥水とともに坑外まで流体輸送する工法である。

【No.30】 上水道の管布設工に関する次の記述のうち，**適当でないもの**はどれか。

(1) 管の布設にあたっては，受口のある管は受口を高所に向けて配管する。

(2) 鋳鉄管の切断は，直管及び異形管ともに切断機で行うことを標準とする。

(3) ダクタイル鋳鉄管の据付けにあたっては，管体の表示記号を確認するとともに，管径，年号の記号を上に向けて据え付ける。

(4) 管周辺の埋戻しは，片埋めにならないように敷き均して現地盤と同程度以上の密度となるように締め固める。

【No.31】 下水道管渠の剛性管における基礎工の施工に関する次の記述のうち，**適当でないもの**はどれか。

(1) 礫混じり土及び礫混じり砂の硬質土の地盤では，砂基礎が用いられる。

(2) シルト及び有機質土の軟弱土の地盤では，コンクリート基礎が用いられる。

(3) 地盤が軟弱な場合や土質が不均質な場合には，はしご胴木基礎が用いられる。

(4) 非常に緩いシルト及び有機質土の極軟弱土の地盤では，砕石基礎が用いられる。

【No.32】 労働時間，休憩，休日に関する次の記述のうち，労働基準法上，**誤っているもの**はどれか。

(1) 使用者は，原則として労働時間が 8 時間をこえる場合においては少くとも 45 分の休憩時間を労働時間の途中に与えなければならない。

(2) 使用者は，原則として労働者に，休憩時間を除き 1 週間について 40 時間を超えて，労働させてはならない。

(3) 使用者は，労働者に休憩時間を与える場合には，原則として，休憩時間を一斉に与え，自由に利用させなければならない。

(4) 使用者は，原則として労働者に対して，毎週少くとも 1 回の休日を与えなければならない。

【No.33】 災害補償に関する次の記述のうち，労働基準法上，**正しいもの**はどれか。

(1) 労働者が業務上負傷し療養のため，労働することができないために賃金を受けない場合には，使用者は，平均賃金の全額の休業補償を行わなければならない。

(2) 労働者が業務上負傷し治った場合に，その身体に障害が残ったときは，使用者は，その障害が重度な場合に限って，障害補償を行わなければならない。

(3) 労働者が重大な過失によって業務上負傷し，かつ使用者がその過失について行政官庁の認定を受けた場合においては，休業補償又は障害補償を行わなくてもよい。

(4) 労働者が業務上疾病にかかった場合においては，使用者は，必要な療養費用の一部を補助しなければならない。

【No.34】 事業者が，技能講習を修了した作業主任者でなければ就業させてはならない作業に関する次の記述のうち，労働安全衛生法上，**該当しないもの**はどれか。

(1) 高さが 3m 以上のコンクリート造の工作物の解体又は破壊の作業
(2) 掘削面の高さが 2m 以上となる地山の掘削の作業
(3) 土止め支保工の切ばり又は腹起こしの取付け又は取り外しの作業
(4) 型枠支保工の組立て又は解体の作業

【No.35】 建設業法に関する次の記述のうち，**誤っているもの**はどれか。

(1) 建設業者は，その請け負った建設工事を施工するときは，当該工事現場における建設工事の施工の技術上の管理をつかさどる主任技術者等を置かなければならない。
(2) 建設業者は，施工技術の確保に努めなければならない。
(3) 主任技術者及び監理技術者は、当該建設工事の下請代金の見積書の作成を行わなければならない。
(4) 建設業とは，元請，下請その他いかなる名義をもってするのかを問わず，建設工事の完成を請け負う営業をいう。

【No.36】 車両の総重量等の最高限度に関する次の記述のうち，車両制限令上，**正しいもの**はどれか。
ただし，高速自動車国道又は道路管理者が道路の構造の保全，及び交通の危険防止上支障がないと認めて指定した道路を通行する車両，及び高速自動車国道を通行するセミトレーラ連結車又はフルトレーラ連結車を除く車両とする。

(1) 車両の総重量は，10t
(2) 車両の長さは，20m
(3) 車両の高さは，4.7m
(4) 車両の幅は，2.5m

【No.37】 河川法に関する次の記述のうち，**河川管理者の許可を必要としないもの**はどれか。

(1) 河川区域内の上空に設けられる送電線の架設
(2) 取水施設の機能維持のために行う取水口付近に堆積した土砂の排除
(3) 新たな道路橋の橋脚工事にともなう河川区域内の工事資材置き場の設置
(4) 河川区域内に設置されているトイレの撤去

【No.38】 建築基準法に関する次の記述のうち，**誤っているもの**はどれか。

(1) 容積率は，敷地面積の建築物の延べ面積に対する割合をいう。
(2) 建築物の主要構造部は，壁，柱，床，はり，屋根又は階段をいう。
(3) 建築設備は，建築物に設ける電気，ガス，給水，冷暖房などの設備をいう。
(4) 建ぺい率は，建築物の建築面積の敷地面積に対する割合をいう。

【No.39】 火薬類の取扱いに関する次の記述のうち，火薬類取締法上，**誤っているもの**はどれか。

(1) 火薬庫を設置し移転又は設備を変更しようとする者は，原則として都道府県知事の許可を受けなければならない。
(2) 火薬庫の境界内には，爆発，発火，又は燃焼しやすい物を堆積しない。
(3) 火工所に火薬類を存置する場合には，見張人を原則として常時配置すること。
(4) 固化したダイナマイト等は，もみほぐしてはならない。

【No.40】 騒音規制法上，建設機械の規格や作業の状況などにかかわらず指定地域内において特定建設作業の**対象とならない作業**は，次のうちどれか。ただし，当該作業がその作業を開始した日に終わるものを除く。

(1) トラクターショベルを使用する作業
(2) バックホゥを使用する作業
(3) 舗装版破砕機を使用する作業
(4) ブルドーザを使用する作業

【No.41】 振動規制法上，指定地域内において特定建設作業を施工しようとする者が，届け出なければならない事項として，**該当しないもの**は次のうちどれか。

(1) 特定建設作業の現場付近の見取り図
(2) 特定建設作業の実施期間
(3) 特定建設作業の振動防止対策の方法
(4) 特定建設作業の現場の施工体制表

【No.42】 港則法上，特定港内での航路及び航法に関する次の記述のうち，**誤っているもの**はどれか。

(1) 航路から航路外に出ようとする船舶は，航路を航行する他の船舶の進路を避けなければならない。
(2) 船舶は，港内において防波堤，埠頭，又は停泊船舶などを右げんに見て航行するときは，できるだけこれに遠ざかって航行しなければならない。
(3) 船舶は，航路内においては，原則として投びょうし，又はえい航している船舶を放してはならない。
(4) 船舶は，航路内において他の船舶と行き会うときは，右側を航行しなければならない。

【No.43】 トラバース測量において下表の観測結果を得た。閉合誤差は 0.007m である。**閉合比**は次のうちどれか。

ただし，閉合比は有効数字 4 桁目を切り捨て，3 桁に丸める。

側線	距離 I (m)	方位角			緯距 L (m)	経距 D (m)
AB	37.373	180°	50′	40″	−37.289	−2.506
BC	40.625	103°	56′	12″	−9.785	39.429
CD	39.078	36°	30′	51″	31.407	23.252
DE	38.803	325°	15′	14″	31.884	−22.115
EA	41.378	246°	54′	60″	−16.223	−38.065
計	197.257				−0.005	−0.005

閉合誤差＝ 0.007 m

(1) 1 ／ 26100
(2) 1 ／ 27200
(3) 1 ／ 28100
(4) 1 ／ 29200

【No.44】 公共工事標準請負契約約款に関する次の記述のうち，**誤っているもの**はどれか。

(1) 設計図書とは，図面，仕様書，現場説明書及び現場説明に対する質問回答書をいう。
(2) 工事材料の品質については，設計図書にその品質が明示されていない場合は，上等の品質を有するものでなければならない。
(3) 発注者は，工事完成検査において，必要があると認められるときは，その理由を受注者に通知して，工事目的物を最小限度破壊して検査することができる。
(4) 現場代理人と主任技術者及び専門技術者は，これを兼ねることができる。

【No.45】 下図は道路橋の断面図を示したものであるが,(イ) 〜 (ニ) の構造名称に関する組合せとして，**適当なもの**は次のうちどれか。

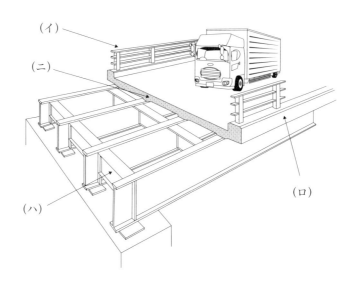

	(イ)	(ロ)	(ハ)	(ニ)
(1)	高欄 ………… 地覆 ……… 横桁 ……… 床版
(2)	地覆 ………… 横桁 ……… 高欄 ……… 床版
(3)	高欄 ………… 地覆 ……… 床版 ……… 横桁
(4)	横桁 ………… 床版 ……… 地覆 ……… 高欄

【No.46】 建設機械に関する次の記述のうち，**適当でないもの**はどれか。

(1) ブルドーザは，トラクタに土工板 (ブレード) を取り付けた機械で，土砂の掘削・押土及び短距離の運搬作業等に用いられる。

(2) ドラグラインは，機械の位置より低い場所の掘削に適し，砂利の採取等に使用される。

(3) クラムシェルは，水中掘削など広い場所での浅い掘削に使用される。

(4) バックホゥは，固い地盤の掘削ができ，機械の位置よりも低い場所の掘削に使用される。

【No.47】 仮設工事に関する次の記述のうち，**適当でないもの**はどれか。

(1) 材料は，一般の市販品を使用し，可能な限り規格を統一し，他工事にも転用できるような計画にする。

(2) 直接仮設工事と間接仮設工事のうち，安全施設や材料置場等の設備は，間接仮設工事である。

(3) 仮設は，使用目的や期間に応じて構造計算を行い，労働安全衛生規則の基準に合致するかそれ以上の計画とする。

(4) 指定仮設と任意仮設のうち，任意仮設では施工者独自の技術と工夫や改善の余地が多いので，より合理的な計画を立てることが重要である。

【No.48】 地山の掘削作業の安全確保に関する次の記述のうち，労働安全衛生法上，事業者が行うべき事項として**誤っているもの**はどれか。

(1) 地山の崩壊，埋設物等の損壊等により労働者に危険を及ぼすおそれのあるときは，あらかじめ，作業箇所及びその周辺の地山について調査を行う。

(2) 地山の崩壊又は土石の落下による労働者の危険を防止するため，点検者を指名し，作業箇所等について，前日までに点検させる。

(3) 掘削面の高さが規定の高さ以上の場合は，地山の掘削作業主任者に地山の作業方法を決定させ，作業を直接指揮させる。

(4) 掘削面の高さが規定の高さ以上の場合は，地山の掘削及び土止め支保工作業主任者技能講習を修了した者のうちから，地山の掘削作業主任者を選任する。

【No.49】 事業者が，高さ5m以上のコンクリート造の工作物の解体作業にともなう危険を防止するために実施しなければならない事項に関する次の記述のうち，労働安全衛生法上，**誤っているもの**はどれか。

(1) 解体作業を行う区域内には，関係労働者以外の労働者の立入りを禁止する。

(2) 解体用機械を用いて作業を行うときは，物体の飛来等により労働者に危険が生じるおそれのある箇所に作業主任者以外の労働者を立ち入らせてはならない。

(3) 器具，工具等を上げ，又は下ろすときは，つり綱，つり袋等を労働者に使用させる。

(4) 強風，大雨，大雪等の悪天候のため，作業の実施について危険が予想されるときは，当該作業を中止する。

【No.50】 呼び強度 24N/mm², スランプ 10cm, 空気量 4.5%と指定してレディーミクストコンクリート (JIS A 5308) を購入し, 受入れ検査を実施した。次の検査結果に関する記述のうち, **誤っているもの**はどれか。

(1) スランプが 13cm だったため, 合格と判断した。

(2) 空気量が 2.0%だったため, 不合格と判断した。

(3) 1回の試験結果は指定した呼び強度の強度値の 85%以上で, 3回の圧縮強度試験結果の平均値が 24N/mm² だったため, 合格と判断した。

(4) 3回の圧縮強度試験結果の平均値は, 23 N/mm² であったため, 不合格と判断した。

【No.51】 品質管理における「品質特性」と「試験方法」に関する次の組合せのうち, **適当でないもの**はどれか。

　　　[品質特性]　　　　　　　　　　[試験方法]

(1) コンクリート工・スランプ ………… スランプ試験

(2) 加熱アスファルト混合物の安定度 ‥ 平板載荷試験

(3) 盛土の締固め度 ……………………… 砂置換法による土の密度試験

(4) コンクリート用骨材の粒度 ………… ふるい分け試験

【No.52】 建設工事における環境保全対策に関する次の記述のうち, **適当でないもの**はどれか。

(1) 騒音振動の防止対策として, 騒音振動の絶対値を下げるとともに, 発生期間の短縮を検討する。

(2) ブルドーザによる掘削運搬作業では, 騒音の発生状況は, 後進の速度が速くなるほど大きくなる。

(3) アスファルトフィニッシャは, 敷均しのためのスクリード部の締固め機構において, バイブレータ式の方がタンパ式よりも騒音が大きい。

(4) 掘削, 積込み作業にあたっては, 低騒音型建設機械の使用を原則とする。

【No.53】「建設工事に係る資材の再資源化等に関する法律」（建設リサイクル法）に定められている特定建設資材に**該当するもの**は，次のうちどれか。

(1)　土砂
(2)　廃プラスチック
(3)　木材
(4)　建設汚泥

> ※ 問題番号 No.54 ～ No.61 までの 8 問題は，施工管理法（基礎的な能力）の必須問題ですから全問題を解答してください。

【No.54】公共工事における施工体制台帳及び施工体系図に関する下記の①～④の4つの記述のうち，建設業法上，**正しいものの数**は次のうちどれか。

① 公共工事を受注した建設業者が，下請契約を締結するときは，その金額にかかわらず，施工体制台帳を作成し，その写しを下請負人に提出するものとする。
② 施工体系図は，当該建設工事の目的物の引渡しをした時から 20 年間は保存しなければならない。
③ 作成された施工体系図は，工事関係者及び公衆が見やすい場所に掲げなければならない。
④ 下請負人は，請け負った工事を再下請に出すときは，発注者に施工体制台帳に記載する再下請負人の名称等を通知しなければならない。

(1)　1つ
(2)　2つ
(3)　3つ
(4)　4つ

【No.55】 建設機械の作業能力・作業効率に関する下記の文章中の 　　　　 の (イ)
～ (ニ) に当てはまる語句の組合せとして、**適当なもの**は次のうちどれか。

・建設機械の作業能力は，単独，又は組み合わされた機械の 　(イ)　 の平均作業量で表す。また建設機械の 　(ロ)　 を十分行っておくと向上する。
・建設機械の作業効率は，気象条件，工事の規模， 　(ハ)　 等の各種条件により変化する。
・ブルドーザの作業効率は，砂の方が岩塊・玉石より 　(ニ)　 。

$\qquad$ (イ) $\qquad\qquad$ (ロ) $\qquad\qquad$ (ハ) $\qquad\qquad$ (ニ)

(1) 時間当たり……… 整備 ………… 運転員の技量 ….. 大きい

(2) 施工面積 ……… 整備 ………… 作業員の人数 ….. 小さい

(3) 時間当たり……… 暖機運転 ….. 作業員の人数 ….. 小さい

(4) 施工面積 ……… 暖機運転 ….. 運転員の技量 ….. 大きい

【No.56】 工程管理に関する下記の①～④の 4 つの記述のうち，**適当なもののみを全てあげている組合せ**は次のうちどれか。

① 計画工程と実施工程に差が生じた場合には，その原因を追及して改善する。
② 工程管理では，計画工程が実施工程よりも，やや上回る程度に進行管理を実施する。
③ 常に工程の進捗状況を全作業員に周知徹底させ，作業能率を高めるように努力する。
④ 工程表は，工事の施工順序と所要の日数等をわかりやすく図表化したものである。

(1) ①②
(2) ②③
(3) ①②③
(4) ①③④

【No.57】 下図のネットワーク式工程表について記載している下記の文章中の □□□□ の(イ)〜(ニ)に当てはまる語句の組合せとして，**正しいもの**は次のうちどれか。

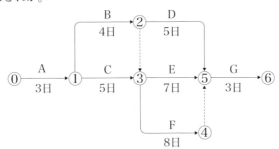

・ □(イ)□ 及び □(ロ)□ は，クリティカルパス上の作業である。

・作業Bが □(ハ)□ 遅延しても，全体の工期に影響はない。

・この工程全体の工期は， □(ニ)□ である。

	(イ)	(ロ)	(ハ)	(ニ)
(1)	作業C	作業D	1日	18日
(2)	作業B	作業D	2日	19日
(3)	作業C	作業F	1日	19日
(4)	作業B	作業F	2日	18日

【No.58】 足場の安全管理に関する下記の文章中の □□□□ の(イ)〜(ニ)に当てはまる語句の組合せとして，労働安全衛生法上，**適当なもの**は次のうちどれか。

・足場の作業床より物体の落下を防ぐ， □(イ)□ を設置する。

・足場の作業床の □(ロ)□ には， □(ハ)□ を設置する。

・足場の作業床の □(ニ)□ は，3cm以下とする。

	(イ)	(ロ)	(ハ)	(ニ)
(1)	幅木(はばき)	手すり	筋(すじ)かい	すき間
(2)	幅木	手すり	中(なか)さん	すき間
(3)	中さん	筋かい	幅木	段差
(4)	中さん	筋かい	手すり	段差

【No.59】 移動式クレーンを用いた作業において，事業者が行うべき事項に関する下記の①〜④の4つの記述のうち，クレーン等安全規則上，**正しいものの数**は次のうちどれか。

① 移動式クレーンにその定格荷重をこえる荷重をかけて使用してはならない。
② 軟弱地盤のような移動式クレーンが転倒するおそれのある場所では，原則として作業を行ってはならない。
③ アウトリガーを有する移動式クレーンを用いて作業を行うときは，原則としてアウトリガーを最大限に張り出さなければならない。
④ 移動式クレーンの運転者を，荷をつったままで旋回範囲から離れさせてはならない。

(1) 1つ
(2) 2つ
(3) 3つ
(4) 4つ

【No.60】 A工区，B工区における測定値を整理した下図のヒストグラムについて記載している下記の文章中の　　　　の(イ)〜(ニ)に当てはまる語句の組合せとして，**適当なもの**は次のうちどれか。

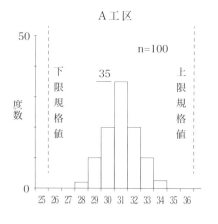

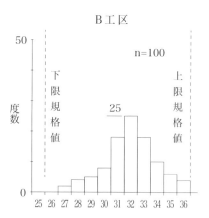

・ヒストグラムは測定値の　(イ)　の状態を知る統計的手法である。

・A 工区における測定値の総数は 囗（ロ）で，B 工区における測定値の最大値は，
（ハ）である。

・より良好な結果を示しているのは （ニ）の方である。

　　　（イ）　　　　　　　（ロ）　　　（ハ）　　　（ニ）

(1) ばらつき　…………… 100 ………… 25 ……… B 工区

(2) 時系列変化 ………… 50 ………… 36 ……… B 工区

(3) ばらつき　…………… 100 ………… 36 ……… A 工区

(4) 時系列変化 ………… 50 ………… 25 ……… A 工区

【No.61】盛土の締固めにおける品質管理に関する下記の①～④の4つの記述のう
　　　　ち，**適当なもののみを全てあげている組合せ**は次のうちどれか。

① 品質規定方式は，盛土の締固め度等を規定する方法である。

② 盛土の締固めの効果や特性は，土の種類や含水比，施工方法によって変化し
　ない。

③ 盛土が最もよく締まる含水比は，最大乾燥密度が得られる含水比で最大含水
　比である。

④ 土の乾燥密度の測定方法には，砂置換法や RI 計器による方法がある。

(1) ①④

(2) ②③

(3) ①②④

(4) ②③④

第2次検定　模擬テスト
［試験時間：120分］

次の注意をよく読んでから解答してください。

【注　意】

・全部で9問題あります。

・問題1〜問題5は必須問題ですので必ず解答してください。

　問題6〜問題9までは選択問題（1），（2）です。

　問題6，問題7の選択問題（1）の2問題のうちから1問題を選択し解答してください。

　問題8，問題9の選択問題（2）の2問題のうちから1問題を選択し解答してください。

・それぞれの選択指定数を超えて解答した場合は，減点となります。

・選択した問題は，解答用紙の選択欄に〇印を必ず記入してください。

・解答は，HBの鉛筆またはシャープペンシルで記入してください（万年筆・ボールペンの使用は不可）。

・解答を訂正する場合は，プラスチック消しゴムでていねいに消してから訂正してください。

※本テストは、重要過去問を厳選して本試験の形式にまとめたものです（一部改題）。「実践問題」と重複しているものもありますが、それはとくに重要なものといえます。なお、解答用紙は本書オリジナルのものです。

※ 問題1～問題5は必須問題です。 必ず解答してください。
　問題1で
　①設問1の解答が無記載又は記述漏れがある場合，
　②設問2の解答が無記載又は設問で求められている内容以外の記述の場合，
　どちらの場合にも問題2以降は採点の対象となりません。

必須問題

【問題1】

あなたが経験した土木工事の現場において，工夫した安全管理又は工夫した品質管理又は工夫した工程管理※のうちから1つ選び，次の〔設問1〕，〔設問2〕に答えなさい。

〔**注意**〕あなたが経験した工事でないことが判明した場合は失格となります。

（※実際の試験では2つの管理項目が出題され，選択します）

〔設問1〕

あなたが**経験した土木工事**に関し，次の事項について解答欄に明確に記述しなさい。

〔**注意**〕「経験した土木工事」は，あなたが工事請負者の技術者の場合は，あなたの所属会社が受注した工事内容について記述してください。従って，あなたの所属会社が二次下請業者の場合は，発注者名は一次下請業者名となります。

　　　　なお，あなたの所属が発注機関の場合の発注者名は，所属機関名となります。

(1) **工事名**
(2) **工事の内容**
　　　①**発注者名**
　　　②**工事場所**
　　　③**工期**
　　　④**主な工種**
　　　⑤**施工量**
(3) **工事現場における施工管理上のあなたの立場**

〔設問2〕

上記工事で実施した「**現場で工夫した安全管理**」又は「**現場で工夫した品質管理**」又は「**現場で工夫した工程管理※**」のいずれかを選び，次の事項について解答欄に具体的に記述しなさい。

ただし，安全管理については，交通誘導員の配置のみに関する記述は除く。

（※実際の試験では2つの管理項目が出題され，選択します）

(1) 特に留意した**技術的課題**

(2) 技術的課題を解決するために**検討した項目と検討理由及び検討内容**

(3) 上記検討の結果，**現場で実施した対応処置とその評価**

【問題2】

コンクリート養生の役割及び具体的な方法に関する次の文章の [   ] の (イ) 〜 (ホ) に当てはまる**適切な語句を，下記の語句から選び**解答欄に記入しなさい。

(1) 養生とは，仕上げを終えたコンクリートを十分に硬化させるために，適当な [(イ)] と湿度を与え，有害な [(ロ)] 等から保護する作業のことである。

(2) 養生では，散水，湛水，[(ハ)] で覆う等して，コンクリートを湿潤状態に保つことが重要である。

(3) 日平均気温が [(ニ)] ほど，湿潤養生に必要な期間は長くなる。

(4) [(ホ)] セメントを使用したコンクリートの湿潤養生期間は，普通ポルトランドセメントの場合よりも長くする必要がある。

［語句］

早強ポルトランド,	高い,	混合,	合成,	安全,
計画,	沸騰,	温度,	暑い,	低い,
湿布,	養分,	外力,	手順,	配合

【問題3】

軟弱地盤対策工法に関する次の工法から**2つ選び，工法名とその工法の特徴について**それぞれ解答欄に記述しなさい。

- サンドドレーン工法
- サンドマット工法
- 深層混合処理工法 (機械かくはん方式)
- 表層混合処理工法
- 押え盛土工法

【問題4】

地山の明り掘削の作業時に事業者が行わなければならない安全管理に関し，労働安全衛生法上，次の文章の　　　　の(イ)～(ホ)に当てはまる**適切な語句を，下記の語句から選び**解答欄に記入しなさい。

(1) 地山の崩壊，埋設物等の損壊等により労働者に危険を及ぼすおそれのあるときは，作業箇所及びその周辺の地山について，ボーリングその他適当な方法により調査し，調査結果に適応する掘削の時期及び　(イ)　を定めて，作業を行わなければならない。

(2) 地山の崩壊又は土石の落下により労働者に危険を及ぼす恐れのあるときは，あらかじめ　(ロ)　を設け，　(ハ)　を張り，労働者の立入りを禁止する等の措置を講じなければならない。

(3) 掘削機械，積込機械及び運搬機械の使用によるガス導管，地中電線路その他地下に存在する工作物の　(ニ)　により労働者に危険を及ぼす恐れのあるときは，これらの機械を使用してはならない。

(4) 点検者を指名して，その日の作業を　(ホ)　する前，大雨の後及び中震（震度4）以上の地震の後，浮石及び亀裂の有無及び状態並びに含水，湧水及び凍結の状態の変化を点検させなければならない。

［語句］

土止め支保工，	遮水シート，	休憩，	飛散，	作業員，
型枠支保工，	順序，	開始，	防護網，	段差，
吊り足場，	合図，	損壊，	終了，	養生シート

【問題5】

コンクリート構造物の施工において，**コンクリートの打込み時，又は締固め時に留意すべき事項を2つ**，解答欄に記述しなさい。

問題 6 〜問題 9 までは選択問題（1），（2）です。

※ 問題 6，問題 7 の選択問題（1）の 2 問題のうちから 1 問題を選択し解答してください。なお，選択した問題は，解答用紙の選択欄に〇印を必ず記入してください。

選択問題（1）

【問題 6】

土の原位置試験とその結果の利用に関する次の文章の □□□□ の (イ) 〜 (ホ) に当てはまる**適切な語句を，下記の語句から選び**解答欄に記入しなさい。

(1) 標準貫入試験は，原位置における地盤の硬軟，締まり具合又は土層の構成を判定するための □(イ)□ を求めるために行い，土質柱状図や地質 □(ロ)□ を作成することにより，支持層の分布状況や各地層の連続性等を総合的に判断できる。

(2) スクリューウエイト貫入試験（スウェーデン式サウンディング試験）は，荷重による貫入と，回転による貫入を併用した試験で，土の静的貫入抵抗を求め，土の硬軟又は締まり具合を判定するとともに □(ハ)□ の厚さや分布を把握するのに用いられる。

(3) 地盤の平板載荷試験は，原地盤に剛な載荷板を設置して垂直荷重を与え，この荷重の大きさと載荷板の □(ニ)□ との関係から，□(ホ)□ 係数や極限支持力等の地盤の変形及び支持力特性を調べるための試験である。

［語句］

含水比，	盛土，	水温，	地盤反力，	管理図，
軟弱層，	N値，	P値，	断面図，	経路図，
降水量，	透水，	掘削，	圧密，	沈下量

【問題 7】

レディーミクストコンクリート（JIS A 5308）の受入れ検査に関する次の文章の

□□□ の（イ）～（ホ）に当てはまる**適切な語句又は数値を，下記の語句又は数値**

から選び解答欄に記入しなさい。

(1) スランプの規定値が 12cm の場合，許容差は ± ［ （イ） ］cm である。

(2) 普通コンクリートの ［ （ロ） ］ は 4.5%であり，許容差は ±1.5%である。

(3) コンクリート中の ［ （ハ） ］ 含有量は 0.30kg/m^3 以下と規定されている。

(4) 圧縮強度の 1 回の試験結果は，購入者が指定した ［ （ニ） ］ 強度の強度値

の ［ （ホ） ］ %以上であり，3 回の試験結果の平均値は，購入者が指定した

［ （ニ） ］ 強度の強度値以上である。

［語句又は数値］

単位水量,	空気量,	85,	塩化物,	75,
せん断,	95,	引張,	2.5,	不純物,
7.0,	呼び,	5.0,	骨材表面水率,	アルカリ

※ 問題 8, 問題 9 の選択問題（2）の 2 問題のうちから 1 問題を選択し解答して
ください。なお, 選択した問題は, 解答用紙の選択欄に〇印を必ず記入してくだ
さい。

選択問題（2）

【問題 8】

建設工事における高さ 2 m 以上の高所作業を行う場合において, 労働安全衛生法
で定められている事業者が実施すべき**墜落等による危険の防止対策**を, 2 つ解答欄
に記述しなさい。

選択問題（2）

【問題 9】

下図のような現場打ちコンクリート側溝を築造する場合, 施工手順に基づき**工種名
を記述し横線式工程表（バーチャート）を作成し, 全所要日数**を求め解答欄に記入し
なさい。

　各工種の作業日数は次のとおりとする。

・側壁型枠工 5 日　　　・底版コンクリート打設工 1 日
・側壁コンクリート打設工 2 日　　・底版コンクリート養生工 3 日
・側壁コンクリート養生工 4 日　　・基礎工 3 日
・床掘工 5 日　・埋戻し工 3 日　・側壁型枠脱型工 2 日

　ただし, 床掘工と基礎工については 1 日の重複作業で, また側壁型枠工と側壁コ
ンクリート打設工についても 1 日の重複作業で行うものとする。

　また, 解答用紙に記載されている工種は施工手順として決められたものとする。

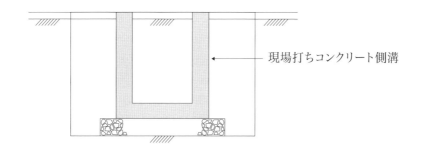

現場打ちコンクリート側溝

▶配点は 1 問 1 点です。

▶全部で 40 問について答えます。

▶合格基準は 24 点（全体の 60％）以上です。

1. 土木一般

【No.1】(1)　×

溝掘りには**トレンチャ**等を用います。**タンパ**は土の**締固め**に用います。

【No.2】(1)　×

種子吹付け工の目的は、凍上崩落の抑制などです。

【No.3】(4)　×

構造物**縁部の締固め**は、**小型**の締固め機械を用います。

【No.4】(4)　×

記述は、**置換工法**の説明です。**サンドマット工法**は、軟弱地盤上に**透水性の高い砂層**を施工する工法です。

【No.5】(4)　〇

(1)　×　減水剤は、**減水効果**を期待するものです。

(2)　×　流動化剤は、**流動性**を大幅に改善するためのものです。

(3)　×　防せい剤は、鉄筋の**腐食を抑制**するためのものです。

【No.6】(1)　×

コンシステンシーは、コンクリートなどの変形または流動に対する**抵抗性**の程度を表す性質です。

【No.7】(4)　×

コンクリートの**空気量**は、「できるだけ少なく」ではなく、耐凍害性が得られるように**4〜7％を標準**とします。

【No.8】 (2)　×

コンクリートの側圧は、コンクリート条件や施工条件により変化します。

【No.9】 (3)　×

既製杭工法（中掘り杭工法）の**杭の支持力**は、打込み杭工法に比べ、**小さい**です。

【No.10】 (3)　×

リバースサーキュレーション工法（リバース工法）は自然泥水（水）を利用し、セメントミルクは用いません。

【No.11】 (3)　×

この記述は、ボイリングの内容です。ヒービングは、軟弱な粘土質地盤を掘削したときに、掘削底面が盛り上がる現象です。

2. 専門土木

【No.12】 (2)　×

高炭素鋼の説明です。**低炭素鋼**は延性、展性に富み、溶接など加工性が優れており、**橋梁**などに広く用いられています。

【No.13】 (4)　×

溶接を行う場合、溶接線近傍（付近）を十分に**乾燥**させてから行います。

【No.14】 (4)　×

記述は、**凍害**の説明です。**化学的侵食**は、**硫酸**や**硫酸塩**などによってコンクリートが溶解または分解する現象です。

【No.15】 (2)　×

引堤工事を行った場合の旧堤防は、新堤防の完成後、**地盤が十分に安定した後**に撤去します。

【No.16】 (4)　×

記述は、**横帯工**（よこおびこう）の説明です。**縦帯工**は、**護岸の法肩部**（のりかた）に設けられるもので、法肩の施工を容易にするとともに、護岸の法肩部の破損を防ぐものです。

【No.17】 (4) ◯
(1) × 袖は、両岸に向かって**上り勾配**とします。
(2) × 本えん堤の堤体下流の法勾配は、**1：0.2** とします。
(3) × 水通しの形状は、**逆台形**とします。

【No.18】 (4) ×
集水井工の排水は、**排水ボーリング**による**自然排水**を行います。

【No.19】 (1) ×
交通開放は、舗装表面の温度が**50℃以下**になってから行います。

【No.20】 (1) ×
盛土路床では、1層の敷均し厚さを仕上り厚さで**20cm 以下**とします。なお、(4)の
路上混合方式とは名前の通り、路上で混合する方法のことです。

【No.21】 (3) ◯
(1) × **ヘアクラック**の説明です。道路縦断方向の凹凸は、道路の延長方向に比較
的**長い波長**でどこにでも生じます。
(2) × **線状ひび割れ**の説明です。**ヘアクラック**は縦・横・斜め**不定形**に**比較的短い**
ひび割れです。
(4) × **道路縦断方向の凹凸**の説明です。**線状ひび割れ**は、**長く生じる**ひび割れで、
路盤の**支持力が不均一**な場合や**舗装の継目**に生じます。

【No.22】 (2) ×
コンクリート舗装版の中の鉄網は、**表面**から版の厚さの 1/3 の位置に配置します。

【No.23】 (3) ×
ベンチカット工法は、長孔ボーリングではなく、**せん孔機械**で穴を開けて爆破し、順
次上方から下方に切り下げていく掘削工法です。

【No.24】 (1) ×
吹付けコンクリートは、吹付けノズルを吹付け面に**直角**に向けて行います。

【No.25】 (4) ×

傾斜型は、比較的軟弱な地盤で、堤体土砂が容易に**得られる**場合に適しています。

【No.26】 (3) ×

ケーソンは、据え付けた後**すぐに**ケーソン内部に中詰めを行って、ケーソンの質量を増し、安定性を高めます。

【No.27】 (4) ×

スラックは、曲線部において列車通過を円滑にするために、**軌間を拡大した際の拡大寸法**のことです。

【No.28】 (2) ×

軌道作業責任者は、作業集団ごとに専任の者を配置します。

【No.29】 (1) ×

泥水式シールド工法は、巨礫の排出には**適していません**。

【No.30】 (2) ×

異形管は**切断してはいけません**。

【No.31】 (4) ×

砕石基礎は、**硬質土**および**普通土**の地盤で用いられます。

3. 法規

【No.32】 (1) ×

労働時間が**6 時間**を超える場合は少なくとも**45 分**、**8 時間**をこえる場合は少なくとも**1 時間**の休憩時間を、労働時間の途中に与えなければなりません。

【No.33】 (3) 〇

(1) × **平均賃金の100 分の60**の休業補償を行わなければなりません。

(2) × 労働者の身体に障害が残った場合**平均賃金**にその**障害の程度に応じて定められた日数**を乗じて算定した金額の障害補償を行わなければなりません。

(4) × 必要な療養費用を負担しなければなりません（一部の補助ではありません）。

【No.34】(1)　×
高さ**5m以上**のコンクリート造の工作物の解体等が、該当します。

【No.35】(3)　×
主任技術者及び監理技術者の職務は、「**施工計画の作成**」「**工程管理**」「**品質管理その他の技術上の管理**」「**技術上の指導監督**」です。見積書の作成は職務に含まれません。

【No.36】(4)　○
(1)　×　車両の総重量は**20t**です。
(2)　×　車両の長さは**12m**です。
(3)　×　車両の高さは**3.8m**です。

【No.37】(2)　×
取水口付近に積もった土砂の排除は、河川管理者の許可を必要としません。

【No.38】(1)　×
容積率は、**建築物の延べ面積**の**敷地面積**に対する割合をいいます。

【No.39】(4)　×
固化したダイナマイト等は**もみほぐします**。

【No.40】(3)　×
舗装版破砕機は、騒音の特定建設作業に該当しません。

【No.41】(4)　×
堨場の施工体制表は該当しません。

【No.42】(2)　×
右げんに見て航行するときは、できるかぎりこれに**近寄って**航行する必要があります。

4. 施工管理等
【No.43】(3)　○
閉合比は、全測線長に対する閉合誤差の大きさの比で表します。

閉合比 ＝ 閉合誤差／全測線長
= 0.007／197.257
≒ 1／28180
≒ 1／28100

【No.44】(2)　×
「上等の品質」ではなく、「**中等の品質**」を有するものです。

【No.45】(1)　○

【No.46】(3)　×
クラムシェルは、シールド工事の立坑掘削など、**狭い場所**での**深い掘削**に適します。

【No.47】(2)　×
安全施設や材料置き場は、工事の仕上がりに関与するため**直接**仮設工事です。

【No.48】(2)　×
その日の作業を開始する前に点検させます。

【No.49】(2)　×
解体用機械の運転者以外の労働者を立ち入らせてはいけません。

【No.50】(1)　×
スランプが **8 〜 18cm** の場合、許容差は、**± 2.5cm** 以内です。

【No.51】(2)　×
加熱アスファルト混合物の安定度は、**マーシャル安定度**試験で調べます。

【No.52】(3)　×
バイブレータ式のほうが騒音が**小さい**です。

【No.53】(3)　○
特定建設資材は、①**コンクリート**、②**木材**、③**コンクリートおよび鉄からなる建設資材**、④**アスファルト・コンクリート**の４品目です。そのため、(3) 木材が該当します。

5. 基礎的な能力

【No.54】 (1) 〇

① ✕ 施工体制台帳は、その写しを"発注者"に提出します。

② ✕ 施工体系図は、建設工事の目的物の引渡しをしたときから"10年間"保管します。

③ 〇 正しいです。

④ ✕ 下請負人は、再下請に出すときは"元請負人"に通知します。

【No.55】 (1) 〇

【No.56】 (4) 〇

② ✕ 実施工程が計画工程よりも、やや上回る程度に進行管理を実施します。

【No.57】 (3) 〇

クリティカルパス(最長経路)は、作業A→C→F→Gとなり、作業日数の合計は、3日+5日+8日+3日=19日です。

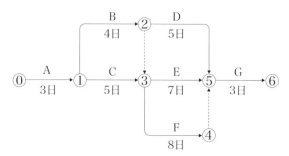

【No.58】 (2) 〇

【No.59】 (3) 〇

④ ✕ 荷を吊ったままで運転位置から離れさせてはいけません。

【No.60】 (3) 〇

【No.61】 (1) 〇

② ✕ 土の種類や含水比、施工方法によって変化します。

③ ✕ 最大乾燥密度が得られる最適含水比です。

▶ **60％以上の得点が合格基準ですが、配点は非公開です。**

【問題1】

例年、同様の問題形式になっています。本書の PART 2 第1章をよく読み、早めに自分なりに書いてみるなどして準備しておきましょう。

【問題2】

(イ) 温度　(ロ) 外力　(ハ) 湿布　(ニ) 低い　(ホ) 混合

【問題3】

下記5つの工法のうちから、2つ選んで記述できれば OK です。

工法名	特　徴
サンドドレーン工法	粘土質地盤に砂柱を設置し、排水距離を短縮して圧密排水を促進し、あわせて粘土質地盤の強度増加を図る。
サンドマット工法	地盤上に透水性の高い砂を敷くことにより、トラフィカビリティーの確保と圧密排水を促進する。
深層混合処理工法（機械かくはん方式）	地盤中にセメント等の固化材をかくはん混合し、柱状体の安定処理土を形成する。
表層混合処理工法	地盤表層にセメント等の固化材をかくはん混合し、地盤表層の強度を高める。
押え盛土工法	施工中に生じるすべり破壊に対して、盛土本体の側方部を押さえて盛土の安定を図る。

【問題4】

(イ) 順序　(ロ) 土止め支保工　(ハ) 防護網　(ニ) 損壊　(ホ) 開始

【問題5】

[打込み時]

・表面に集まった**ブリーディング水**は取り除いてから打ち込む。

・シュートや輸送管、バケットなどの吐出口と打込み面までの高さは **1.5m 以下**になるようにする。

・2層以上の打込みは、**許容打重ね時間間隔**を守る。

[締固め時]

・使用する棒状バイブレータは、**横移動を目的に使用しない**。

・棒状バイブレータの挿入間隔は、**50cm 以下**とする。

・棒状バイブレータを下層のコンクリート中に **10cm 程度挿入**する。

・棒状バイブレータでの締固め時間の目安は、**5 〜 15 秒程度**とする。

……など

【問題6】

(イ) N値　(ロ) 断面図　(ハ) 軟弱層　(ニ) 沈下量　(ホ) 地盤反力

【問題7】

(イ) 2.5　(ロ) 空気量　(ハ) 塩化物　(ニ) 呼び　(ホ) 85

【問題8】

・足場を組み立てる等の方法により**作業床**を設ける。

・作業床の端や開口部等で、**囲い**、**手すり**、**覆い**等を設ける。

・囲い等を設けることが困難なときは、**防網**を張り、労働者に**要求性能墜落制止用器具**等を使用させる等の措置を講じる。

・労働者に要求性能墜落制止用器具等を使用させるときは、要求性能墜落制止用器具等、及びその取付け設備等の**異常の有無**について、**随時点検**する。

……など

【問題9】

横線式工程表は、次のようになります。

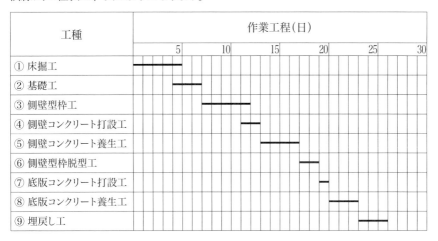

したがって、**全所要日数は 26 日**です。

【著者紹介】

雅@スライドで学ぶ建設工学（みやび@スライドでまなぶけんせつこうがく）
YouTubeチャンネル「スライドで学ぶ建設工学」を運営。チャンネル登録者数2.3万人（2023年12月現在）。土木工学の基礎知識や資格試験対策について発信し、「わかりやすい！」「動画のおかげで合格できた！」など高評価を得ている。国立大学大学院で土木専攻を修了後、大手建設コンサルタント会社に入社し、土木設計部署に勤務。土木構造物の調査、設計、施工計画立案を主に行う。また、新入社員研修はじめ講師を務めること多数。

【監修者紹介】

床並　英亮（とこなみ　ひであき）
さくら都市企画設計株式会社代表取締役。施工管理ドットコム代表。

この1冊で合格！
土木系YouTuber雅の
2級土木施工管理技術検定【第1次・第2次】
テキスト＆問題集　2024年版

2024年2月19日　初版発行
2024年10月25日　3版発行

著／雅@スライドで学ぶ建設工学

監修／床並　英亮

発行者／山下　直久

発行／株式会社KADOKAWA
〒102-8177　東京都千代田区富士見2-13-3
電話　0570-002-301（ナビダイヤル）

印刷所／株式会社加藤文明社

製本所／株式会社加藤文明社

\\ 試験までに //
これだけは覚えよう！

重要まとめ
ノート

赤シート対応

最重要ポイントだけをコンパクトに
まとめています。ふだんの勉強には
もちろん、移動時間やスキマ時間、
試験直前などにも活用してください

【注意】この別冊は本体に糊付けされています。別冊を外
す際の背表紙剥離等については交換いたしかねますので、
本体を開いた状態でゆっくり丁寧に取り外してください。

この1冊で合格！ 土木系YouTuber雅の2級土木施工管理技術検定【第1次・第2次】
テキスト&問題集　2024年版

土質試験

【①原位置試験】　　　［求められるもの、試験結果の利用］

□□□　標準貫入 試験　⇒支持層の位置の判定、支持力の推定

□□□　ポータブルコーン貫入 試験　⇒トラフィカビリティーの判定

【②室内試験】　　　　　　　　［求められるもの、試験結果の利用］

□□□　液性限界・塑性限界 試験　⇒コンシステンシー限界、盛土の適否

□□□　一軸圧縮 試験　⇒一軸圧縮強さ、地盤の安定計算、支持力の推定

建設機械

　　　　　　［使用機械］　　　［土工作業の種類］

□□□　バックホウ　⇒ 掘削・積込み 、 伐開除根

□□□　ブルドーザ　⇒ 敷均し 、 整地 、 掘削押土 、 短距離運搬 、 伐開除根

□□□　タイヤローラ、ロードローラ、タンピングローラ　⇒ 締固め

□□□　トラクターショベル　⇒ 掘削・積込み

□□□　スクレーパ　⇒ 掘削・積込み 、 運搬 、 敷均し

□□□　クラムシェル　⇒ 掘削・積込み （狭くて深い場所）

□□□　モータグレーダ　⇒ 敷均し 、 整地

□□□　ランマ（タンパ）　⇒ 締固め （狭い場所）

法面保護工

　　　　　　［工種］　　　　　　［目的］

□□□　種子散布 工　⇒凍上崩落の抑制

□□□　張芝 工　⇒切土面の浸食防止

□□□　筋芝 工　⇒盛土面の浸食防止

□□□　モルタル吹付け 工　⇒表流水の浸透防止

□□□　コンクリート張 工　⇒岩盤のはく落防止

□□□　ブロック積擁壁 工　⇒土圧に対抗して崩壊防止

盛土材料に求められる性質

- □□□ 建設機械の トラフィカビリティー が確保しやすい。
- □□□ 敷均しや 締固め がし やすい （最適な含水比や、よい粒度分布）。
- □□□ 盛土完成後の せん断強度 が大きく、圧縮性 （沈下量） が小さい。
- □□□ 有機物 （草木など） を含まない。
- □□□ 吸水による 膨潤性 が低い。

敷均しのポイント

- □□□ 重要な点は、均等 に敷き均すことと、均等 に締め固めること。
- □□□ 施工前に、基礎地盤が 不同沈下 や破壊しないか検討する。
- □□□ 敷均し厚さ は、締固め機械や施工法の条件によって左右される。
- □□□ 盛土材料の含水比が範囲内にないときには、含水量 の調節をする。

締固めのポイント

- □□□ 目的は、土の 空気間隙 を少なくし、安定した状態にすること。
- □□□ 締固め特性は、土の種類、含水 状態、および施工法によって変化する。
- □□□ 構造物縁部は、小型 の締固め機械により締め固める。

軟弱地盤対策

- □□□ プレローディング 工法は、地盤上にあらかじめ載荷を行う工法
- □□□ ウェルポイント 工法は、地下水位を低下させる工法
- □□□ サンドコンパクションパイル 工法や バイブロフローテーション 工法は、軟弱地盤を締め固める工法
- □□□ 深層混合処理 工法は、固化材と軟弱地盤を混合させる工法
- □□□ 薬液注入 工法は、地盤に薬液を注入する工法
- □□□ 石灰パイル 工法は、生石灰を軟弱地盤に打設する工法
- □□□ サンドマット 工法は、軟弱地盤上に砂層を施工する工法
- □□□ 押え盛土 工法は、盛土のすべり破壊の抑止を図る工法

コンクリートの材料のポイント

□□□ セメントは風化すると密度が $\boxed{\text{小さく}}$ なる。

□□□ $\boxed{\text{中庸熱ポルトランド}}$ セメントは、マスコンクリートに適する。

□□□ 骨材の粗粒率が大きいと、粒度が $\boxed{\text{大きい}}$。

□□□ 吸水率の大きい骨材を用いた場合、耐凍害性が $\boxed{\text{低下}}$ する。

□□□ 骨材の粒形は、偏平や細長ではなく $\boxed{\text{球形}}$ に近いほどよい。

□□□ フライアッシュは、水和熱による $\boxed{\text{温度上昇}}$ を低減させる。

□□□ AE 剤は、コンクリートの $\boxed{\text{耐凍害}}$ 性を向上させる。

コンクリートの性質を示すキーワード

□□□ $\boxed{\text{コンシステンシー}}$ とは、変形または流動に対する抵抗性である。

□□□ $\boxed{\text{スランプ}}$ とは、軟らかさの程度を示す指標である。

□□□ $\boxed{\text{材料分離抵抗性}}$ とは、材料が分離することに対する抵抗性のことである。

□□□ $\boxed{\text{ワーカビリティー}}$ とは、打込み、締固め等の作業のしやすさのことである。

□□□ $\boxed{\text{ブリーディング}}$ とは、練混ぜ水が表面に上昇する現象である。

□□□ $\boxed{\text{レイタンス}}$ とは、表面に水と上昇して沈殿する物質である。

スランプ試験

□□□ コンクリートの $\boxed{\text{コンシステンシー}}$ を測定する試験方法である。

配合設計

□□□ 所要の強度や耐久性を持つ範囲で、単位水量を $\boxed{\text{少なく}}$ する。

□□□ 締固め作業高さが高い場合は、最小スランプを $\boxed{\text{大きく}}$ する。

□□□ 鉄筋量が少ない場合は、最小スランプを $\boxed{\text{小さく}}$ する。

コンクリートの打込み

- □□□ 型枠は、あらかじめ 湿らせ ておかなければならない。
- □□□ 1層当たりの打込み高さを 40 〜 50 cm 以下とする。
- □□□ 打ち込んだコンクリートは、型枠内で 横移動 させない。
- □□□ 表面にたまった ブリーディング水 は、取り除く。

コンクリートの打込みの制限時間

外気温	練混ぜから打ち終わるまでの時間	許容打重ね時間間隔
25℃超え	1.5 時間	2.0 時間
25℃以下	2.0 時間	2.5 時間

コンクリートの締固め

- □□□ 内部振動機を下層コンクリートに 10 cm 程度挿入する。
- □□□ 内部振動機の挿入時間は、5 〜 15 秒程度である。

コンクリートの養生

- □□□ 養生では、コンクリートを 湿潤 状態に保つことが重要である。

鉄筋工

- □□□ 継手箇所は、同一断面 に集めないようにする。
- □□□ なるべく 長期間 大気にさらさない。
- □□□ 重ね継手は、焼なまし鉄線 で数箇所緊結する。
- □□□ 鉄筋は 常温 で加工する。

型枠

- □□□ スペーサは、モルタル 製、あるいは コンクリート 製とする。
- □□□ 型枠の取外しは、過重負荷のかからない 部分を優先する。
- □□□ 型枠内面には、はく離 剤を塗布する。

→本冊48ページ～

[既製杭] 打込み杭のポイント

□□□ 打込み杭工法は、埋込み杭工法に比べ杭の支持力が 大きい 。

□□□ 打込み杭工法は、埋込み杭工法に比べ騒音・振動が 大きい 。

□□□ 打込み杭工法では、1本の杭を打ち込むときは 連続 して行う。

□□□ 打撃工法は、杭群の 中央部 から 周辺 へと打ち進むのがよい。

□□□ バイブロハンマ 工法は、振動によって杭を地盤に貫入させる。

□□□ 油圧ハンマはラムの落下高を調整でき、騒音を 小さく できる。

[既製杭] 埋込み杭（中掘り杭工法）のポイント

□□□ 既製杭の中空部を アースオーガ で掘削しながら杭を地盤に貫入させる。

□□□ ハンマによる 最終打撃 方式により先端処理を行うことがある。

□□□ 過大 な先掘り、および 拡大 掘りを行ってはならない。

[既製杭] 埋込み杭（プレボーリング杭工法）のポイント

□□□ あらかじめ 地盤に孔を開け ておき、既製杭を挿入する。

□□□ 孔内を 泥土 化して孔壁の崩壊を防ぎながら掘削する。

場所打ち杭

□□□ オールケーシング工法は、 ケーシングチューブ を挿入して ハンマグラブ で掘削する。

□□□ アースドリル工法は、 表層ケーシング を建て込み、 安定液 の水圧で孔壁を保護しながら、 ドリリングバケット で掘削する。

□□□ リバース工法は、 スタンドパイプ を建て込み、 自然泥水圧 で孔壁を保護しながら、水を循環させて削孔機で掘削する。

□□□ 深礎工法は、 ライナープレート で孔壁を保護しながら、人力または機械で掘削する。

土留め壁の種類

□□□ 鋼矢板は、止水性が 高 く、施工は比較的容易である。

□□□ 連続地中壁は、適用地盤の範囲が 広い が、経済的で はない 。
止水性が高く、大規模な開削工事に用いられる。

□□□ 親杭横矢板は、止水性が 劣る ため、地下水の ない 地盤に適する。
施工は比較的 容易 である。

□□□ 柱列杭は、剛性が 大きい ため、深い 掘削に適する。

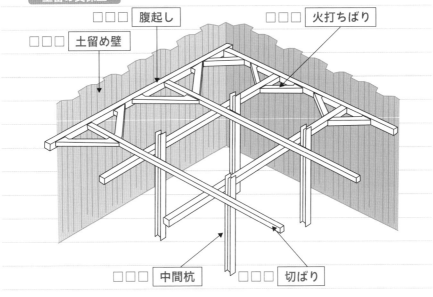

土留め支保工

□□□ 腹起し　　　□□□ 火打ちばり

□□□ 土留め壁

□□□ 中間杭　　　□□□ 切ばり

土留めの施工

□□□ 自立式土留め工法は、支保工 を必要としない工法である。

□□□ アンカー式土留め工法は、引張材 を用いる工法である。

□□□ ボイリングとは、砂 が吹き上がる現象である。

□□□ パイピングとは、ボイリング がパイプ状に生じる現象である。

□□□ ヒービングとは、粘土質 地盤が盛り上がる現象である。

鋼材の種類

□□□ 低炭素 鋼は、延性、展性に富み、橋梁等に広く用いられる。

□□□ 表面硬さが必要なキー・ピン・工具には、高炭素 鋼が用いられる。

□□□ 橋梁の支承や伸縮継手には 鋳 鋼や 鍛 鋼が用いられる。

□□□ つり橋や斜張橋のワイヤーケーブルには、硬鋼線 材が用いられる。

□□□ 鉄筋コンクリート中の鉄筋には 棒 鋼が用いられる。

鋼材の特性

□□□ P : 比例限度

□□□ E : 弾性限度

□□□ Y_U : 上降伏点

□□□ Y_L : 下降伏点

□□□ U : 最大応力点

□□□ B : 破断点

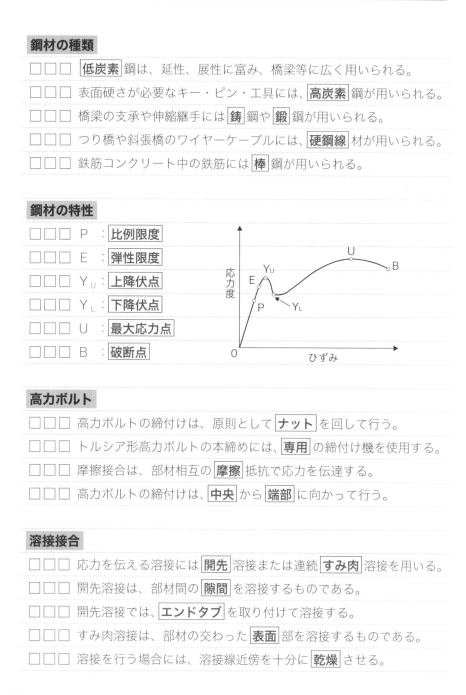

高力ボルト

□□□ 高力ボルトの締付けは、原則として ナット を回して行う。

□□□ トルシア形高力ボルトの本締めには、専用 の締付け機を使用する。

□□□ 摩擦接合は、部材相互の 摩擦 抵抗で応力を伝達する。

□□□ 高力ボルトの締付けは、中央 から 端部 に向かって行う。

溶接接合

□□□ 応力を伝える溶接には 開先 溶接または連続 すみ肉 溶接を用いる。

□□□ 開先溶接は、部材間の 隙間 を溶接するものである。

□□□ 開先溶接では、エンドタブ を取り付けて溶接する。

□□□ すみ肉溶接は、部材の交わった 表面 部を溶接するものである。

□□□ 溶接を行う場合には、溶接線近傍を十分に 乾燥 させる。

□□□ 溶接を行う部分は、黒皮、さび、塗料、油等があって **はならない**。

橋梁の架設工法

□□□ **一括架設** 工法は、組み立てられた橋梁を台船で現場までえい航し、フローティングクレーンでつり込み架設する。

□□□ **ベント** 工法は、橋桁を自走クレーンでつり上げ、ベントで仮受けしながら組み立てて架設する。

□□□ **ケーブルクレーン** 工法は、鉄塔で支えられたケーブルクレーンで桁をつり込んで受ばり上で組み立てて架設する。

□□□ **送出し** 工法は、架設地点に隣接する場所であらかじめ橋桁の組立てを行って、順次送り出して架設する。

コンクリートの劣化機構

□□□ 塩害は、コンクリート中に侵入した **塩化物イオン** が鉄筋の腐食を引き起こす現象である。

□□□ 塩害対策として、水セメント比をできるだけ **小さく** する。

□□□ 凍害は、コンクリート中に含まれる **水分** が凍結し、氷の生成による膨張圧などでコンクリートが破壊される現象である。

□□□ 凍害対策として、吸水率の **小さい** 骨材を使用する。

□□□ 中性化は、空気中の **二酸化炭素** が侵入することによりコンクリートのアルカリ性が失われる現象である。

□□□ アルカリシリカ反応は、**反応性骨材** を有すると、コンクリート中のアルカリ水溶液により、骨材が異常膨張する現象である。

□□□ 疲労は、繰返し荷重が作用することで、コンクリート中の **微細** なひび割れがやがて **大き** な損傷になる現象である。

□□□ 化学的侵食は、**硫酸** や **硫酸塩** などによってコンクリートが溶解または分解する現象である。

1 土木一般

2 専門土木

3 法規

4 施工管理等

河川

☐☐☐ 河川側を 堤外 地、堤防で守られる側を 堤内 地という。

☐☐☐ 上流 から 下流 を見て右側を右岸、左側を左岸という。

☐☐☐ 堤防の法面は、河川側を 表 法面、その反対側を 裏 法面という。

☐☐☐ 河川堤防における 天端 は、一番高い平らな部分をいう。

堤防

☐☐☐ 施工した堤防の法面は、芝付け を行って保護する。

☐☐☐ 施工中の堤防は、排水のために 横断勾配 を設ける。

☐☐☐ 既設堤防に腹付けする場合、既設堤防に階段状に 段切り を行う。

☐☐☐ 堤防の腹付け工事では、旧堤防の 裏法面 に行う。

☐☐☐ 旧堤防を撤去する際は、新堤防が 安定 した後に実施する。

護岸

☐☐☐ 高水護岸 は、高水時に堤防の表法面を保護するもの。

☐☐☐ 低水護岸 は、低水路を維持し、高水敷の洗掘を防止するもの。

☐☐☐ 堤防護岸 は、堤防と低水河岸を一体として保護するもの。

☐☐☐ 小口止工 は、法覆工の上下流端に施工するもの。

☐☐☐ 横帯工 は、流水方向の一定区間ごとに設け、護岸の破壊がほかに
波及しないようにするもの。

☐☐☐ 法覆工

☐☐☐ 縦帯工

☐☐☐ 根固工　　　☐☐☐ 基礎工

砂防えん堤

☐☐☐ 本えん堤の堤体下流の法勾配は、一般に 1：ボックス{0.2} 程度としている。

☐☐☐ 袖は、洪水を ボックス{越流させない} よう強固な構造とし、両岸に向かって ボックス{上} り勾配で設けられる。

☐☐☐ 水通しの断面は、一般に ボックス{逆台形} である。

☐☐☐ ボックス{水抜き} は、施工中の流水の切替えや本えん堤の水圧を軽減する。

☐☐☐ 前庭保護工は、洗掘防止のため、本えん堤の ボックス{下流} 側に設けられる。

☐☐☐ 水叩きは、洗掘防止のため、本えん堤の ボックス{下流} 側に設けられる。

☐☐☐ ボックス{側壁護岸} は、落下水による左右の法面の侵食を防止するもの。

☐☐☐ 最初に ボックス{本} えん堤の基礎部を施工し、次に ボックス{副} えん堤を施工する。

☐☐☐ 堤体基礎の根入れは、砂礫層は ボックス{2} m 以上、岩盤は ボックス{1} m 以上行う。

地すべり防止工

【抑制工】

☐☐☐ 抑制工は、自然条件を変化させ地すべり運動を ボックス{停止}・ボックス{緩和} する。

☐☐☐ 排土工は、地すべり ボックス{頭部} の ボックス{不安定な土塊} を排除する工法である。

☐☐☐ 横ボーリング工は、ボックス{地下水の排除} を目的とする。

☐☐☐ 水路工は、地表面の水を水路に集め、地すべり区域 ボックス{外} に排除する。

☐☐☐ 排水トンネル工は、地すべり規模が ボックス{大きい} 場合に用いられる。

☐☐☐ 集水井工の排水は、ボックス{排水ボーリング} によって自然排水を行う。

【抑止工】

☐☐☐ 抑止工は、杭などの構造物によって、地すべり運動を ボックス{停止} させる。

☐☐☐ ボックス{杭} 工は、杭を地すべり斜面等に挿入して、斜面の安定を高める。

☐☐☐ ボックス{シャフト} 工は、大口径の井筒を山留めとして掘り下げ、鉄筋コンクリートを充填して、シャフト（杭）とする工法である。

アスファルト舗装

【路床の施工】

☐☐☐ 盛土路床の1層の仕上り厚さは、$\boxed{20}$ cm 以下とする。

☐☐☐ 切土路床は、表面から $\boxed{30}$ cm 以内にある木根等を取り除く。

【構築路床の安定処理】

☐☐☐ 安定材散布の前に $\boxed{不陸整正}$ を行い、必要に応じて $\boxed{仮排水溝}$ を設置する。

☐☐☐ 所定量の安定材を $\boxed{散布機械}$ 、または $\boxed{人力}$ により均等に散布する。

☐☐☐ 粒状の生石灰は、仮転圧して $\boxed{放置}$ し、再び混合する。

☐☐☐ 混合終了後、$\boxed{タイヤローラ}$ で仮転圧を行い、$\boxed{モータグレーダ}$ で整形する。

【上層路盤の施工】

☐☐☐ 粒度調整路盤材料（粒度調整砕石）を使用する場合、1層の仕上り厚さは $\boxed{15}$ cm 以下とする。

☐☐☐ 石灰安定処理材料の締固めは、最適含水比よりやや $\boxed{湿潤}$ 状態で行う。

☐☐☐ 加熱アスファルト安定処理工の1層の仕上り厚さは、$\boxed{10}$ cm 以下とする。

【下層路盤の施工】

☐☐☐ 粒状路盤材料を使用する場合、1層の仕上り厚さは、$\boxed{20}$ cm 以下とする。

【表層・基層】

□□□ アスファルト混合物は、一般に ただちに アスファルトフィニッシャにより均一に敷き均す。

□□□ 締固めは、 継目 転圧・ 初 転圧・ 二次 転圧・ 仕上げ 転圧の順で行う。

□□□ 初転圧は、 ロードローラ で横断勾配の 低 いほうから 高 いほうへ転圧する。

□□□ 二次転圧は、 タイヤローラ で行うが、 振動ローラ を用いることもある。

□□□ 横継目部は、下層の継目の上に上層の継目を重ね ない ようにする。

□□□ 転圧終了後の交通開放は、舗装表面の温度が 50 ℃以下となってから行う。

【破損】

□□□ ヘアクラックは、不定形に生じる比較的 短い ひび割れである。

□□□ 流動わだち掘れは、道路 横 断方向の凹凸で車両の通過位置に生じる。

□□□ 縦断方向の凹凸は、道路の延長方向に、比較的 長い 凹凸が生じる。

□□□ 線状ひび割れは、縦・横に 長く 生じるひび割れで、 舗装の継目 に発生する。

【補修工法】

□□□ パッチング 工法は、ポットホール、段差などを応急的に舗装材料で充填する工法である。

□□□ 切削 工法は、路面の凹凸を削り除去し、不陸や段差を解消する工法である。

□□□ 打換え 工法は、不良な舗装の一部分、または全部を取り除き、新しい舗装を行う工法である。

コンクリート舗装

【構造】

□□□ コンクリート舗装は、コンクリートの 曲げ 抵抗で交通荷重を支えるので、剛 性舗装とも呼ばれる。

□□□ 養生期間が長く部分的な補修が困難であるが、耐久性 に富む。

□□□ 路盤厚が 30 cm 以上のときは、上層路盤と下層路盤に分けて施工する。

【敷均し・締固め】

□□□ スプレッダ によって、均一にすみずみまで敷き広げる。

□□□ 鉄網を用いる場合は、コンクリート舗装版の 表面 から版厚の 1/3 の位置に配置する。

□□□ コンクリートフィニッシャ で一様、かつ十分に締め固める。

【仕上げ】

□□□ 表面仕上げは、荒 仕上げ、平坦 仕上げ、粗面 仕上げの順に行う。

【目地】

□□□ 車線方向に設ける 縦 目地、車線に直交して設ける 横 目地がある。

□□□ 横収縮目地は、版厚に応じて 8 〜 10 m 間隔に設ける。

【養生】

□□□ 初 期養生として膜養生や屋根養生を行う。

□□□ 後 期養生として被覆養生、および散水養生を行う。

ダム

□□□ 中央コア型ロックフィルダムは、堤体の中央部に 遮水 用の材料を用いる。

□□□ 転流工は、河川の流れを迂回させる 仮排水トンネル 方式が多く用いられる。

□□□ ダムの基礎掘削は、大量掘削に対応できる ベンチカット 工法が一般的である。

□□□ コンクリートダムには、 コンソリデーション グラウチングと カーテン グラウチングがある。

□□□ RCD 工法は、単位水量が 少な く、超硬練りに配合されたコンクリートを ブルドーザ で敷き均し、 振動ローラ で締め固める工法である。

□□□ RCD 工法でのコンクリートの運搬は、 ダンプトラック や インクライン を使用する。

□□□ RCD 工法における 横 継目は、ダム軸に対して直角方向に設ける。

□□□ RCD 工法での養生は、スプリンクラーによる 散水 養生を実施する。

トンネル

□□□ ベンチカット 工法は、トンネル断面を上半分と下半分に分けて掘削する。

□□□ 導坑先進 工法は、トンネル断面を小断面に分けて徐々に切り広げていく。

□□□ | 全面掘削工法

□□□ | ベンチカット工法

□□□ | 導坑先進工法

□□□ 発破掘削は、地質が 硬岩 質などの場合に用いられる。

□□□ 機械掘削は、全断面 掘削方式と 自由断面 掘削方式に大別できる。

□□□ 機械掘削は、発破掘削に比べて騒音や振動が 少ない 。

□□□ ずり運搬は、レール方式よりタイヤ方式のほうが 大き な勾配に対応できる。

□□□ 支保工は、岩石や土砂の 崩壊 を防止し、作業の安全を確保するために設ける。

□□□ 吹付けコンクリートは、地山の凹凸を 埋める ように吹き付ける。

□□□ 吹付けコンクリートは、吹付けノズルを吹付け面に 直角 に向けて行う。

□□□ ロックボルトは、掘削によって緩んだ岩盤を固定し 落下 を防止する。

□□□ ロックボルトは、トンネル掘削面に対して 直角 に設ける。

□□□ 鋼製支保工（鋼アーチ式支保工）は、切羽の 早期安定 などの目的で行う。

□□□ 観察・計測の頻度は、掘削直前から直後は 密 に、切羽が離れるに従って 疎 にする。

□□□ 覆エコンクリートのつま型枠は、コンクリートの 圧力 に耐えられる構造とする。

□□□ 覆エコンクリートの養生は、硬化に必要な温度、および 湿度 を保ち、適切な期間行う。

□□□
鋼製支保工

□□□
ロックボルト

□□□
覆エコンクリート

□□□
吹付けコンクリート

海岸堤防

□□□ 直立型は、 良好 な地盤で、堤防用地が容易に得られない場合に適している。

□□□ 傾斜型は、軟弱な地盤で、堤体土砂が容易に得られ る 場合に適している。

□□□ 緩傾斜型は、堤防用地が広く得られ る 場合や、海水浴等に利用される場合に適している。

□□□ 混成型は、水深が割合に深く、 軟弱 な基礎地盤に適している。

□□□ 波返工
□□□ 表法被覆工
□□□ 根固工
堤 体
□□□ 基礎工 □□□ 根留工

消波工

□□□ 異形コンクリートブロックは、ブロックとブロックの間を波が通過することにより、 波のエネルギーを減少 させる。

□□□ 異形コンクリートブロックは、海岸堤防の消波工のほかに、海岸の 侵食対策 としても多く用いられる。

□□□ 層積みは、外観が美しく、ブロックの安定性が よ い。

□□□ 層積みは、据付けに手間がかかり、海岸線の曲線部などの施工が 難 しい。

□□□ 乱積みは、高波を受けるたびにブロックのかみ合わせが よ くなり、安定する。

☐☐☐ グラブ浚渫船は、底面を平坦に仕上げるのが 難 しい。

☐☐☐ グラブ浚渫船は、構造物前面や狭い場所での浚渫には使用でき る 。

☐☐☐ 出来形確認測量には、音響測深機は使用でき る 。

☐☐☐ 非航式グラブ浚渫船の標準的な船団は、グラブ浚渫船と土運船、 引き船 、 揚びょう船 で構成される。

ケーソン

☐☐☐ ケーソンのそれぞれの隔壁には、えい航、浮上、沈設を行うため、 水位 を調整しやすいように、 通水孔 を設ける。

☐☐☐ ケーソンは、海面がつねにおだやかで、大型起重機船が使用できる なら、進水したケーソンを据付け場所まで えい航 して 据え付け ることができる。

☐☐☐ ケーソンは、波が静かなときを選び、一般にケーソンに ワイヤ を かけて 引き船 で えい航 する。

☐☐☐ ケーソンは、波浪や風などの影響でえい航直後の据付けが困難な場 合には、波浪のない安定した時期まで 沈設 して仮置きする。

☐☐☐ ケーソンの底面が据付け面に近づいたら、注水を 一時止め 、潜水 士によって正確な位置を決めたのち、再び注水して正しく据え付け る。

☐☐☐ ケーソンは、据付け後 すぐ に内部に中詰めを行い、安定性を高める。

☐☐☐ 中詰め後は、波によって中詰め材が洗い出されないように、ケーソ ンの蓋となる コンクリート を 打設 する。

鉄道・地下構造物

→本冊109ページ～

[鉄道] 路盤

□□□ 路盤や路床は、 横断排水 勾配を設け、水を速やかに排除する。

□□□ 砕石路盤は軌道を安全に支持し、 路床 へ荷重を分散伝達し、有害な沈下や変形を生じない等の機能を有するものとする。

[鉄道] 軌道

□□□ 定尺レールは、長さ 25 m のレールのことをいう。

□□□ ロングレールは、長さ 200 m 以上のレールのことをいう。

□□□ 道床バラストに砕石が用いられる理由は、荷重の 分布 効果に優れ、マクラギの 移動 を抑える抵抗力が大きいためである。

□□□ 道床バラストは、単位容積質量やせん断抵抗角が 大き く、吸水率が 小さ い、耐摩耗性に優れた材料を使用する。

□□□ バラスト道床は、安価で施工・保守が容易であるが、定期的な 軌道の修正・修復 が必要である。

□□□ スラックは、曲線部において軌間を 拡大 すること。

□□□ カントは、外側のレールを 高く すること。

□□□ 緩和 曲線は、車両走行を円滑にするために設けられる特殊な線形のこと。

□□□ 軌間は、両側の レール頭部 間の最短距離のこと。

[鉄道] 営業線近接工事

□□□ 工事管理者は、専任者を常時配置 しなければならない 。

□□□ 列車見張員、および特殊列車見張員は、専任者を配置 しなければならない 。

□□□ 軌道作業責任者は、 作業集団 ごとに専任の者を配置しなければならない。

□□□ 軌道工事管理者は、 工事現場 ごとに専任の者を常時配置 しなければならない 。

□□□ 重機械の運転者は、重機械安全運転の 講習会修了証の写し を添え、監督員等の承認を得る。

□□□ 営業線に近接した重機械による作業は列車が通過する際に 一時中止 する。

□□□ 工事場所が 信号 区間のときは、金属による短絡（ショート）を防止する。

□□□ 複線以上の路線での積おろしは 建築 限界をおかさないように材料を置く。

□□□ 建築限界とは、車両限界の 外 側に最小限必要な余裕空間を確保したもの。

□□□ 曲線における建築限界は、車両の偏きに応じて 拡大 しなければならない。

地下構造物

□□□ シールド掘進後は、 セグメント 外周に モルタル 等を注入し、地盤の緩みと沈下を防止する。

□□□ シールド工法は、開削工法が 困難 な地下鉄工事などで用いられる。

□□□ 土圧式シールド工法は、カッターチャンバー排土用の スクリューコンベヤ 内に掘削した土砂を充満させて、切羽の土圧と平衡を保ちながら掘進する工法である。

□□□ 泥水式シールド工法は、切羽に隔壁を設けて、この中に 泥水 を循環させ、切羽の安定を保つと同時に、カッターで切削された土砂を泥水とともに坑外まで 流体輸送 する工法である。

□□□ シールド工法に使用される機械は、 フード 部、 ガーダー 部、 テール 部からなる。

□□□ フード部は、トンネル掘削する 切削機械 を備えている。

□□□ ガーダー部には、シールドを推進させる ジャッキ を備えている。

□□□ テール部には、 覆工 作業ができる機構を備えている。

□□□ 密閉型シールドは、フード部とガーダー部が 隔壁 で仕切られている。

□□□ セグメントの外径は、シールドの掘削外径よりも 小さ くなる。

□□□ 覆工に用いるセグメントの種類は コンクリート 製や 鋼 製のものがある。

上水道

☐☐☐ 硬質塩化ビニル管は、耐 **腐食** 性に優れ、質量が **小さ** く施工性に優れる。

☐☐☐ ダクタイル鋳鉄管は、強度が大きく、**じん** 性に富み、衝撃に強い。

☐☐☐ ステンレス鋼管は、強度が大きく、ライニングや塗装を必要と **しない**。

☐☐☐ 鋼管は、強度が大きく、**じん** 性に富み、衝撃に強く、加工性がよい。

☐☐☐ 鋼管に用いる **溶接** 継手は、管と一体化して地盤の変動に対応できる。

☐☐☐ 鋼管の据付けは、管体保護のため基礎に良質の **砂** を敷き均す。

☐☐☐ 管の布設作業は、原則として **低** 所から **高** 所に向けて行い、受口のある管は受口を **高** 所に向けて配管する。

☐☐☐ 管のつり下ろしで、土留め用切梁を一時取り外す場合は、必ず **補強** を施す。

☐☐☐ 管の据付けは、表示記号のうち管径、年号の記号を **上** に向けて据え付ける。

☐☐☐ 管の切断は、管軸に対して **直角** に行う。

☐☐☐ 埋戻しは **片** 埋めにならないように注意する。

下水道

☐☐☐ 水面接合は、おおむね **計画水位** を一致させて接合する方式である。

☐☐☐ 管頂接合は、管渠の **管頂** 部の高さを一致させ接合する方式である。

☐☐☐ 管底接合は、管渠の **管底** 部の高さを一致させ接合する方式である。

☐☐☐ 段差接合は、**急** 勾配の地形で、階段状に接合する方式である。

☐☐☐ 階段接合は、急勾配の地形で、**大** 口径管渠、または現場打ち管渠に設ける。

☐☐☐ 礫混じり土、および礫混じり砂の硬質土の地盤では、**砂** 基礎が用いられる。

□□□ 軟弱土の地盤では、コンクリート基礎が用いられる。

□□□ 極軟弱土の地盤では、鉄筋コンクリート基礎が用いられる。

□□□ 軟弱土や土質が不均衡な地盤では、はしご胴木基礎が用いられる。

□□□ 耐震性能確保の対策として、接続部に可とう継手を採用する。

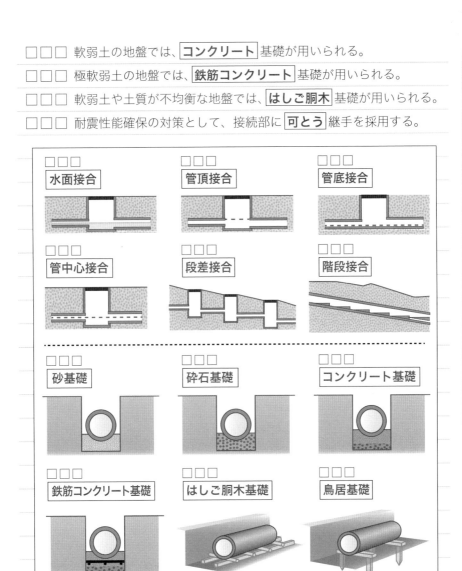

□□□ 水面接合

□□□ 管頂接合

□□□ 管底接合

□□□ 管中心接合

□□□ 段差接合

□□□ 階段接合

□□□ 砂基礎

□□□ 砕石基礎

□□□ コンクリート基礎

□□□ 鉄筋コンクリート基礎

□□□ はしご胴木基礎

□□□ 鳥居基礎

労働時間

☐☐☐ 使用者は、労働者に休憩時間を除き1週間について 40 時間を超えて、労働させてはならない。

☐☐☐ 使用者は、1週間の各日については、労働者に、休憩時間を除き1日について 8 時間を超えて、労働させてはならない。

☐☐☐ 使用者は、臨時の必要がある場合においては、行政官庁の許可を受けた場合、その 必要の限度 において労働時間を延長し、労働させることができる。

☐☐☐ 使用者は、労働時間が 6 時間を超える場合は45分、 8 時間を超える場合は1時間の休憩時間を、労働時間の途中に与えなければならない。

☐☐☐ 使用者は、労働者に休憩時間を与える場合には、休憩時間を 一斉 に与え、自由に利用させなければならない。

☐☐☐ 使用者は、労働者に対して、毎週少なくとも 1 回、4週間を通じ 4 日以上の休日を与えなければならない。

☐☐☐ 使用者は、雇入れの日から起算して 6 ヵ月間継続勤務し、全労働日の 8 割上以出勤した労働者に対して、10日の有給休暇を与えなければならない。

災害補償

☐☐☐ 労働者が業務上負傷し、または疾病にかかった場合は、使用者は、その費用で療養を行い、または必要な療養の費用を負担しな ければならない 。

☐☐☐ 労働者が業務上負傷し療養のため、労働することができないために賃金を受けない場合には、使用者は、平均賃金の 100分の60 の休業補償を行う。

□□□ 労働者が業務上負傷し、治った場合において、その身体に障害が存するときは、使用者は、その障害の 程度 に応じて、障害補償を行う。

□□□ 労働者が重大な過失によって業務上負傷し、かつその過失について行政官庁の 認定 を受けた場合は、使用者は、休業補償、または障害補償を行わなくてもよい。

□□□ 療養補償を受ける労働者が、療養開始後 3 年を経過しても負傷、または疾病が治らない場合は、使用者は、平均賃金の 1,200 日分の打切補償を行える。

□□□ 労働者が業務上負傷した場合における使用者からの補償を受ける権利は、労働者の退職によって変更されることは ない 。

□□□ 労働者が業務上負傷した場合に、労働者が災害補償を受ける権利は、これを譲渡し、または差し押さえ てはならない 。

□□□ 労働者が業務上死亡した場合は、使用者は、遺族に対して、平均賃金の 1,000 日分の遺族補償を行わなければならない。

年少者の就業制限

□□□ 使用者は、児童が満 15 歳に達した日以後の最初の 3 月 31 日 が終了してから、これを使用することができる。

□□□ 使用者は、満 18 歳に満たない者について、その年齢を証明する 戸籍証明書 を事業場に備え付けなければならない。

□□□ 未成年者は、独立して賃金を請求することができ、親権者、または後見人は、未成年者の賃金を代わって受け取って はならない 。

□□□ 使用者は、満 18 歳に満たない者を、午後 10 時から午前 5 時までの間において使用してはならない。

□□□ 使用者は、満 18 歳に満たない者を、 坑内 で労働させてはならない。

□□□ 使用者は、満 18 歳に満たない者に、 クレーン 、デリックまたは 揚貨装置 の運転の業務をさせてはならない。

□□□ 使用者は、満 18 歳に満たない者を、運転中の機械の危険な部分の 掃除 、注油、検査、もしくは 修繕 をさせてはならない。

賃金の支払い

□□□ 賃金とは、賃金、給料、手当、**賞与**など名称のいかんを問わず、労働の対償として使用者が労働者に支払うすべてのものをいう。

□□□ 賃金は、原則として通貨で、**直接**労働者に、その全額を支払わなければならない。

□□□ 使用者は、労働者が**出産**、**疾病**、災害など非常の場合の費用に充てるために請求する場合においては、支払い期日前であっても、既往の労働に対する賃金を支払わなければならない。

□□□ 使用者が労働時間を延長し、または休日に労働させた場合には、賃金の計算額の **2** 割 **5** 分以上5割以下の範囲内で、割増賃金を支払わなければならない。

□□□

就いてはならない年齢	取り扱ってはいけない重量物			
	断続作業		継続作業	
	男	女	男	女
満 **16** 歳未満	15kg以上	12kg以上	10kg以上	8kg以上
満 **16** 歳以上 **18** 歳未満	30kg以上	25kg以上	20kg以上	15kg以上
満 **18** 歳以上		30kg以上		20kg以上

労働安全衛生管理体制

☐☐☐ 統括安全衛生責任者との連絡のために、関係請負人が選任しなければならない者は、**安全衛生**責任者である。

作業主任者の選任を必要とする作業

☐☐☐ 土止め支保工の**切ばり**、または**腹起こし**の取付け、または取外しの作業

☐☐☐ 高さが**5**m以上の構造の足場の組立て、解体、または変更の作業

☐☐☐ 掘削面の高さが**2**m以上となる地山の掘削の作業

☐☐☐ 高さが**5**m以上のコンクリート造の工作物の解体、または破壊の作業

☐☐☐ 型枠**支保**工の組立て、または解体の作業

特別の教育が必要な業務

☐☐☐ **アーク溶接**機を用いて行う金属の溶接、溶断等の業務

☐☐☐ **ボーリングマシン**の運転の業務

☐☐☐ つり上げ荷重が**5t**未満の**クレーン**の運転の業務

☐☐☐ つり上げ荷重が**1t**未満の**移動式クレーン**の運転の業務

☐☐☐ つり上げ荷重が1t未満のクレーン、移動式クレーンの**玉掛け**の業務

☐☐☐ **ゴンドラ**の操作の業務

労働基準監督署長に工事開始の14日前までに計画の届出が必要な仕事

☐☐☐ 掘削の深さが**10**m以上である地山の掘削の作業を行う仕事

☐☐☐ **圧気**工法による作業を行う仕事

☐☐☐ 最大支間**50**m以上の橋梁の建設等の仕事

☐☐☐ **ずい道**などの内部に、労働者が立ち入る建設等の仕事

建設業法全般

□□□ 建設業とは、元請、下請その他いかなる名義をもってするかを問わず、 建設工事の完成 を請け負う営業をいう。

□□□ 建設業を営もうとする者は、2つ以上の都道府県の区域内に営業所を設けようとする者は、 国土交通大臣 の許可を、1つの都道府県の区域内のみに営業所を設けようとする者は、 都道府県知事 の許可を受けなければならない。

□□□ 建設業の許可は、 5 年ごとにその更新を受けなければ、その期間の経過によって、その効力を失う。

□□□ 建設業者は、建設工事の 担い手 の育成および確保、その他の 施工 技術の確保に努めなければならない。

□□□ 建設業者は、請負契約を締結する場合、工種の 種別 ごとの材料費、労務費その他の経費の内訳により見積りを行うよう努めなければならない。

□□□ 建設業者は、一括して他人に請け負わせて はならない 。

□□□ 元請負人は、請け負った建設工事を施工するために必要な工程の細目、作業方法を定めるときは、事前に下請負人の意見を聞かな ければならない 。

□□□ 元請負人は、下請負人から建設工事が完成した旨の通知を受けたときは、 20 日以内、かつできる限り短い期間内に検査を完了しなければならない。

主任技術者・監理技術者

□□□ 建設業者は、その請け負った建設工事を施工するときは、建設工事の施工の技術上の管理をつかさどる 主任 技術者を置かなければならない。

□□□ 発注者から直接建設工事を請け負った特定建設業者は、下請契約の請負代金の額が 4,500 万円以上の場合、監理技術者を配置しなければならない。

□□□ 公共性のある施設に関する重要な工事は、4,000 万円以上の場合は、主任技術者または監理技術者は工事現場ごとに専任の者でなければならない。

□□□ 主任技術者は、建設工事の施工計画の作成、工程管理、品質管理その他の技術上の管理などを誠実に行わなければならない。

□□□ 建設工事の施工に従事する者は、主任技術者、または監理技術者がその職務として行う指導に従わなければならない。

道路法全般

□□□ 道路案内標識などの道路情報管理施設は、道路付属物に該当 する 。

□□□ 道路管理者は、 道路台帳 を作成しこれを保管しなければならない。

□□□ 道路上の規制標識は、規制の内容に応じて 道路管理者 、また は 都道府県公安委員会 が設置する。

□□□ 道路の掘削は、溝掘、つぼ掘、推進工法等とし、 えぐり 掘は禁止。

□□□ 道路法令上、占用許可が必要なものは、

・ 電柱 、 電線 、 広告塔 の設置

・ 水管 、 下水道管 、 ガス管 の設置

・ 看板 、 標識 、旗ざお、パーキング・メータ、幕、およびアーチ の設置

・ 工事用板囲 、 足場 、 詰所 その他工事用施設の設置

・ 高架の道路の路面下 に、 事務所 、 店舗 、 倉庫 、広場、公園、運 動場の設置

・ 津波 からの一時的な避難場所としての機能を有する堅固な施設 の設置

□□□ 道路の占用許可に関し、道路管理者に提出すべき申請書に記載する 事項は、

・道路の占用の目的・ 期間 ・場所

・工作物・物件または施設の 構造

・工事実施の 方法 ・時期

・道路の 復旧 方法

車両制限令

□□□ 車両の幅は、 2.5 m 以下である。

□□□ 車両の高さは、 3.8 m 以下である。

□□□ 車両の長さは、□12□m 以下である。

□□□ 車両の輪荷重は、□5□t 以下である。

□□□ 車両の総重量は、□20□t 以下である。

□□□ 車両の最小回転半径は、車両の最外側のわだちについて□12□m 以下である。

□□□ 車両の軸重は、□10□t 以下である。

□□□

総重量：□20□t 以下

幅：□2.5□m 以下

長さ：□12□m以下

高さ：□3.8□m以下

軸重：□10□t 以下

輪荷重：□5□t以下

最小回転半径：□12□m以下
（外輪最小回転半径）

軸重	1本の車軸に係る重さ	□10□t以下
輪荷重	1つの車輪に係る重さ	□5□t以下

河川法全般

□□□ 河川法の目的は、$\boxed{洪水}$ 防御と $\boxed{水}$ 利用、および河川環境の $\boxed{整備}$ と $\boxed{保全}$ である。

□□□ 一級河川の管理は、原則、$\boxed{国土交通大臣}$ が行う。

□□□ 二級河川の管理は、原則、$\boxed{都道府県知事}$ が行う。

□□□ 準用河川の管理は、原則、$\boxed{市町村長}$ が行う。

□□□ 洪水防御を目的とするダムは、河川管理施設に該当 $\boxed{する}$ 。

□□□ 河川法上の河川には、河川管理施設も含まれ $\boxed{る}$ 。

□□□ 河川区域には、堤内地側の河川保全区域が含まれ $\boxed{ない}$ 。

□□□ 河川保全区域とは、河川管理施設を保全するために $\boxed{河川管理者}$ が指定した区域である。

河川管理者の許可

【工事に許可が必要】

□□□ 国有地の占用（河川の $\boxed{上空}$ に送電線、河川の $\boxed{地下}$ に下水道トンネル）

□□□ 仮設工作物（河川区域内の $\boxed{工事資材}$ 置き場、工事用仮橋）

□□□ $\boxed{工作物}$ を新築、改築または除却

□□□ $\boxed{河川区域}$ 内の土地における竹林の伐採

【許可が不要】

□□□ 河川区域内における下水処理場の $\boxed{排水}$ 口付近に積もった土砂の排除

□□□ 取水施設の機能を維持するために行う $\boxed{取水}$ 口付近に積もった土砂の排除

用語の定義

□□□　建築とは、建築物を 新築 し、 増築 し、 改築 し、または 移転 することをいう。

□□□　建築物は、土地に定着する工作物のうち、屋根および柱、もしくは壁を有するもの、これに附属する門、もしくは 塀 などをいう。

□□□　特殊建築物とは、 学校 、体育館、 病院 、 劇場 、集会場、百貨店などをいう。

□□□　建築設備は、建築物に設ける電気、ガス、給水、排水、換気、 冷暖房 、汚物処理、煙突などの設備をいう。

□□□　主要構造部とは、 壁 、 柱 、 床 、 はり 、 屋根 、または 階段 をいい、局部的な小階段、屋外階段は含まない。

□□□　建築主とは、建築物に関する工事の請負契約の 注文者 、または請負契約によらないで自らその 工事 をする者をいう。

□□□　居室は、 居住 、執務、作業、集会、娯楽その他これらに類する目的のために継続的に使用する室をいう。

□□□　特定行政庁は、建築主事を置く市町村の区域については、当該 市町村の長 をいい、その他の市町村の区域については、 都道府県知事 をいう。

都市計画区域内等で適用される規定

□□□　都市計画区域内の道路は、原則として幅員 4 m以上のものをいい、建築物の敷地は、原則として道路に 2 m以上接しなければならない。

□□□　容積率は、建築物の 延べ 面積の敷地面積に対する割合である。

□□□　建ぺい率は、建築物の 建築 面積の敷地面積に対する割合をいう。

貯蔵

□□□ 火薬庫内には、火薬類以外の物を貯蔵 しない 。

□□□ 火薬庫の境界内には、爆発、発火、または燃焼しやすい物を堆積 しない 。

□□□ 火薬庫内は、温度の変化を小さくするため、換気 する 。

□□□ 火薬庫の境界内には、 必要がある者 のほかは立ち入らない。

□□□ 火薬庫を設置しようとする者は、 都道府県知事 の許可を得る。

運搬

□□□ 火薬類を運搬するときは、火薬と火工品とは 異なった 容器に収納する。

火薬類の取扱い

□□□ 18 歳未満の者は、火薬類の取扱いをしてはならない。

□□□ 火薬類を収納する容器は、内面には 鉄 類を表さない。

□□□ 固化したダイナマイト等は、もみほぐ す 。

□□□ 火薬類の取扱いでは、 盗難 予防に留意する。

火薬類取扱所

□□□ 火薬類取扱所を設ける場合は、1つの消費場所に 1 箇所とする。

□□□ 存置することのできる火薬類の数量は、 1 日の消費見込量以下である。

□□□ 見やすい所に、取扱いに必要な 法規 、および 心得 を掲示する。

□□□ 火薬類の受払い、および消費残数量を、そのつど明確に 帳簿に記録 する。

火工所

□□□ 火工所 以外 の場所において、薬包に雷管を取り付ける作業を行わない。

□□□ 火工所に火薬類を保存する場合には、見張人を 常時 配置する。

□□□ 火工所の建物には、換気の措置を講じ、床面はできるだけ鉄類を 表さず 、安全に作業ができるような措置を講じる。

□□□ 火工所の周囲には、適当な 柵 を設け、「 火気厳禁 」等と書いた警戒札を掲示すること。

□□□ 火工所は、通路、通路となる坑道、動力線、火薬類取扱所、ほかの火工所、火薬庫、火気を取り扱う場所、人の出入りする建物等に対し 安全 で、かつ、 湿気 の少ない場所に設ける。

消費（発破）

□□□ 発破を行う場合には、 前回の発破孔 を利用して、削岩し、または装てんしてはいけない。

特定建設作業

【騒音の特定建設作業（8種類）】

□□□ ① 杭打機（ もんけん 以外）、杭抜機、または杭打杭抜機（ 圧入式 以外）の作業

□□□ ② びょう打 機、③ 削岩 機、④ 空気圧縮 機を使用する作業

□□□ ⑤ コンクリート プラント、または アスファルト・コンクリート プラントの作業

□□□ ⑥ バックホゥ 、⑦ トラクターショベル 、⑧ ブルドーザ を使用する作業

【振動の特定建設作業（4種類）】

□□□ ① 杭打機（もんけん、 圧入式 以外）、杭抜機、または杭打杭抜機（圧入式、 油圧式 以外）の作業

□□□ ② 鉄球 を使用して工作物を破壊する作業

□□□ ③ 舗装版破砕 機、④ ブレーカー を使用する作業（手持ち式以外）

届出

□□□ 開始日の 7 日前までに、次の事項を 市町村長 に届け出る。

□□□ 建設工事を施工しようとする者の 氏名 、または 名称 、および 住所

□□□ 特定建設作業の 場所 、および 実施期間

□□□ 騒音 ・ 振動 防止の対策方法

□□□ 貼付する書類：① 工事工程表

□□□ 貼付する書類：②作業場所の 見取り図

規制基準

□□□ 騒音の大きさは、敷地の境界線において 85 デシベルを超えては
ならない。

□□□ 振動の大きさは、敷地の境界線において 75 デシベルを超えては
ならない。

□□□ 1号区域の禁止時間帯は、午後7時から翌日の午前 7 時である。

□□□ 1号区域では、1日の作業時間は、 10 時間を超えてはならない。

□□□ 連続作業の制限は、同一場所においては連続 6 日である。

□□□ 1号区域と2号区域の騒音・振動の規制基準。

区域	基準値	作業禁止の時間帯	最大作業時間	最大連続作業日数	作業禁止日
1号区域	騒音：85 デシベル	PM 7:00 ～ 翌 AM 7:00	10 時間を超えない	連続 6 日を超えない	日 曜日、その他 休日
2号区域	振動：75 デシベル	PM 10:00 ～ 翌 AM 6:00	14 時間を超えない		

港長の許可・港長への届出

□□□ 特定港内、または特定港の境界附近で工事、または作業をしようとする者は、 許可 が必要。

□□□ 特定港において危険物の積込、積替、または荷卸をするときは、 許可 が必要。

□□□ 特定港内において危険物を運搬しようとするときは、 許可 が必要。

□□□ 特定港に入港したとき、または出港しようとするときは、 届出 が必要。

□□□ 特定港内で、船舶を修繕し、または係船しようとする者は、 届出 が必要。

航路

□□□ 船舶は、航路内においては、投びょうし、またはえい航している船舶を放して はならない 。

□□□ 汽艇等 以外の船舶は、特定港に出入し、または特定港を通過するときは、国交省令で定める航路を通らなければならない。

航法

□□□ 航路から航路外に出ようとする船舶は、航路を航行するほかの船舶の進路を 避けなければ ならない。

□□□ 船舶は、航路内においてほかの船舶と行き会うときは、 右 側を航行する。

□□□ 船舶は、航路内においては、 ほかの船舶 を追い越してはならない。

□□□ 船舶は、航路内において、 並列 して航行してはならない。

□□□ 船舶は、港内において防波堤、埠頭、または停泊船舶などを右げんに見て航行するときは、できるだけこれに 近寄 って航行しなければならない。

トラバース測量

測点	観測角		
A	115°	54′	38″
B	100°	6′	34″
C	112°	33′	39″
D	108°	45′	25″
E	102°	39′	44″

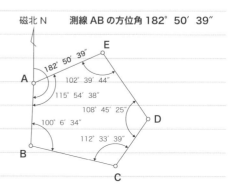

測線 AB の方位角 182° 50′ 39″

☐☐☐

測線 BC の方位角＝ 182° 50′ 39″ ＋ 180° ＋ 100° 6′ 34″

= 462° 57′ 13″

= 102° 57′ 13″

側線	距離 l（m）	方位角			緯距 L（m）	経距 D（m）
AB	37.464	183°	43′	41″	－ 37.385	－ 2.436
BC	40.557	103°	54′	7″	－ 9.744	39.369
CD	39.056	36°	32′	41″	31.377	23.256
DE	38.903	325°	21′	0″	32.003	－ 22.119
EA	41.397	246°	53′	37″	－ 16.246	－ 38.076
計	197.377				0.005	－ 0.006

閉合誤差＝ 0.008m

☐☐☐

閉合比＝ 0.008m ／ 197.377m

= 1／24672

≒ 1／24600

設計図書

□□□ 設計図書とは、図面、仕様書、現場説明書、質問回答書の4つ。

発注者側の規定

□□□ 必要があるときは、設計図書の変更内容を受注者に通知して、設計図書を変更することができ　る　。

受注者側の規定

□□□ 現場代理人と主任技術者、および専門技術者は兼ねることができ　る　。

□□□ 不用となった支給材料または貸与品を発注者に返還しなければならない。

□□□ 現場代理人とは、契約を取り交わした会社の代理として、任務を代行する責任者をいう。

品質・検査

□□□ 発注者は、工事の完成検査において、必要があると認められるときは、その理由を受注者に通知して、工事目的物を最小限度破壊して検査することができ　る　。

□□□ 工事材料の品質については、設計図書にその品質が明示されていない場合は、中等の品質を有するものでなければならない。

□□□ 受注者は、工事現場内に搬入した工事材料を、監督員の承諾を受けないで工事現場外に搬出することができない。

道路橋断面図

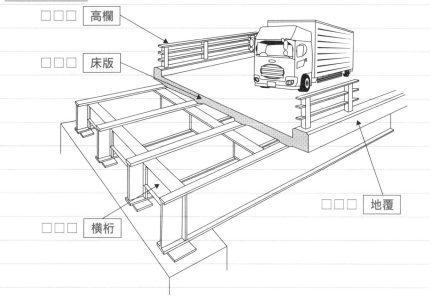

□□□ 高欄

□□□ 床版

□□□ 地覆

□□□ 横桁

逆T型擁壁

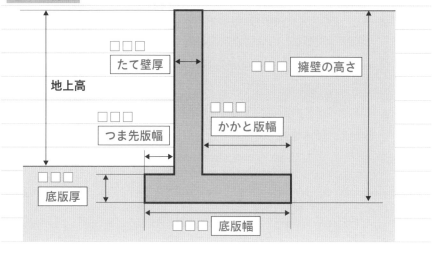

地上高

□□□ たて壁厚

□□□ 擁壁の高さ

□□□ つま先版幅

□□ かかと版幅

□□ 底版厚

□□□ 底版幅

建設機械の性能表示

- □□□ バックホゥ ⇒ バケット容量（m³）
- □□□ ブルドーザ ⇒ 質量（t）
- □□□ ダンプトラック ⇒ 最大積載量（t）
- □□□ クレーン ⇒ 最大つり上げ性能（t）

建設機械の用途

- □□□ バックホゥは、機械の位置よりも 低 い場所の掘削に使用される。
- □□□ クラムシェルは、狭 い場所での 深 い掘削に適する。
- □□□ ドラグラインは、機械の位置より 低 い場所の掘削に適する。
- □□□ ブルドーザは、土砂の掘削・押土・短距離 運搬 作業等に使用される。
- □□□ スクレープドーザは、掘削・運搬・敷均しを行う機械で、狭 い場所で使用される。
- □□□ ローディングショベルは、掘削力が強く、機械の位置よりも 高 い場所の掘削に使用される。
- □□□ タイヤローラは、接地圧 の調節や 自重 を加減することができ、路盤 等の締固めに使用される。
- □□□ モータグレーダは、砂利道の補修に用いられ、路面の精密 仕上げ に適している。
- □□□ ランマ（タンパ）は、振動や打撃を与えて、路肩 や 狭い場所 等の締固めに使用される。

施工計画の作成

□□□ 施工技術計画は、作業計画、**工程**計画が主な内容である。

□□□ 仮設備計画は、**仮設備**の設計や配置計画、**安全管理**計画を立てることが主な内容である。

□□□ 調達計画には、労務計画、建設機械計画、**資材**計画がある。

□□□ 管理計画は、品質管理計画、環境保全計画、**安全衛生**計画が主な内容である。

□□□ 品質管理計画は、要求する品質を満足させるために設計図書に基づく**規格値内**に収まるよう計画することが主な内容である。

□□□ 環境保全計画は、**公害**問題、**交通**問題、**近隣環境**への影響等に対し、十分な対策を立てることが主な内容である。

事前調査

□□□ 事前調査は、契約条件・設計図書の検討、**現地調査**が主な内容である。

□□□ 工事内容の把握のため、**設計図書**および**仕様書**の内容等の調査を行う。

□□□ **自然条件**の把握のため、地域特性、地質、地下水等の調査を行う。

□□□ **資機材**の把握のため、調達の可能性、適合性、調達先等の調査を行う。

□□□ 労務、資機材の把握のため、**労務**の供給、**資機材**の調達先等の調査を行う。

□□□ **輸送**の把握のため、道路の状況、運賃、現場搬入路等の調査を行う。

□□□ **近隣環境**の把握のため、現場周辺の状況、近隣構造物、地下埋設物等の調査を行う。

仮設工事

☐☐☐ 支保工足場や安全施設は、**直接**仮設工事である。

☐☐☐ 現場事務所や労務宿舎等の設備は、**間接**仮設工事である。

☐☐☐ **指定**仮設は変更契約の対象となるが、**任意**仮設は変更契約の対象にはならない。

☐☐☐ **任意**仮設では、より合理的な計画を立てることが重要である。

☐☐☐ 仮設は、労働安全衛生規則の基準に**合致**するかそれ以上とする。

☐☐☐ 材料は、他工事にも**転用**できるような計画にする。

建設機械

☐☐☐ トラフィカビリティーは、一般に**コーン指数**で判断される。

☐☐☐ 走行頻度の多い現場では、より**大き**なコーン指数を確保する。

☐☐☐ ダンプトラックの作業効率は、運搬路の沿道条件、**路面**状態、**昼夜**の別で変わる。

☐☐☐ **粘性土**では、建設機械の走行にともなうこね返しにより土の強度が低下し、走行不可能になることもある。

☐☐☐ 建設機械の作業能力 Q（m³/h）は、以下の計算式で算出する。

$$Q = \frac{q \times f \times E}{C_m} \times 60$$

q ： **1作業サイクル当たりの標準作業量**

f ： **土量換算係数**

E ： **作業効率**

C_m ： **サイクルタイム**

☐☐☐ 建設機械の作業能力は、機械の**時間当たり**の平均作業量で表す。

☐☐☐ 建設機械の作業効率は、気象条件、現場の地形、**土質**、工事規模、運転員の**技量**等の各種条件により変化する。

☐☐☐ ブルドーザの作業効率は、砂のほうが岩塊・玉石より**大き**い。

基本事項

□□□ 工程計画と実施工程の間に差が生じた場合は、その 原因 を追及して改善する。

□□□ 工程管理では、実施工程が工程計画よりもやや 上回る 程度に管理する。

□□□ つねに 工程の進行 状況を全作業員に周知徹底させ、 作業能率 を高めるように努力する。

工程表の種類と特徴

□□□ 工程表は、工事の施工順序と 所要日数 をわかりやすく図表化したものである。

□□□ バーチャート は、縦軸に作業名を示し、横軸にその作業に必要な日数を棒線で表した図表である。

□□□ ガントチャート は、縦軸に作業名を示し、横軸に各作業の出来高比率を棒線で表した図表である。

□□□ グラフ式 工程表は、各作業の工程を斜線で表した図表である。

□□□ ネットワーク式 工程表は、工事内容を系統立てて作業相互の関連、順序や日数を表した図である。

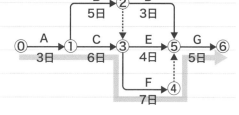

□□□ 右図のネットワーク式工程表のクリティカルパスとなる日数は、 21 日である。

□□□ 出来高累計曲線 は、作業全体の出来高比率の累計をグラフ化した図表である。

安全衛生管理体制

□□□ 1つの場所で行う事業で、その一部を関係請負人に請け負わせている最先次の注文者を、 元方事業者 という。

□□□ 元方事業者 のうち、建設業等の事業を行う者を特定元方事業者という。

□□□ 特定元方事業者 は、労働災害を防止するため、 協議組織 の運営や作業場所の巡視は 毎作業日 に行う。

足場の安全管理

□□□ 作業床の幅は、 40 cm 以上とする。

□□□ 床材間の隙間は、 3 cm 以下とする。

□□□ 作業床より物体の落下を防ぐ幅木の高さは、 10 cm 以上とする。

□□□ 架設通路に設ける作業床の手すりの高さは、 85 cm 以上とする。

□□□ 架設通路に設ける作業床の手すりには、 中さん を設置する。

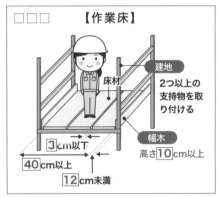

□□□ 【作業床】

建地
2つ以上の支持物を取り付ける

床材

幅木
高さ 10 cm 以上

3 cm 以下
40 cm 以上
12 cm 未満

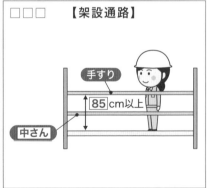

□□□ 【架設通路】

手すり

85 cm 以上

中さん

型枠支保工の安全管理

□□□ 型枠支保工を組み立てるときは、 組立 図を作成し、組み立てる。

地山掘削の安全確保

- ☐☐☐ 掘削面の高さが2m以上の場合は、地山の掘削、および土止め支保工作業主任者 技能講習 を修了した者のうちから、地山の掘削作業主任者を選任する。

- ☐☐☐ 掘削面の高さが規定の高さ以上の場合は、 地山 の掘削作業主任者に地山の作業方法を決定させ、作業を直接指揮させる。

- ☐☐☐ 地山の崩壊、または土石の落下による労働者の危険を防止するため、点検者を指名し その日の作業を開始する 前に点検させる。

- ☐☐☐ 地山の崩壊等により労働者に危険を及ぼすおそれのあるときは、土止め支保工を設け、労働者の 立入り を禁止するなどの措置を講じる。

- ☐☐☐ 地山の崩壊、埋設物等の損壊等により労働者に危険を及ぼすおそれのあるときは、 あらかじめ 、作業箇所、および周辺の地山について調査を行う。

- ☐☐☐ 明り掘削作業では、あらかじめ運搬機械等の運行の経路や土石の積卸し場所への出入りの方法を定めて、 関係労働者 に周知させる。

- ☐☐☐ 運搬機械等が労働者の作業箇所に後進して接近するときは、 誘導者 を配置し、その者にこれらの機械を誘導させる。

- ☐☐☐ 明り掘削の作業を行う場所は、必要な 照度 を保持しなければならない。

コンクリート構造物解体の危険防止

- ☐☐☐ 事業者 は、工作物の倒壊等による労働者の危険を防止するため、作業計画を定める。

- ☐☐☐ 作業計画 には、作業の方法、および順序、使用する機械等の種類、および能力等が記載されていなければならない。

- ☐☐☐ 器具、工具等を上げ下げするときは、つり 綱 、つり 袋 等を使用させる。

- ☐☐☐ 作業を行う区域内には、 関係労働者 以外の立入りを禁止する。

☐☐☐ 解体用機械を用いた作業で物体の飛来等により労働者に危険が生ずるおそれのある箇所に、 **運転者** 以外の労働者を立ち入らせない。

☐☐☐ 引倒し等の作業を行うときは、 **合図** を定め、関係労働者に周知する。

☐☐☐ 作業主任者を選任するときは、コンクリート造の工作物の解体等作業主任者 **技能講習** を修了した者から選任する。

☐☐☐ コンクリート造の工作物の解体等作業主任者の職務は、作業の方法、および労働者の配置を決定し、作業を **直接指揮** すること。

車両系建設機械を用いた作業の安全

☐☐☐ 車両系建設機械には、 **前照燈** を備える。

☐☐☐ 岩石の落下が予想される場合、堅固な **ヘッドガード** を装備する。

☐☐☐ 転倒・転落が予想される作業では運転者に、 **シートベルト** を使用させる。

☐☐☐ 運転者が運転席を離れる際は原動機を止め、 **かつ** 走行ブレーキをかける。

移動式クレーンを用いた作業の安全

☐☐☐ クレーンの運転者、および **玉掛け** 者が、定格荷重を常時知ることができるよう表示する。

☐☐☐ 移動式クレーンに、 **定格** 荷重を超える荷重をかけて使用しない。

☐☐☐ 定格荷重とは、フック等のつり具の重量を含 **まない** 最大つり上げ荷重のことである。

☐☐☐ クレーンの運転者は、荷をつったままで運転位置を **離れてはならない** 。

☐☐☐ 事業者は、原則として **合図** を行う者を指名しなければならない。

☐☐☐ 強風のため作業に危険が予想されるときには、作業を **中止** する。

品質管理の手順

☐☐☐ Plan ：品質 **特性** の選定と、品質 **標準** を決定する。

☐☐☐ Do ：作業 **標準** に基づき、作業を実施する。

☐☐☐ Check：統計的手法により、**解析・検討** を行う。

☐☐☐ Action：異常原因を追究し、**除去** する処置を取る。

ヒストグラム

☐☐☐ ヒストグラムは測定値の **ばらつき** の状態を知る統計的手法である。

☐☐☐ ヒストグラムは、データの分布を見やすく表した **柱状図** である。

☐☐☐ ヒストグラムでは、横軸に測定値、縦軸に **度数** を示している。

☐☐☐ 平均値が規格値の中央に見られ、左右対称なヒストグラムは **良好** な結果を示している。

☐☐☐ 下図でより良好な結果を示しているのは、**A** 工区のほうである。

☐☐☐ A 工区の測定値の総数は **100** で、B 工区の測定値の最大値は、**36** である。

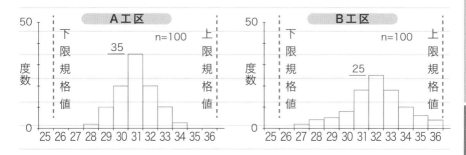

管理図

☐☐☐ 管理図は、上下の **管理限界** を定めた図で作業工程の管理を行うものである。

□□□ 下図で品質管理に異常があると疑われるのは **A** 工区のほうである。

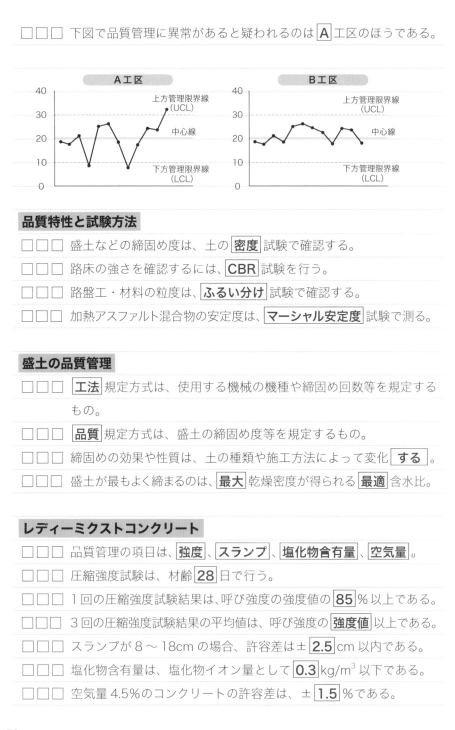

A工区	B工区

品質特性と試験方法

□□□ 盛土などの締固め度は、土の **密度** 試験で確認する。

□□□ 路床の強さを確認するには、**CBR** 試験を行う。

□□□ 路盤工・材料の粒度は、**ふるい分け** 試験で確認する。

□□□ 加熱アスファルト混合物の安定度は、**マーシャル安定度** 試験で測る。

盛土の品質管理

□□□ **工法** 規定方式は、使用する機械の機種や締固め回数等を規定するもの。

□□□ **品質** 規定方式は、盛土の締固め度等を規定するもの。

□□□ 締固めの効果や性質は、土の種類や施工方法によって変化 **する** 。

□□□ 盛土が最もよく締まるのは、**最大** 乾燥密度が得られる **最適** 含水比。

レディーミクストコンクリート

□□□ 品質管理の項目は、**強度**、**スランプ**、**塩化物含有量**、**空気量**。

□□□ 圧縮強度試験は、材齢 **28** 日で行う。

□□□ 1回の圧縮強度試験結果は、呼び強度の強度値の **85** ％以上である。

□□□ 3回の圧縮強度試験結果の平均値は、呼び強度の **強度値** 以上である。

□□□ スランプが 8 〜 18cm の場合、許容差は± **2.5** cm 以内である。

□□□ 塩化物含有量は、塩化物イオン量として **0.3** kg/m³ 以下である。

□□□ 空気量 4.5％のコンクリートの許容差は、± **1.5** ％である。

騒音・振動対策

- □□□ 騒音・振動の防止対策として、発生期間の 短縮 を検討する。
- □□□ 掘削、積込み作業にあたっては、低騒音 型建設機械の使用を原則とする。
- □□□ 騒音では、運搬 経路 が工事現場の内外を問わず問題となる。
- □□□ ブルドーザの騒音・振動は、前進押土より後進が 大き い。
- □□□ アスファルトフィニッシャは、バイブレータ式のほうがタンパ式よりも騒音が 小さ い。
- □□□ 掘削土をバックホゥ等でダンプトラックに積み込む場合、落下高を 低 くして掘削土の放出をスムーズに行う。
- □□□ 騒音の防止方法には、発生源での対策、伝搬経路での対策、受音点での対策があるが、建設工事で 発生源 での対策が広く行われる。

建設副産物対策

- □□□ 特定建設資材に該当するものは、次の4つである。

  コンクリート 、 木材 、 コンクリートおよび鉄からなる建設資材 、
  アスファルト・コンクリート